· 高等学校计算机基础教育教材精选 ·

多媒体技术应用教程

李　湛　主编

清华大学出版社

北京

内 容 简 介

全书系统介绍多媒体技术,主要内容包括:多媒体基础知识、多媒体硬件设备、美学基础、图像获取与处理、动画获取与处理、视频获取与处理、音频获取与处理、多媒体数据压缩,以及多媒体应用系统。本书在内容的组织上符合教学及认知规律,反映多媒体技术国内外科学研究的先进成果,正确阐述其科学理论和概念;着重讲述多媒体技术涉及的基本原理及内在关联,力求体现"先理论、后应用、理论与应用相结合"的原则,强调对理论知识的理解和运用;每章后面附有习题及实验,可以帮助读者全面了解多媒体技术。

本书既可以作为高等院校本科、高职学生学习多媒体应用技术课程的教材,也可以作为相关专业的培训教材或自学读物。

图书在版编目(CIP)数据

多媒体技术应用教程 / 李湛主编 . —北京:清华大学出版社,2013
高等学校计算机基础教育教材精选
ISBN 978-7-302-32579-6

Ⅰ. ①多… Ⅱ. ①李… Ⅲ. ①多媒体技术-高等学校-教材 Ⅳ. ①TP37

中国版本图书馆 CIP 数据核字(2013)第 117729 号

责任编辑:谢 琛 薛 阳
封面设计:傅瑞学
责任校对:焦丽丽
责任印制:何 芊

出版发行:清华大学出版社
　　　　网　　　　址:http://www.tup.com.cn,http://www.wqbook.com
　　　　地　　　　址:北京清华大学学研大厦 A 座　　　　邮　　编:100084
　　　　社　 总　 机:010-62770175　　　　　　　　　　邮　　购:010-62786544
　　　　投稿与读者服务:010-62776969,c-service@tup.tsinghua.edu.cn
　　　　质　量　反　馈:010-62772015,zhiliang@tup.tsinghua.edu.cn
　　　　课　件　下　载:http://www.tup.com.cn,010-62795954
印　刷　者:三河市君旺印装厂
装　订　者:三河市新茂装订有限公司
经　　　销:全国新华书店
开　　　本:185mm×260mm　　　印　　张:19　　　字　　数:438 千字
版　　　次:2013 年 8 月第 1 版　　　　　　　印　　次:2013 年 8 月第 1 次印刷
印　　　数:1～3000
定　　　价:33.00 元

产品编号:047835-01

本书编委会

主　　编：李　湛

副主编：刘　东　　高润泉　　常宏宇

委　　员：陈漫红　　赵　玺　　魏绍谦
　　　　　杨凤民　　陈学华　　郭　凯

前　言

随着计算机技术的高速发展,多媒体技术应用越来越广泛,它的出现使计算机所能处理的信息进一步扩大到图形、图像、声音、动画、视频等多种媒体,向人们提供了更为接近自然环境的信息交流方式,改变了人们传统的学习、思维、生活与工作方式。多媒体技术是计算机科学技术中发展最快的领域之一,已经成为计算机信息系统与应用系统的核心技术,它与网络技术、数据库技术构成计算机应用的三个重要平台。多媒体技术课程已成为大学本科、高职、高专等学校计算机教学中的主干课程,是所有非计算机专业学生的必修课程。为帮助当代大学生系统地学习和掌握多媒体知识及应用技术、提高计算机应用水平,我们编写了《多媒体技术应用教程》教材,将理论知识与实践技术紧密结合,力求全面、多方位、由浅入深地引导读者步入多媒体技术应用领域。

本书在内容的组织上符合人才培养目标的要求,以及教学规律和认知规律,反映多媒体技术国内外科学研究的先进成果。在理论知识的阐述上,由浅入深、通俗易懂,着重讲述多媒体技术涉及的基本原理及内在关联,使读者对多媒体技术形成一个完整的概念。在实践技能的培养上,力求体现"先理论、后应用、理论与应用相结合"的原则,强调对理论知识的理解和运用,使读者能够综合运用所学知识解决多媒体技术的实际应用问题。每章后面附有习题及实验,将理论教程与实验教程融合在一本书中,便于学生通过实践理解和掌握理论知识。

本书共分9章,从多媒体的基础理论开始,由浅入深、循序渐进地介绍了多媒体技术的各种基本概念及相关基本操作。

- 第1章主要介绍多媒体技术的基本知识和基本概念,包括多媒体及多媒体技术的概念、媒体种类及特征、多媒体软件组成、多媒体技术发展与应用等内容。
- 第2章主要介绍多媒体硬件组成,其中主要介绍了多媒体的基本设备和扩充设备。
- 第3章主要介绍美学,其中包括美学定义、平面构图规则与应用、色彩构成与视觉效果等内容。
- 第4章主要介绍图像获取与处理技术,以 Photoshop 为例讲解图像处理技术。
- 第5章主要介绍动画获取与处理技术,以 Flash 为例讲解动画处理技术。
- 第6章主要介绍视频获取与处理技术,以 Premiere 为例讲解视频处理技术。
- 第7章主要介绍音频获取与处理技术,以 Cool Edit 为例讲解音频处理技术。
- 第8章主要介绍多媒体数据压缩技术,其中包括数据压缩的概念与主要指标、音频压缩技术、图像与视频压缩技术等内容。
- 第9章主要介绍多媒体应用系统的开发过程、界面设计以及创作工具与使用方法。

本教材由北京联合大学的李湛、刘东、高润泉、常宏宇、陈漫红、魏绍谦、赵玺等老师、北京市大兴区第一职业学校的陈学华老师、北京市西城区育华中学的杨凤民老师和北京西客站的技术人员郭凯等人共同编写完成。在本书的编写和出版过程中,得到了各级领导和清华大学出版社的大力支持,在此表示衷心的感谢。

为了便于教学,我们将为选用本教材的任课教师提供电子教案和相关多媒体素材。

由于编者水平有限,教材中难免有疏漏和欠缺之处,敬请广大读者提出宝贵意见。

作 者

2013 年 6 月

于北京联合大学师范学院

目 录

第1章 多媒体基础知识

多媒体技术使计算机具有综合处理声音、文字、图像和视频的能力,它以形象丰富的文字、图形、图像、声音、动画、影视信息和方便的交互性,极大地改善了人机界面,改变了人们使用计算机的方式,从而为计算机进入人类生活和生产的各个领域打开了方便之门,给人们的工作、生活和娱乐带来巨大的变化。

1.1 多媒体技术概述

人类社会已进入信息化的新时代,信息作为一种资源,已经和能源、材料并称为当今社会的三大基本资源。但是,信息资源不同于一般的能源或材料,它是非一次性的,信息的利用可以重复,而信息的传递、存储和交流对信息的利用又起着关键作用,为此便需要各种形式的信息载体。

多媒体技术是现代科技的最新成就之一,它不仅涉及计算机技术,而且还涉及通信、电视、磁、光、电和声音等多种技术,是一门综合性技术。

1. 多媒体技术定义

多媒体技术(Multimedia Technology)是利用计算机对文本、图形、图像、声音、动画和视频等多种信息进行综合处理、建立逻辑关系和人机交互作用的技术。

真正的多媒体技术所涉及的对象是计算机技术的产物,而其他领域的单纯事物,例如电影、电视和音响等,均不属于多媒体技术的范畴。下面简单地回顾一下计算机和电视机所走过的历程,看看多媒体和电视在技术上的差别。

计算机是20世纪40年代的伟大发明,一直沿着数字信号处理技术的方向发展,而且还是沿着数值计算和金融管理发展起来的。20世纪60年代文字进入计算机,20世纪70年代图像和声音进入计算机,20世纪80年代视频进入计算机,进入20世纪90年代个人计算机已经能够实时处理数据量很大的声音和影视图像信息。

电视是20世纪20年代的伟大发明,在20世纪50年代开发电视技术时,使用任何一种数字技术来传输和再现真实世界的图像和声音都是极其困难的,所以电视技术一直沿着模拟信号处理技术的方向发展,直到20世纪70年代才开始开发数字电视。由于数字技术具有许多优越性,而且数字技术也发展到足以使模拟电视向数字电视过渡的水平,因此电视和计算机开始融合在一起。

由于多媒体和模拟电视采用的技术不同,对于同样内容的节目,它们所表现出来的特性就很不相同,对人们所产生的影响也不同。模拟电视的一个基本特性是线性播放,简单地说就是影视节目是从头到尾播放的,人与电视之间,人是被动者而电视是主动者;多媒体节目是由计算机播放的,而计算机的一个重要特性是具有交互性,也就是使用鼠标器、触摸屏、声音以及数据手段等,人可以通过计算机程序去控制各种媒体的播放,人与计算机之间,人驾驭多媒体,人是主动者而多媒体是被动者。

多媒体使用了具有划时代意义的"超文本"思想与技术,组成了一个全球范围的超媒体空间。通过网络、CD-ROM、DVD和多媒体计算机,人们表达、获取和使用信息的方式和方法将产生重大变革,而这一切将对人类社会产生长远和深刻的影响。

2. 多媒体技术处理对象

(1) 文本(Text)

采用文字编辑软件生成文本,或者采用图像处理软件形成图形方式的文字及符号。

(2) 图形(Graphic)

采用算法语言或某些应用软件生成的矢量图形,具有体积小、线条圆滑变化的特点。

(3) 图像(Image)

采用像素点描述的自然影像,主要指具有 $2^3 \sim 2^{32}$ 彩色数量的 GIF、BMP、TGA、TIF或 JPG 格式的静态图像,可以对其压缩、存储和传输。

(4) 音频(Audio)

通常采用 WAV 或 MID 格式,是数字化音频文件,还有 MP3 压缩格式的音频文件。

(5) 动画(Animation)

有矢量动画和帧动画之分。矢量动画在单画面中展示动作的全过程,而帧动画则使用多画面来描述动作。帧动画同传统动画的原理一致。有代表性的帧动画文件是 FLC 动画文件。

(6) 视频(Video)

动态的图像,具有代表性的有 AVI 格式的电影文件和 MPG 压缩格式的视频文件。

多媒体技术处理对象均采用数字形式存储,形成相应的文件,这些文件叫做"多媒体数据文件",使用光盘、硬盘、磁光盘、半导体存储芯片和软盘等作为存储介质。在计算机软件方面,国际上制定了相应的软件工业标准,规定了各个媒体数据文件的数据格式、采样标准和各种相关指标,使任何计算机系统都能够处理多媒体数据文件。在计算机硬件方面,也正致力于硬件标准的统一,使网络上的不同计算机能够使用通用的多媒体数据。

3. 多媒体技术基本特征

多媒体技术是指以计算机为核心,实现多种感觉媒体的综合开发利用,主要有以下三个方面的特征。

(1) 综合性和集成性

多媒体技术的综合性和集成性是指多种感觉媒体进行处理、存储或传输,主要表现在两个方面:其一是指对多种类型数据的集成化处理,其二是指处理各种媒体设备的集成。

首先,多媒体的内涵不仅仅在于数据类型的多样化。各种类型的数据在计算机内不是孤立、分散地存在,在它们之间必须建立相互的关联。计算机对输入的多种媒体信息,并不是简单地叠加和重放,而是对它们进行各种变换、组合和加工等综合处理。就像人的感官系统一样,从眼睛、耳朵、嘴巴、鼻子、表情和手势等多种信息渠道接收信息,送入大脑,再通过大脑综合分析和判断,去伪存真,从而获得准确的信息。这就是多媒体信息的集成。目前,还在进一步研究多种媒体,例如触觉媒体、味觉媒体、嗅觉媒体。多种媒体的集成是多媒体技术的一个重要特点,但要想完全像人一样从多种渠道获取信息,还有相当的距离。其次,在多媒体系统中,应该具有能够处理多媒体信息的高速及并行的 CPU 系统、大容量存储器、适合多媒体多通道的输入输出能力,以及各种输入输出设备与计算机之间的接口。另外,多媒体系统一般不仅包括计算机本身,而且还包括了像电视、音响、录像机和激光唱机等设备。

多媒体技术的综合性和集成性应该说是在系统级上的一次飞跃。早期多媒体中的各项技术和产品几乎都由不同厂商根据不同的方法和环境开发研制出来的,基本上只能单一零散地、孤立地被使用,在能力和性能上很难满足用户日益增长的信息处理要求。但当它们在多媒体的大家庭里统一时,一方面意味着技术已经发展到相当成熟的阶段,另一方面也意味着各自独立的发展不再能满足应用的需要。信息空间的不完整、开发工具的不可协作性、信息交互的单调性等都将严重地制约和限制着多媒体信息系统的全面发展。因此,多媒体技术的综合性和集成性主要表现在多媒体信息的集成以及综合操作这些媒体信息的工具和设备集成这两个方面。对于前者而言,各种信息媒体应能按照一定的数据模型和组织结构集成,后者强调了与多媒体相关的各种硬件的集成和软件的集成,为多媒体系统的开发和实现建立一个理想的集成环境,提高了多媒体软件的生产力。

（2）交互性和双向性

多媒体技术的交互性和双向性是指信息控制的交互性和双向性,是用户与计算机之间进行数据交换、媒体交换和控制权交换的一种特性。

交互性和双向性就是通过各种媒体信息,使参与的各方(不论是发送方还是接收方)都可以进行编辑、控制和传递。使用者对信息处理的全过程能够进行完全有效的控制,并把结果综合地表现出来,而不是对单一数据、文字、图形、图像、声音、动画或视频的处理。多媒体系统一般具有捕捉、操作、编辑、存储、显现和通信的功能,用户能够随意控制声音和影像,实现用户和用户之间、用户和计算机之间的数据双向交流,以及多样性、多变性的学习和展示环境。

交互性和双向性向用户提供了更加有效的控制和使用信息的手段和方法,同时也为应用开辟了更加广阔的领域。交互可以做到自由地控制和干预信息的处理,增强对信息的注意力和理解,延长信息的保留时间。当交互性引入时,活动本身作为一种媒体便介入了信息转变为知识的过程。借助于活动,用户可以获得更多的信息。例如,在计算机辅助教学、模拟训练和虚拟现实等方面都取得了巨大的成功。媒体信息的简单检索与显示,是多媒体的初级交互应用;通过交互特性使用户介入到信息的活动过程中,才达到了交互应用的中级水平;当用户完全进入到一个与信息环境一体化的虚拟信息空间自由遨游时,这才是交互应用的高级阶段,但这还有待于虚拟现实(Virtual Reality)技术的进一步研究和发展。

（3）同步性和实时性

多媒体技术的同步性和实时性是指多媒体系统中多种媒体间无论在时间上还是在空间上都存在着紧密的联系。例如,声音及活动图像是实时的,多媒体系统提供同步和实时处理的能力。这样,在人的感官系统允许的情况下,进行多媒体交互,就好像面对面实时交流一样,图像和声音都是连续的。实时多媒体分布系统是把计算机的交互性、通信的分布性和电视的真实性有机地结合在一起。

1.2 多媒体技术基本概念

多媒体是超媒体系统的一个子集,而超媒体系统则是使用超链接构成的全球信息系统,全球信息系统是因特网上使用传输控制协议(Transmission Control Protocol,TCP)和用户数据报协议(User Datagram Protocol,UDP)的应用系统。二维的多媒体网页使用超文本标记语言(HyperText Mark-up Language,HTML)编写,而三维的多媒体网页使用虚拟现实建模语言(Virtual Reality Modeling Language,VRML)编写。在目前,许多多媒体作品使用光盘存储器发行;在将来,多媒体作品则会更多地使用网络发行。

1. 多媒体

"多媒体"一词译自 20 世纪 80 年代初产生的英文词"Multimedia"。多媒体是在计算机控制下把文字、图形、图像、声音、动画和影视等多种类型的媒体混合在一起的大众信息交流和传播工具。

2. 超文本

1965 年,Nelson 在计算机上处理文本文件时想出一种把相关文本组织在一起的方法,让计算机能够响应人的思维及能够方便地获得所需要的信息。他为这种方法创造了一个词,称为超文本(Hypertext)。实际上,这个词的真正含义是"链接"的意思,用来描述计算机中文件的组织方法,后来人们把用这种方法组织起来的文本称为"超文本"。

超文本是一种文本,它和书本上的文本是一样的。但与传统的文本文件相比,它们之间的主要差别是:传统文本是以线性方式组织的,而超文本是以非线性方式组织的。这里的"非线性"是指文本中遇到的一些相关内容通过链接组织在一起,用户可以很方便地浏览这些相关内容。这种文本的组织方式与人们的思维方式和工作方式比较接近。

例如图 1-1 所示的万维网页面中,超文本中带有链接关系的文本通常用下划线或用不同颜色表示。这个文本中的"超文本"与"超文本的历史"这个文件建立有链接关系,它也可以和"英汉双解计算机辞典"中的"Hypertext"建立链接关系,它同样也可以和"超链接"的解释建立链接关系。

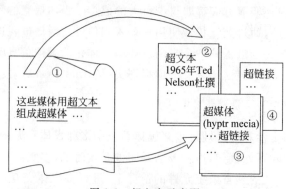

图 1-1　超文本示意图

3. 超链接

超链接(Hyperlink)是指文本中的词汇、短语、符号、图像、声音剪辑或影视剪辑之间的链接,或者是指文本文件与其他文件、超文本文件之间的链接,也称为"热链接"(Hotlink),或称为"超文本链接"(Hypertextlink)。建立互相链接的这些元素不受空间位置的限制,它们可以在同一个文件内,也可以在不同的文件之间,通过网络可与世界上的任何一台联网计算机上的文件建立链接关系。

为了区别有链接关系的元素与没有链接关系的元素,通常用不同颜色或者下划线来表示链接。担当链接使命的是通用标记语言标准(Standard for General Markup Language,SGML)和超文本链接标记语言(HTML)。对于隐含在这些元素背后的标记,用户通常是看不到的。

4. 超媒体

20世纪70年代,用户语言接口方面的先驱者 Andries Van Dam 创造了一个新词,叫做 Electronic book,现在翻译成"电子图书"。电子图书中包含有许多静态图片和图形,可以在计算机上创建文件和联想式地阅读文件。它保存了用纸做存储媒体的最好特性,同时又加入了丰富的非线性信息结构,这就促使在20世纪80年代产生了超媒体(Hypermedia)技术。超媒体不仅可以包含文字,而且还可以包含图形、图像、动画、声音和影视,这些媒体之间也是用超链接组织的,而且它们之间的链接是错综复杂的。

超媒体与超文本之间的不同之处是:超文本主要是以文字的形式表示信息,建立的链接关系主要是文本与文本之间的链接关系;而超媒体除了使用文字外,还使用图形、图像、声音、动画或影视等多种形式来表示信息,建立的链接关系是文本、图形、图像、声音、动画和影视等媒体之间的链接关系。超媒体示意图如图1-2所示。

5. 因特网

因特网(Internet)是一个把世界各国的计算机相互连接在一起的计算机网络。在这个网络上,使用普通的语言就可以进行相互通信、协同研究、从事商业活动、共享信息资源。因特网示意图如图1-3所示。

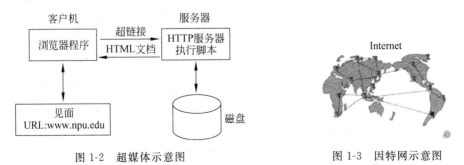

图1-2　超媒体示意图　　　　图1-3　因特网示意图

6. 万维网

万维网(Web)是在因特网上运行的信息系统,Web 是 WWW(World Wide Web)的简称,是一个全球性的分布式系统。由于它支持文本、图形、图像、声音、动画和影视等数据类型,而且使用超文本、超链接技术把全球范围内的信息都链接在一起,所以称为超媒体环球信息系统,如图1-4所示。万维网是因特网上环球信息系统设计技术上的一个重大突破,是目前最热门的多媒体技术。

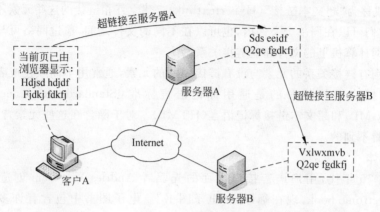

图 1-4　万维网示意图

万维网是无容量限制的环球信息系统,它可以让用户从万维网的一个页面跳到万维网上的其他任何页面。万维网可以被想象为一个很大的"图书馆",万维网网点就像是一大堆书,万维网网页就像是一大堆书中的某一页。万维网网页可以包含新闻、图像、视频和声音等任何东西。这些网页可以放在这个世界上的任何一台计算机上。当链接到万维网网点时,就可以存取全世界在网络上发布的信息,这就相当于跨越了空间和时间的限制。

整个万维网计划是在 1989 年由欧洲高能物理实验室(European Laboratory for Particle Physics)开始研究的,是应用超文本和超媒体技术的典范。随着相关工具软件的普及,万维网在因特网上已吸引越来越多的学校、机构及各行各业的公司进入,以提供多姿多彩的教育、信息和商业服务。万维网正在改变人们进行全球通信的方式。人们接受和使用这种新的全球性的媒体比历史上任何一种通信媒体都快。在过去的几十年里,万维网已经聚集了巨大的信息资源,从股票交易到寻找职业,从电子公告板到新闻,从预看电影、阅读名著、文学评论、音乐欣赏直到玩游戏等,凡是人们能够想到的万维网上几乎都可以找到。

7. HTML

HTML 通常被译为"超文本标记语言",是一种用来创建或识别万维网页面的描述语言。HTML 是一种表示文件的方法,可以用来说明文件的格式、组成或链接等,例如字形、字体、表单、标题和网络地址 URL 等。如图 1-5 所示是用 HTML 语言编写的 HTML 文件,如图 1-6 所示是用万维网浏览器看到的万维网页面。

万维网采用 HTML(超文本标记语言)来组织文件。采用 HTML 组织的文件本身属于普通的文档文件,可以用一般常见的文字编辑器来编辑,或用其他专门的 HTML 文件编辑器来编辑,例如 Microsoft 公司的 Office 和 FrontPage,以及 Sausage Software 公司的 HotDog Pro HTML 等。

图 1-5　HTML 文档

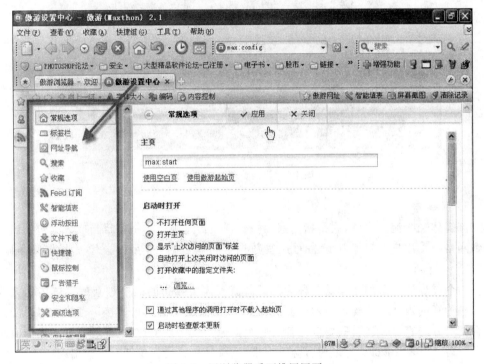

图 1-6　用浏览器看万维网网页

8．VRML

VRML(Virtual Reality Modeling Language)被翻译成"虚拟现实造型语言"，是一种用来描述万维网页面上三维交互环境的文件格式。VRML 同 HTML 的基本原理一样简单，都是用一系列指令告诉浏览器如何显示一个文档，它们都是描述万维网页面的描述语言。与 HTML 不同的是，以 HTML 为核心的万维网浏览器浏览的是二维世界，而以 VRML 为核心的万维网浏览器浏览的是三维世界，可以使用鼠标在这个三维世界里到处"逛一逛"，而不是像在二维世界里"一页一页"地显示。

体验三维世界需要有能够接收和再现 VRML 文件的浏览器。目前有两种类型：一种是插入型 VRML 浏览器,把 VRML 浏览软件插入到 HTML 万维网浏览器中;另一种是单独的 VRML 浏览器。如图 1-7 所示是取自国家基础地理信息中心所制作的地球外表面三维图像。

图 1-7　用浏览器看三维图像

9. 流媒体

流媒体又叫流式媒体,它是指商家用一个视频传送服务器把节目当成数据包发出,传送到网络上。用户通过解压设备对这些数据进行解压后,节目就会像发送前那样显示出来。

这个过程的一系列相关的包称为"流"。流媒体实际指的是一种新的媒体传送方式,而非一种新的媒体。流媒体技术全面应用后,人们在网上聊天可直接语音输入;如果想彼此看见对方的容貌、表情,只要双方各有一个摄像头就可以了;在网上看到感兴趣的商品,单击以后,讲解员和商品的影像就会跳出来;更有真实感的影像新闻也会出现。

流媒体技术发源于美国,在美国目前流媒体的应用已很普遍,例如惠普公司的产品发布和销售人员培训都用网络视频进行。

10. CD

CD(Compact Disc)在多媒体的发展史上起了相当重要的作用,是网络还不发达的国家发行多媒体节目的主要手段。DVD 是 Digital Video Disc 的缩写,意思是"数字影视光盘",这是为了与 Video CD 相区别。实际上,DVD 不仅仅可以用来存放交互影视节目,同样也可以用来存储其他类型的数据,因此,后来把 Digital Video Disc 更改为 Digital Versatile Disc,它的缩写仍然是 DVD,Versatile 的意思是"多才多艺"。

DVD 盘与 CD 盘相比,在形状、尺寸、面积和重量方面都一样。但 DVD 的特点是存储容量比 CD 盘大得多,最高可以达到 17GB,一片 DVD 盘的容量相当于 25 片 CD-ROM

（约 650MB）。

CD 家族中有很多成员，包括 CD-Audio、CD-ROM、CD-R、Video CD、CD-I 和 Photo CD 等。与 CD 类似，DVD 家族中也有很多成员，包括 DVD-ROM、DVD-Video、DVD-Audio 等。DVD 与 CD 主要成员见表 1-1。

表 1-1　DVD 与 CD 主要成员

DVD（Digital Versatile Disc）	CD（Compact Disc）	主 要 用 途
DVD-ROM	CD-ROM	存储计算机数据、多媒体数据等
DVD-Video	Video CD	存储影视节目
DVD-Audio	CD-Audio	存储音乐节目
DVD-Recordable	CD-R	存储档案等
DVD-RAM	CD-MO	计算机的存储器

1.3　媒体种类和作用

媒体是承载各种信息的载体，是信息的表示形式，它客观地表现了自然界和人类活动中的原始信息。按照国际上一些标准化组织制定的分类标准，媒体主要有以下 6 种类型。

（1）感觉媒体（Perception Medium）

作用：人类感知客观环境。

表现：听觉、视觉和触觉。

内容：文字、图形、图像、语言、声音、音乐、动画和影视等。

（2）表示媒体（Representation Medium）

作用：定义各种信息的表达特征。

表现：计算机数据格式。

内容：ASCII 编码、图像编码、声音编码和视频信号等。

（3）显示媒体（Presentation Medium）

作用：表达各种信息。

表现：输入和输出信息。

内容：键盘、鼠标、光笔、话筒、扫描仪、屏幕和打印机等。

（4）存储媒体（Storage Medium）

作用：存储各种信息。

表现：保存和取出信息。

内容：软盘、硬盘、光盘、磁带和半导体芯片等。

（5）传输媒体（Transmission Medium）

作用：连续数据信息的传输。

表现：信息传输的网络介质。

内容：电缆、光缆、微波无线链路、红外无线链路等。

（6）交换媒体（Exchange Medium）

作用：存储和传输全部媒体形式。

表现：异地信息交换介质。

内容：内存、网络、电子邮件系统、互联网、WWW 浏览器等。

计算机领域中的媒体有三种含义。其一，是指用以存储信息的实体，例如磁带、磁盘、光盘和半导体存储器；其二，是指用以感觉信息的载体，例如文本、图形、声音、动画及影视等；其三，是指用以传输信息的媒介，例如无线电波、电缆和光缆等。多媒体技术中的媒体是指第二种。

人类感知信息的途径有三个方面。其一，视觉：人类感知信息最重要的途径，人类从外部世界获取信息的 70%～80%是从视觉获得的；其二，听觉：人类从外部世界获取信息的 10%是从听觉获得的；其三，嗅觉、味觉和触觉：通过嗅觉、味觉、触觉获得的信息量约占 10%。

1.4 多媒体软件

如果说硬件是多媒体系统的基础，那么软件就是多媒体系统的灵魂，多媒体硬件的各种功能必须通过多媒体软件的作用才能得到淋漓尽致的发挥。多媒体软件可以划分为不同的层次或类别，这种划分是在多媒体技术发展过程中不断形成的，并没有绝对的标准。这里按照功能分为 6 个类别、4 个层次。

1. 多媒体驱动软件

多媒体驱动软件是多媒体软件中直接和硬件打交道的部分，也是设备正常运转必不可少的软件。其主要功能是完成设备初始化、打开与关闭各种设备，以及指挥设备完成各种操作。启动操作系统时，多媒体设备驱动软件把设备状态、型号和工作模式等信息提供给操作系统，并驻留在内存储器，供系统调用。多媒体驱动软件一般由计算机硬件厂商随着硬件一起提供。

2. 多媒体操作系统

多媒体操作系统也称多媒体操作平台，是多媒体软件的核心，也是一个实时的多任务的软件系统。其主要功能是负责多媒体环境下多个任务的调度、提供多媒体信息的各种基本操作与管理、支持实时同步播放。Apple 公司的 Macintosh 被称为多媒体操作系统的先驱，而个人计算机上的多媒体操作系统便是目前使用最为广泛的 Microsoft 公司的 Windows 系列。操作系统是多媒体计算机的控制中枢，控制所有硬件和软件的协调动作、处理输入输出方式和信息、提供软件维护工具等。

3. 多媒体素材制作软件

多媒体素材制作软件也称多媒体数据准备软件。该软件是一个大家族，能够制作素材的软件非常多，有文字编辑软件、图像处理软件、动画制作软件、音频处理及视频处理软件等。由于素材制作软件各自的局限性，在制作和处理稍微复杂一些的素材时，往往需要使用几个软件来完成。多媒体素材制作软件主要分为如下几类。

（1）图像处理类

此类软件对构成图像的数字进行运算、处理和重新编码，以此形成新的数字组合和描述，从而改变图像的视觉效果。它们专门用于获取、处理和输出图像，主要用于平面设计领域、多媒体产品制作和广告设计等领域。

（2）图形处理类

此类软件经过计算机运算形成抽象化结果，由具有方向和长度的矢量线段构成图形。主要用于表现直线、曲线、复杂运算曲线以及各种线段围成的图形。具有代表性的有：带有多媒体功能的计算机语言，如 Visual Basic、Visual C++ 等。

（3）动画处理类

此类软件按照功能划分，可以分为两类。一类是绘制和编辑类软件，有丰富的图形绘制和上色功能，并具备自动动画生成功能，是原创动画的重要工具。具有代表性的有 Animator Pro、3D Studio MAX、Maya 和 Cool 3D 等。第二类是动画处理类软件，对动画素材进行后期合成、加工、剪辑和整理，甚至添加特殊效果，对动画有强大的加工处理能力。具有代表性的有 Animator Studio、GIF Construction Set 和 Premiere 等。此类软件主要用于商业广告、多媒体教学、影视娱乐业、航空航天技术和工业模拟等领域。

（4）网页动画类

此类软件具有数据最小、表现力强、视觉效果好、模式多样化特点，主要用于互联网、电视字幕制作、片头动画、MTV 画面制作以及多媒体光盘等领域。具有代表性的有 GIF Animator、Flash 和 GIFCON 等。

（5）视频处理类

此类软件具有视频、音频同步处理能力；提供可视化的编辑界面，且操作简单明了；可以完成视频影像的剪辑、加工和修改；叠加和合成多个视频素材且形成复合作品；运用视频滤镜对视频影像进行加工，以生成特殊视觉效果；视频片段的连接以产生连接的过渡效果；在动态底图上播放影片。具有代表性的有 Premiere 等。

（6）声音处理类

此类软件把声音数字化，并对其进行编辑加工、合成多个声音素材、制作某种声音效果，以及保存声音文件等。按照功能划分，可以分为三大类。一类是声音数字化转换软件，为了使计算机能够处理声音，需要通过此类软件把声音转换成数字化音频文件。具有代表性的有 Easy CD-DA Extractor、Exact Audio Copy 等。第二类是声音编辑处理软件，可以对数字化声音进行剪辑、编辑、合成和处理，还可以对声音进行声道模式变换、频率范围调整、生成各种特殊效果、采样频率变换、文件格式转换等。具有代表性的有 GlodWave、Cool Edit Pro 等。第三类是声音压缩软件，通过某种压缩算法，把普通的数字化声音进行压缩，在音质变化不大的情况下，大幅度减少数据量，以利于网络传输和保存。具有代表性的有 XingMp3 Encoder、WinDAC32 和 L3Enc 等。

4. 多媒体平台软件

多媒体平台软件也称多媒体编辑创作软件、多媒体创作工具、多媒体编著系统等。这类软件是运行在多媒体操作系统之上，供应用领域的专业人员组织编排多媒体数据，并将它们连接成完整多媒体应用系统的工具性软件。其主要功能是用于多媒体素材的合成与处理、控制手段的实施、交互功能的实现、输入输出的控制、用户界面的生成等。

平台软件有高级程序设计语言、用于多媒体素材连接的专用软件,还有既能运算又能处理多媒体素材的综合类软件等,比较常见的平台软件有以下几种。

(1) 计算机程序设计语言 Visual Basic

近年来,一些传统的编程语言都加强了开发多媒体的能力,比如 Visual C++ 和 Visual Basic 等,而其中尤以 Visual Basic 最为突出。Visual Basic 既保留了 Basic 语言简单易学、功能强大的特点,又吸收了传统写作软件图像化编辑和可视化编程"所见即所得"等优势,使之几乎成为开发多媒体软件的标准工具。它通过一组称做"控件"的程序模块完成多媒体素材的连接、调用和交互性程序的制作。使用该语言开发多媒体产品,主要工作是编制程序。程序使得多媒体产品具有明显的灵活性。

(2) 多媒体创作工具 Authorware

该软件使用简单、交互性功能多而强。它通过大量系统函数和变量,对实现程序跳转和重新定向游刃有余。多媒体程序的整个开发过程在该软件的可视化平台上进行,可以较轻松地组织和管理各模块,并对模块之间的调用关系和逻辑结构进行设计。该软件具有明显的交互性编程特点,使用窗口界面和功能按钮来体现其交互性特点。

(3) 多媒体开发工具 Macromedia Director

该软件操作简便,采用拖曳式操作沟通媒体之间的关系、创建交互性功能。通过适当编程,可以完成更为复杂的媒体调用关系和人机对话方式。

(4) 多媒体演示文稿创作系统 PowerPoint

该软件操作简便,能够把各种多媒体素材展现在一个平台上,对于非计算机专业的学生和普通读者非常适用。主要用于制作具有简单交互功能的演示类多媒体作品,例如电子教案、各种广告等。

平台软件是多媒体产品开发进程中最重要的系统,是多媒体产品是否成功的关键。这类软件完成的主要作用包括:控制各种媒体的启动、运行与停止;协调媒体之间发生的时间顺序,进行时序控制与同步控制;生成用户操作界面,设置控制按钮和功能菜单以实现对媒体的控制;生成数据库,提供数据库管理功能;监控多媒体程序运行,包括计数和计时并返回值、统计事件发生次数等;精确控制输入输出方式;打包多媒体目标程序,设置安装文件、卸载文件,并监测和管理环境资源以及多媒体系统资源。

5. 多媒体应用软件

多媒体应用软件是指由应用领域专家或专业开发人员利用计算机编程语言或多媒体创作软件开发制作出的最终的多媒体产品。主要包括 Windows 系统提供的多媒体软件、动画播放软件、声音播放软件以及光盘刻录软件等。

6. 多媒体应用系统

多媒体应用系统是在多媒体平台上设计开发的面向应用的软件系统,比如多媒体数据库系统、超媒体或超文本系统等;也包括用软件创作工具开发出来的应用软件,比如多媒体辅助教育系统、多媒体报告系统以及多媒体电子图书等。

1.5 多媒体技术发展与应用

多媒体是人类通信媒体技术的发展,特别是通信、广播电视和计算机技术发展的必然结果。多媒体技术形成于 20 世纪 80 年代,是计算机、广播电视和通信这三大原来各自独立的领域相互渗透且相互融合,进而迅速发展的一门新兴技术。多媒体技术的一个例子就是多媒体计算机,它一出现,就很快在世界范围内的家庭教育和娱乐方面得到了广泛的应用,并由此引发了小型激光视盘(VCD 和 DVD)的诞生,促进了数字电视(Digital Television,DTV)和高清晰度电视(High Definition Television,HDTV)的迅速发展。

1.5.1 多媒体技术的发展阶段

多媒体技术经历了不断发展的过程。科学技术的进步和社会的需求是促进多媒体发展的基本动力。

1. 启蒙阶段

在人类发展的过程中,报纸可能是第一种重要的群众性通信介质,它主要使用文字内容,也使用图形和图像。

1895 年,前苏联人亚·斯·波波夫和意大利工程师马可尼(Gugliemo Marconi)分别在前苏联和意大利独立地实现了第一次无线电传输。到了 1901 年 12 月,马可尼又完成跨越大西洋距离为 3700km 的无线电越洋通信。无线电最初作为电报被发明,现在成了最主要的音频广播介质。

电视是 20 世纪出现的新媒体,它带来了视频,并从此改变了群体通信世界。

1945 年,Vannevar Bush(1890—1974)在发表的论文 *As We May Think* 中提出了 Memex 系统:图书馆将各种信息存储在缩微胶片中,各书目之间的连接可以自动跳转。Memex 提供了一种方法,使任何一条信息都可以随意直接自动地选择另一条信息。而且,更重要的是将两条信息连接到一起。这就是超文本的概念。

多媒体技术的一些概念和方法起源于 20 世纪 60 年代。1965 年,Nelson 为了在计算机中处理文本文件提出了一种把相关文本组织在一起的方法,并为这种方法创造了一个词,称为"超文本"。与传统方式不同,超文本以非线性方式组织文本,使计算机能够响应人的思维以及能够方便地获取所需要的信息。万维网(WWW)上的多媒体信息正是采用了超文本思想与技术,组成了全球范围的超媒体空间。多媒体技术实现于 20 世纪 80 年代中期。

1984 年,美国 Apple 公司在研制装有 Macintosh 操作系统的 Apple 计算机时,为了增加图形处理功能,改善人机交互界面,创造性地使用了位映射(Bitmap)、窗口(Window)和图符(Icon)等技术。这一系列改进所带来的图形用户界面(Graphical User Interface,GUI)深受用户的欢迎,加上引入鼠标(Mouse)作为交互设备,配合图形用户界面的使用,大大方便了用户的操作。Apple 公司在 1987 年又引入了"超级卡"(Hypercard),使 Apple 计算机(或称 Mac 计算机)成为更容易使用、易学习并且能处理多媒体信息的机器,受到计算机用户的一致赞誉。

1985 年,美国 Microsoft 公司推出了 Windows 操作系统,它是一个多用户的图形操作环境。Windows 使用鼠标驱动的图形,从 Windows 1.x、Windows 3.x、Windows NT、Windows 9x 到 Windows 2000、Windows XP 等,是一个具有多媒体功能、用户界面友好的多层窗口操作系统。同年,美国 Commodore 公司推出世界上第一台多媒体计算机 Amiga 系统。Amiga 机采用 Motorola M68000 微处理器作为 CPU,并配置 Commodore 公司研制的图形处理芯片 Agnus 8370、音响处理芯片 Pzula 8364 和视频处理芯片 Denise 8362 三个专用芯片。Amiga 机具有自己专用的操作系统,能够处理多任务,并具有下拉菜单、多窗口和图符等功能。在这一年,Negroponte 和 Wiesner 成立了麻省理工学院媒体实验室(MIT Media Lab)。

1986 年,荷兰 Philips 公司和日本 Sony 公司联合研制并推出了交互式紧凑光盘系统(Compact Disc Interactive,CD-I),同时公布了该系统采用的 CD-ROM 光盘数据格式。这项技术对大容量存储设备光盘的发展产生了巨大影响,并经过国际标准化组织(International Organization for Standards,ISO)的认可成为国际标准。大容量光盘的出现为存储和表示声音、文字、图形和音频等高质量的数字化媒体提供了有效手段。

关于交互式音频技术的研究也引起了人们的重视。自 1983 年开始,位于新泽西州普林斯顿的美国无线电公司 RCA 研究中心,组织了包括计算机、广播电视和信号处理三个方面的四十余名专家,研制交互式数字视频系统。它是以计算机技术为基础,用标准光盘来存储和检索静态图像、活动图像和声音等数据。经过 4 年的研究,于 1987 年 3 月在国际第二届 CD-ROM 年会展示了这项称为"交互式数字视频"(Digital Video Interactive,DVI)的技术。这便是多媒体技术的雏形。DVI 与 CD-I 之间的实质性差别在于:前者的编/解码器置于微机中,由微机控制完成计算,这就把彩色电视技术与计算机技术融合在一起;而后者的设计目的,只是用来播放记录在光盘上的按照 CD-I 压缩编码方式编码的视频信号(类似于后来的 VCD 播放器)。

RCA 研究中心后来把推出的交互式数字视频系统 DVI 卖给了 GE 公司。1987 年,Intel 公司又从 GE 公司买到这项技术,并经过改进,于 1989 年初把 DVI 技术开发成为一种可普及的商品。随后又和 IBM 公司合作,在 Comdex/Fall'89 展示会上推出 Action Media 750 多媒体开发平台。该平台硬件系统由音频板、视频板和多功能板等专用插板组成,其硬件是基于 DOS 系统的音频/视频支撑系统(Audio Video Support System,AVSS)。1991 年,Intel 和 IBM 合作又推出了改进型的 Action Media Ⅱ。在该系统中硬件部分集中在采集板和用户板两个专用插件上,集成程度更高;软件采用基于 Windows 的音频视频内核(Audio Video Kernel,AVK)。Action Media Ⅱ 在扩展性、可移植性和视频处理能力等方面均有大大改善。

多媒体技术的出现,在世界范围内引起巨大的反响,它清楚地展现出信息处理与传输(即通信)技术的革命性的发展方向。国际上在 1987 年成立了交互声像工业协会,该组织1991 年更名为交互多媒体协会(Interactive Multimedia Association,IMA)时,已经有15 个国家的 200 多个公司加入了。

2. 标准化阶段

自 20 世纪 90 年代以来,多媒体技术逐渐成熟。多媒体技术多以研究开发为重心转移到以应用为重心。

由于多媒体技术是一种综合性技术,它的实用性涉及计算机、电子、通信和影视等多个行业技术协作,其产品的应用目标,既涉及研究人员也面向普通消息者,涉及各个用户层次,因此标准化问题是多媒体技术实用化的关键。在标准化阶段,研究部门和开发部门首先各自提出自己的方案,然后经分析、测试、比较和综合,总结出最优、最便于应用推广的标准,指导多媒体产品的研制。

(1)多媒体个人计算机标准

1990年11月,由美国Microsoft公司、荷兰Philips公司在内的14家厂商成立了多媒体个人计算机市场协会(Multimedia PC Marketing Council),其主要任务是对计算机的多媒体技术进行规范化的管理和制定相应的标准,制定多媒体个人计算机(Multimedia Personal Computer,MPC)标准,对计算机增加多媒体功能所需要的软件和硬件规定了最低标准规范、量化指标及多媒体的升级规范等。

1991年,多媒体个人计算机市场协会提出了MPC-1标准。从此,全球计算机业界共同遵守该标准所规定的各项内容,促进了MPC的标准化和生产销售,使多媒体计算机成为一种新的流行趋势。

1993年5月,多媒体个人计算机市场协会又公布了MPC-2标准。该标准根据计算机硬件和软件的迅猛发展状况做了比较大的调整和修改,尤其是对声音、图像、视频和动画的播放、Photo CD做了新的规定。此后,多媒体个人计算机市场协会演变成多媒体个人计算机工作组(Multimedia PC Working Group)。尽管MPC-2标准推荐配置的内容已经留出较大余地,但由于计算机多媒体技术的发展非常迅速,某些内容很快就过时了。

1995年6月,多媒体个人计算机工作组公布了MPC-3标准。该标准为适应多媒体个人计算机的发展,又提高了硬件和软件的技术指标。更为重要的是,MPC-3标准制定了视频压缩技术MPEG的技术指标,使视频播放技术更加成熟和规范化,并且指定了采用全屏幕播放、使用软件进行视频数据解压缩等技术标准。

这一时期的成果还有:1992年,实现网络上的第一个M-Bone音频广播;1993年,在美国伊利诺斯大学的美国超级计算机应用国家中心(National Center for Supercomputing Applications,NCSA)开发出了第一个万维网浏览器Mosaic;1994年,Jim Clark和Marc Andreesen开发出万维网浏览器Netscape;1995年,与平台无关的应用开发语言Java面世。

(2)多媒体数据压缩和解压缩标准

多媒体技术的关键技术之一是关于多媒体数据压缩(编码)和解压缩(解码)算法。国际电信联盟(International Telegraph Union,ITU)的前身国际电报电话咨询委员会(International Telephone and Telegraph Consultative Committee,CCITT)推出的CCITT Group 2(G2)是一种非常早的压缩方案,用于传真系统。随后在1980年和1984年先后推出了CCITT Group 3和CCITT Group 4。

静态图像的主要标准称为JPEG标准(ISO/IEC 10918)。它是国际标准化组织(ISO)和国际电工委员会(International Electrotechnical Commission,IEC)联合成立的专家组(Joint Photographic Experts Group,JPEG)建立的适用于单色和彩色、多灰度连续

色调静态图像国际标准。该标准在 1991 年通过,成为 ISO/IEC 10918 标准,全称为"多灰度静态图像的数字压缩编码"。

视频/运动图像的主要标准是 ISO 下属的运动图像专家组(Moving Picture Experts Group,MPEG)制定的 MPEG-1(ISO/IEC 11172)、MPEG-2(ISO/IEC 13818)和 MPEG-4 (ISO/IEC 14496)三个标准。与 MPEG-1 和 MPEG-4 等效的 ITU 标准,在运动图像方面有用于视频会议的 H. 261(Px64)标准、用于可视电话的 H. 263 标准。

MPEG-1 标准的正式名称叫"信息技术——用于数据率 1.5Mb/s 的数字存储媒体的电视图像和伴音编码",于 1991 年被 ISO/IEC 采纳。MPEG-2 标准的正式名称叫"信息技术——活动图像和伴音信息的通用编码"。MPEG-4 标准的正式名称叫"甚低速率视听编码"。

MPEG 还曾参与了高清晰电视(HDTV)标准的制订。后来,由于 MPEG-2 已经能够满足 HDTV 图像要求,此项工作才于 1992 年 7 月停止。1995 年 11 月 28 日美国先进电视系统委员会(Advanced Television System Committee,ATSC)向美国联邦通信委员会 (Federal Communications Commission,FCC)提交了数字电视(DTV)标准,并推荐其作为高级广播电视标准。

在多媒体数字通信方面(包括电视会议等)制定了一系统国际标准,称为 H 系列标准。这个系列标准分为两代。H. 320、H. 321 和 H. 322 是第一代标准,都以 1990 年通过的综合业务数字网(Integrated Services Digital Network,ISDN)上的 H. 320 为基础。H. 323、H. 324 和 H. 310 是第二代,使用新的 H. 245 控制协议并且支持一系列改进的多媒体编/解码器。

更深层次的多媒体技术标准也开始推出或列入开发中。一个典型的标准是称做"多媒体内容描述接口"的 MPEG-7 标准(ISO/IEC 15938)。与已经推出的几个 MPEG 标准不同,MPEG-7 是一个关于表示音频/视频信息的信息标准。它的 7 个组成部件中,系统、描述定义语言(DDL)、视频、音频和多媒体描述方案等已经成为正式标准,参考软件和一致性测试则计划在 2002 年 9 月成为标准。

另一个正在开发中的标准是 MPEG-21 标准(ISO/IEC 18034),正式名称叫做"多媒体框架"。MPEG-21 的目标是,把支持分布在大范围网络和设备中的多媒体资源的技术透明地集成起来以支持多种功能,包括内容创作、内容生产、内容分发、内容消费和使用、内容包装、智力财产管理和保护、内容识别和描述、财政管理、用户隐私、终端和网络资源抽象、内容表示和事件报告等。MPEG-21 多媒体框架将标识和定义支持多媒体传输链所需要的关键元素、它们之间的关系和它们支持的操作,已经分为 4 个组成部分,计划 2002 年完成。

另外,ISO 对多媒体技术的核心设备——光盘存储系统的规格和数据格式——发布了统一的标准,特别是对流行的 CD-ROM 和以 CD-ROM 为基础的各种音频视频光盘的性能有统一规定。

3. 蓬勃发展阶段

随着多媒体各种标准的制定和应用,极大地推动了多媒体产业的发展。很多多媒体标准和实现方法(例如 JPEG、MPEG 等)已被做到芯片级,并作为成熟的商品投入市场。

与此同时,涉及多媒体领域的各种软件系统及工具,也如雨后春笋般层出不穷。这些既解决了多媒体发展过程必须解决的难题,又对多媒体的普及和应用提供了可靠的技术保障,并促使多媒体成为一个产业而迅猛发展。

(1) 进一步发展多媒体芯片和处理器

1997 年 1 月,美国 Intel 公司推出了具有 MMX 技术的奔腾处理器(Pentium processor with MMX),使它成为多媒体计算机的一个标准。奔腾处理器在体系结构上有三个主要的特点。

特点一,增加了新的指令,使计算机硬件本身就具有多媒体的处理功能(新添 57 个多媒体指令集),能更有效地处理视频、音频和图形数据。

特点二,单条指令多数据处理(Single Instruction Multiple Data process,SIMD)减少了视频、音频、图形和动画处理中常有的耗时的多循环。

特点三,更大的片内高速缓存,减少了处理器不得不访问片外低速存储器的次数。奔腾处理器使多媒体的运行速度成倍增加,并已开始取代一些普通的功能板卡。

除具有多媒体扩展指令集(Multi-Media eXtension,MMX)技术的奔腾处理器外,还有 AGP 规格、MPEG-2、AC97、PC-98、2D/3D 绘图加速器、Java Code (Processor Chip)等最新技术,也为多媒体大家族增添了风采。

(2) 全新推出 AC97 杜比数字环绕音响

在视觉进入 3D 立体视觉空间的境界后,对听觉也提出环绕及立体音效的要求。电影制片商在讲究大场景前,更会要逼真及临场十足的声音效果。加上个人计算机游戏的刺激,将音效的需求带到巅峰。AC97(Audio Codec 97)在此情此景的推动下,由声霸卡(Sound Blaster)的创始者 Creative 公司,及深耕此领域的 Analog Device、NS、Yamaha、Intel 主导生产。AC97 硬件解决方案中,由 Controller(声音产生器)及 Codec IC 两片 IC 构成。

随着网络计算机及新一代消费性电子产品,例如电视机顶盒、DVD、视频电话(Video Phone)、视频会议(Video Conference)等观念的崛起,强调应用于影像及通信处理上最佳的数字信号处理器(Digital Signal Processing,DSP),经过一番结构包装,可由软件驱动组态的方式,进入咨询及消费性的多媒体处理器市场。

1996 年,Chromatic Research 推出整合 MPEG-1、MPEG-2、视频、音频、2D、3D、电视输出等七合一功能的 Mpact 处理器,一举打响了其知名度,引起市场的高度重视,现已推出 Mpact2 第二代产品,应用于 DVD、计算机辅助制造(Computer Aided Manufacturing,CAM)、个人数字助手(Personal Digital Assistant,PDA)、蜂窝电话(Cellular phone)等新一代消费性电子产品市场。继 Chromatic 后,Fujitsu、Matsushita、Philips、Samsung 和 Sharp 等几大厂商也相继投入此市场。

多媒体处理器结合了 DSP 在数字信号处理的优势,并可发挥其在通信方面的优点。除了最初应用于网络计算机的构想外,日本 Sharp 公司将其多媒体微处理器(Data-Driven Media Processor,DDMP)应用于打印机、复印机、传真机及扫描器四合一的多功能打印机中。Fujitsu 公司也将其 MMA(Multi Media Assist)系列应用于汽车导航系统中,并将推出第二代甚至第三代。

与此同时,MPEG 压缩标准得到推广应用。已开始把活动影视图像的 MPEG 压缩标准推广用于数字卫星广播、高清晰电视、数字录像机以及网络环境下的电视点播(Video on Demand,VOD)、DVD 等各方面。

1.5.2　多媒体技术的产生环境

多媒体技术是计算机技术和社会需求相结合而造就的产物。计算机技术的发展,为多媒体技术的产生创造了技术条件,而社会需求则刺激了多媒体技术的快速发展。

1. 关键技术

就多媒体技术的成长与发展来看,多媒体系统实际上是处理和应用多媒体技术的多种技术的集成,对多媒体技术的产生起到重要作用的关键技术主要有以下 6 个。

(1) 数字化技术

尽管计算机技术已经发展到了多媒体时代,但 CPU 所能识别的数据仍然是最简单的二进制数"0"和"1"。英文字符以单字节的 ASCII 代码形式为计算机所接受,汉字则采用双字节的国标 GB2312—80 字符代码集,这些代码在机器内都是二进制数字串。然而像声音、图像与视频这样的非数字信号又是怎样进入计算机、为计算机所识别和处理的呢? 这就是数字化技术所要解决的基本问题。因此,信号的数字处理是多媒体技术发展的前提和基础。

(2) 数据压缩技术

多媒体计算机要实时地综合处理图、文、声、像等多种媒体的信息,而数字化的图像和声音信号数据量十分庞大。例如,对于调频广播级立体声,1min 的数据量高达 10MB,一首 3min 的乐曲就得占 30MB 存储空间。那么,30MB 是一个什么概念呢? 在 1991 年发布的多媒体个人计算机标准 MPC-1 中,规定的主机硬盘最小容量为 30MB,即便全部用来放音乐,也只能装下 3min 的音乐。与声音文件相比,视频文件的数据量更是大得惊人,一幅中等分辨率的真彩色图像(640×480 个像素,24 位颜色),大约需要占 0.88MB (640×480×24÷8＝921600B＝0.88MB)的空间,按照 25 帧/秒的播放速度计算,1s 的数据量便高达 22MB。如果不经过数据压缩,实时处理数字化声音和图像信息所需要的存储量、传输率和计算速度都是目前计算机难以承担的。国际上对压缩编码技术的研究历时多年,针对不同的应用制定了一系列压缩编码标准,各种有效的硬件和软件压缩产品不断问世,使多媒体技术迅速达到实用水平。因此,数据压缩技术的突破打开了多媒体信息进入计算机世界的大门。

(3) 超大规模集成电路制造技术

集成电路(Integrated Circuit)是在一小片半导体材料上制成的含有晶体管、电阻、电容与电感等电路元件及相互连线的完整电路,可以完成一个系统或分系统的任务。集成电路一个十分关键的指标是芯片的集成度,可以用芯片内所包含的晶体管个数来衡量: 20 世纪 60 年代集成电路技术刚刚兴起不久,集成度只从数百到数千;20 世纪 70 年代以后则从数万、数十万到数百万;从大规模集成电路(Large Scale Integrated circuit,LSI)到超大规模集成电路(Very Large Scale Integrated circuites,VLSI),目前最高密度的芯片可以容纳 3200 万个晶体管。在多媒体系统中,对声音和图像信息的压缩处理要求进行大量的计算。视频信息的压缩还要求实时完成。为了顺利完成上述任务,必须有高速的数字信号处理器 DSP(Digital Singnal Processor)芯片的支持。VLSI 制造技术的进步,使生产高速而廉价的 DSP 芯片成为可能,在通用计算机中需要中型甚至大型计算机才能执行的处理,一个或几个 DSP 芯片便可以完成。因此,VLSI 制造技术为多媒体技术的普及及应用创造了必要条件。

(4) 大容量的光盘存储器

数字化的媒体信息经过压缩处理之后仍然包含大量的数据。例如,上述每秒 22MB 的视频图像,经 100∶1 的压缩后,每 min 仍然有 13.2MB 的数据量,100MB 的空间只能存放 7min 左右的信息,一般的存储器根本无法承受。另外,硬盘不利于携带、不可交换,因此不能用于多媒体信息和多媒体软件的发行。大容量只读光盘存储器 CD-ROM 的出现,正好适应了这一需要。CD-ROM 容量大(650MB)、体积小(外径 5 英寸,超薄)、可携带、可交换,且价格也相当低廉。因此,大容量只读光盘存储器 CD-ROM 为多媒体数据的存储和交换提供了可能。

(5) 多媒体同步技术

多媒体技术需要同时处理多种媒体信息,各种媒体信息之间往往存在着一定的依从关系,特别是音频和视频信息本身又都是时间的函数,对各种媒体的同步与实时处理是十分重要的问题。问题的复杂性还在于各种媒体都具有自己的独立性和交互性,它们在不同的通信路径中传输,将分别产生不同的延迟和损耗,造成媒体之间协同性的破坏。作为多媒体系统心脏的操作系统,必须是实时多任务操作系统。目前多媒体个人计算机采用的 Windows 正是这样一种操作系统。因此,实时多任务操作系统为多媒体信息提供了同步平台。

(6) 超文本与超媒体

多媒体计算机处理的信息间呈现着丰富而复杂的关联结构,类似于人类大脑的思维结构。在超文本结构中,相互关联的文本信息按照逻辑关系组成一个个相对独立的信息块,称为结点(Node);每个结点都有若干个互相指向的指针,称为链(Link);用链将各结点连接起来,形成网(Network)。所以超文本是由若干信息结点和表示信息结点之间相关性的链构成的一个具有一定逻辑结构和语义关系的非线性网络。当结构中的信息包含图、文、声、像等多种媒体时,就成了超媒体。在不少多媒体应用制作工具(例如 PowerPoint、Authorware 等)中,都体现了超媒体结构的思想。在多媒体电子出版物中,例如电子百科全书、人物传记等,也无一不是以超媒体方式来组织编排的。因此,超文本与超媒体为多媒体信息管理提供了一种崭新的管理手段。

2. 社会需求

社会需求是促进多媒体技术产生和发展的重要因素。早在 20 世纪 80 年代,人们就开始不满于计算机对文字进行单一形式的处理和数学运算,希望计算机能够做更多的事情,要求计算机在多领域、多学科处理多重信息。这种越来越迫切的需求造就了一门全新的技术——多媒体技术。多媒体技术产生的社会需求主要体现在下面 7 个方面。

(1) 图形、图像处理的需要。图形和图像是人们辨识事物最直接和最形象的形式,很多难以理解和描述的问题用图形或图像表示就能一目了然。计算机多媒体技术首先要解决的问题就是图形和图像处理问题。

（2）大容量数据存储的需要。随着计算机处理范围的扩大，被处理的媒体种类不断增加，导致信息量迅速加大。因此，要保存和处理大量信息就成为多媒体技术急需解决的又一个问题。这使得 CD-ROM 存储方式和存储介质应运而生。

（3）音频和视频处理的需要。使用计算机处理并重放音频和视频信号，是人们对计算机技术提出的新要求。经过多年的发展，计算机能够对音频信号和视频信号进行采样、量化和编码，以及数字化处理和重放，并能够对重放的过程和模式进行控制。

（4）使用者界面设计的需要。在计算机发展的早期阶段，人们忽略了界面设计问题，这使得没有相当经验和技术的人无法使用计算机。随着计算机应用的拓展和普及，各个领域的人们迫切要求使用计算机，这就需要界面采用图形、声音和动画等多种形式，并配有交互性控制按钮，使操作变得容易和亲切。

（5）信息传递和交换的需要。为了满足人们对信息传递和交换的渴求，将计算机连接在一起，形成网络，互相之间进行传递和交换信息。"信息高速公路"计划由此应运而生，Internet 也迅猛发展，这些促进了多媒体技术在网络中的应用。

（6）高科技研究的需要。如果没有计算机技术，人类进入太空几乎是不可能的。多媒体技术的发展，使人们能够在飞往太空之前模拟太空中的各种状况和条件，并且在航天轨道计算与模拟、星际旅行的实现、星系的演变等各个方面建立虚拟环境，以供深入研究。

（7）娱乐与社会活动的需要。人类不仅要从事生产、科研活动，还注重享受娱乐和进行其他的社会活动，使用常规设备已经不能满足人们对享受娱乐和社会活动的需求，希望利用计算机多媒体技术，满足各种各样的娱乐和社会活动的需求。在影视娱乐业，使用先进的电脑技术已经成为一种时髦的趋势，大量的电脑效果被注入影视作品中，从而增加了艺术效果和商业价值。在社会活动方面，人们为了使更多的人了解自己，创造了人类独有的广告业。多媒体广告绚丽多姿的色彩、变化多端的形态、特殊的创意效果，不但可以使人们更了解广告的意图，而且也得到了全新的艺术享受。

除此之外，在医学、交通、工业产品制造，以及农业等方面的社会需求，使得多媒体技术的应用领域更为广泛，其发展永无止境。

1.5.3　多媒体技术的主要应用

由比特（Bit）组成的多媒体通过计算机和网络进行信息传播，使得"计算不再只和计算机有关，它决定了我们的生存"（尼葛洛庞帝（Negroponte），《数字化生存》）。由比特构成的"信息的 DNA"，正迅速地取代原子而成为人类社会的基本要素。人类社会已经由计算机网络相连，民族和国家的许多价值观将会改变，取而代之的将是大大小小的电子社区的价值观。人类将拥有数字化的邻居，在这一数字化的环境中，物理空间变得无关紧要，时间的分离也将缩到最短。现在，多媒体技术在工业、农业、商业、金融、教育、娱乐、旅游和房地产开发等各行各业、各个领域中，尤其在信息查询、产品展示和广告宣传等方面正得到越来越广泛的应用。

1. 教育培训

教育领域是应用多媒体技术最早的领域，也是进展最快的领域。人们以最自然、最直观、最容易的多媒体形式接受教育,不但增加了信息丰富性、提高了知识趣味性,而且还增加了学习主动性、提高了科学准确性。多媒体能够产生一种新的图文并茂、丰富多彩的人机交互方式,而且可以立即反馈。采用这种交互,学习者可以按照自己的学习基础、兴趣来选择自己所要学习的内容,主动参与。此外,以互联网为基础的远程教学,使得远隔千山万水的学生、教师和科研人员突破时空的限制,及时地交流信息、共享资源。目前网络大学在国内外都迅速发展起来了。由于多媒体具有图、文、声、像并茂的特点,所以能够提供最理想的教学环境,它必然会对教育、教学过程产生深刻的影响。多媒体技术将会改变教学模式、教学内容、教学手段和教学方法,最终导致整个教育思想、教学理论甚至教育体制的根本变革。

2. 文化娱乐

随着多媒体技术的发展逐步趋于成熟,在文化娱乐业,使用先进的计算机技术已成为一种时髦趋势,大量的计算机效果被注入到影视作品中,从而增加了艺术效果和商业价值。例如,动画片从传统的手工绘制到时尚的电脑绘制,从经典的平面动画到体现高科技的三维动画,由于计算机的介入,使动画的表现内容更丰富、更离奇、更刺激。多媒体技术在影视娱乐业中的主要应用还体现在特殊视觉效果和听觉的制作与合成;影视作品数字化,便于作品的加工、传播和保存;影视作品网络化,充分利用网络资源和网络特点;给业外人士提供参与制作影视作品的机会,自主创意和制作影视作品。同样,计算机和网络游戏由于具有多媒体感官刺激并使游戏者通过与计算机的交互或互动身临其境、进入角色,真正达到娱乐的效果,因此大受欢迎。此外,数字照相机、数字摄像机、数字摄影机和DVD光碟的使用以及数字电视的到来,将为人类的娱乐生活开创一个新的局面。

3. 商业广告

多媒体广告不同于平面广告,当多媒体技术应用于商业广告时,几乎使人们的视觉、听觉和感觉全部处于兴奋状态。近年来,由于 Internet 的兴起,使广告范围更为扩大,表现手段更为多媒体化,人们接受的信息量也成倍地增长。从影视广告、招贴广告,到市场广告、企业广告,其丰富绚丽的色彩、变化多端的形态、特殊创意的效果,不但使人们了解了广告意图,而且得到了艺术享受。多媒体技术在商业广告领域中可以提供最直观、最易于接受的宣传方式,在视觉、听觉和感觉等方面宣扬广告意图;提供交互功能,使消费者能够了解商业信息、服务信息以及其他相关信息;提供消费者的反馈信息,促使商家及时改变行销手段和促销方式;提供商业法规咨询、消费者权益咨询、问题解答等服务。

4. 休闲旅游

旅游是人们享受生活的一种重要方式,多媒体技术用于旅游业,充分体现了信息社会的特点。通过多媒体技术,人们可以全方位地了解这个星球上各个角落发生的事情。多媒体技术应用于旅游业,为旅游业带来了诸多明显的变化,例如,从印刷品到数字化载体——光盘,大量的信息、逼真的图片、动听的解说,犹如亲临其境一般,宣传介质的革命在很大程度上强化了宣传效果的力度;真实反映各个地方的风土人情、社会背景和语言文化,全方位地展现自然、生活与社会活动;提供检索和咨询等互动信息,搭起旅游者与旅游公司的桥梁,提高服务质量;数字化信息便于加工、整理和保存,更便于更新,以此提高旅游业顺应市场变化的能力,以及增加对市场反馈信息的敏感度;便于携带和扩散的数字化光盘,使旅游信息通过互联网、航空和电信,以前所未有的速度快速地到达世界的各个角落,扩大了宣传范围和力度。

5. 电子出版

电子出版是多媒体传播应用的一个重要方面。多媒体大容量存储技术以及信息高速公路为人们提供了方便快捷的信息处理、有效存储和快速传递方式,它是解决信息爆炸的一条出路。利用多媒体技术制作的光盘出版物,在音像娱乐、电子图书、游戏及产品广告的光盘市场上,呈现出迅速发展的销售趋势。电子出版物的产生和发展,不仅改变了传统图书的发行、阅读、收藏和管理等方式,也将对人类传统文化概念产生巨大影响。

6. 电子商务

将有关的合同和各种单证按照一定的国际通用标准,通过互联网进行传送,从而提高交易与合同执行的效率。通过网络,顾客能够浏览商家在网上展示的各种产品,并获得价格表和产品说明书等其他信息,据此可以订购自己喜爱的商品。电子商务能够大大缩短销售周期,提高销售人员的工作效率,改善客户服务,降低上市、销售、管理和发货的费用,形成新的优势条件,因此必将成为未来社会一种重要的销售手段。

7. 信息发布

各公司、企业、学校、甚至政府部门都可以建立自己的信息网站,用各种大量的媒体资料详细地介绍本部门的历史、实力、成果和需要等信息,以进行自我展示并提供信息服务。另一方面,信息的发布并不是大的组织机构的特权,每一个人都可以建立自己的信息主页、微博或网站。此外,网上众多的讨论区、BBS(Bulletin Board System)可以让任何人发布信息,实时交流讨论,为人类社会提供一种全新的交流和交友方式。

8. 虚拟现实

虚拟现实是一项与多媒体技术密切相关的边缘技术,它通过综合应用计算机图像、模拟与仿真、传感器、显示系统等技术和设备,以模拟仿真的方式,给用户提供一个真实反映操纵对象变化与相互作用的三维图像环境所构成的虚拟世界,并通过特殊设备(如头盔和数据手套)提供给用户一个与该虚拟世界相互作用的三维交互用户界面。利用多媒体系统生成的逼真的视觉、听觉、触觉以及嗅觉的模拟真实环境,观众可以用人的自然技能对这一虚拟现实进行交互体验,犹如在真实环境中的体验一样。虚拟现实是多媒体技术发展的理想。

9. 过程模拟

在化学反应、火山喷发、海水流动、天气预报、天体演化及生物进化等自然现象,以及设备运行等诸多方面,采用多媒体技术模拟其发生过程,可以使人们能够轻松、形象地了解事物变化的基本原理和关键环节,并能建立必要的感性认识,使复杂的、难以用语言准确描述的变化过程变得形象具体。智能模拟把专家的智慧和思维方式融入计算机软件中,人们可以利用这种具有专家指导意义的软件,获得最佳的工作成果和最理想的过程。

10. 网络领域

Internet的兴起与发展,在很大程度上对多媒体技术的进一步发展起到了积极的作用。人们在网络上传递多媒体信息,以多种形式互相交流,为多媒体技术的发展创造了合适的土壤和条件。例如,网络技术与多媒体技术的结合使视频会议系统成为一个最受关注的应用领域,身处异地的人们,坐在各自的办公室,对着计算机发表和倾听意见,如同身临其境地进行面对面的讨论。又如,计算机支持协同工作(Computer Support Cooperative Work,CSCW)的发展,使得远程会诊系统把身处两地的专家召集在一起同时异地会诊复杂病例;使得远程报纸共编系统将身处多地的编辑组织起来编辑同一份报纸;使得远程教育系统让师资力量薄弱的一些部门和地区的学生也都能亲耳聆听高水平教师的讲授与解答。

多媒体技术是继印刷术、无线电、电视和计算机技术之后的又一次新技术革命。随着多媒体技术中许多关键问题的进一步解决,多媒体配件价格的大幅度下降,新的更高速度的多媒体处理超级芯片的出现和计算机速度的进一步提高,多媒体在各个领域的应用将会更加普遍,涉及的信息将会更加广泛。

1.5.4 多媒体技术的应用前景

多媒体技术交互式应用的最终目标是能让用户完全进入到虚拟的具有5种感觉的空间,使人们能通过最为接近自然环境的方式与计算机交流信息。目前处于世界前沿的研究领域主要有如下5个方面。

1. 虚拟环境技术

虚拟环境(Virtual Environment,VE),或者称为虚拟现实(VR),就是将计算机、传感器、图文声像等多种设置结合在一起,创造出一种虚拟的"真实世界"。在这个世界里,人们看到、听到和触摸到的,都是一个并不存在的虚幻,是现代高科技的模拟技术使人们产生了身临其境的感受。不但如此,在这一系统中,人们还能以自然的方式与虚拟环境进行交互操作。

一个典型的虚拟现实系统由计算机、头盔与数据手套组成。头盔上带有双目显示器,两个小显示器的图像略有不同,这是为了造成立体效果,因此也称为头戴式立体显示器。头盔上还附有一对耳机,以便听到声音。当戴上头盔,启动计算机,进入虚拟现实程序,就会感到如同真实世界一样。如果站在一道"房门"前,伸手去推"门"时,有线数据手套根据手的动作控制计算机,会感到"门"的反馈力,再一使劲,"门"就打开了。然后进入"房间",当移动头部时,头盔会向计算机发送信息,使图像发生变化。可以打开"房间"里的"电视机",欣赏其中的画面,就像真的一样。

2. 科学计算可视化

科学计算可视化就是将计算机中的数字信息转变成图形或图像,使得随时间或空间变化的物理现象或物理量形象直观地呈现在研究者面前。例如,在核爆炸数值模拟中,高温高压下物质状态的动态变化规律可用动态三维图形显示出来;当飞行器高速穿过大气层时,人们也能从显示屏上逼真地看到周围气流运动的情况。通过这种方式,能使研究者发现常规计算发现不了的现象,获得意料之外的启发与灵感,大大提高了研制效率和质量。

实现科学计算可视化对计算机软、硬件都有很高的要求。在硬件方面,大数据量的计算要求使用具有极高计算能力的超级计算机,而可视化分析则需在专门的图形工作站上进行,二者之间必须通过具有高传输率的网络相连接。在软件方面,要求系统具有更强的实时跟踪与交互处理的能力，并可把计算对象复杂的三维空间转化为一系列二维空间来研究，实现驾驭式计算可视化。

3. 智能多媒体技术

智能多媒体技术，是人工智能技术与计算机多媒体技术相结合的、具有广泛交叉性的前沿技术，旨在实现人类智能的计算机模拟。智能多媒体技术的研究领域十分广阔，从图形、图像、语言、文字的识别到自然语言的理解，从自动程序设计、自动定理证明到数据库的自动检索，从计算机视觉到智能机器人等，在这些方面已经取得了不少新的成果，并且已经很好地应用到了多媒体计算机的系统开发中。

但是应该清醒地认识到，人类的认知过程是非常复杂的，人类对自身的思维规律和智能行为仍然处在探索阶段，很多生理的奥秘至今仍未能够被完全解释。因此，作为一门年轻的学科，从长远的观点来看，智能多媒体技术的发展将是永远不变的主题。

4. 信息高速公路

信息高速公路是一种大型数据化信息网络，它以光缆、卫星和数字微波等作为"路"，集电脑、电话、电视和传真等各种设备为一体的多媒体装置作为"车"，装载了各种数据、视听信号和图文资料等大量信息，高速度地送向全国乃至全球。信息高速公路的设想是美国国会众、参两院于 1991 年先后提出。1993 年美国副总统戈尔亲自主持制订《国家基础设施》行动计划，这就是目前的信息高速公路计划。此计划一出台，就得到了世界很多国家和地区的热烈响应，中国也不例外，1994 年 3 月即在北京召开专门会议，制订战略目标。一个轰轰烈烈的发展信息高速公路的热潮在全球广泛地、迅速地掀起。目前在世界范围蓬勃兴起的 Internet(因特网)，便被普遍认为是信息高速公路的雏形。

信息高速公路标志着人类真正进入信息化时代，它将给金融、教育、文化、卫生保健和商业带来重大的革命，对人们的生活、工作方式产生极大的影响。从发展趋势看，信息高速公路将首先促进多媒体的发展，走在前面的便是多媒体计算机和交互电视。以后信息高速公路还将延伸到太空，人类可运用因特网和其他星球通信。

5. 多媒体通信

随着多媒体计算机技术与计算机网络技术日益紧密的结合，多媒体通信网成为通信网发展的必然趋势，形成了为这两个领域共同关心的热点技术，这就是多媒体通信技术。

现代通信技术以 1835 年的电报和 1876 年的电话的诞生为标志，在人类文明史上竖起了一座座里程碑。电子技术的发展促进了广播、电视等大众传播网络的发展与完善，使人类信息的获取能力和质量得到空前的提高。20 世纪通信技术飞速发展，20 世纪 40 年代计算机问世，20 世纪 80 年代计算机网络崛起，对通信技术更产生了深远的影响。20 世纪 90 年代人类进入信息化时代，冷战时期的空间竞争已让位于信息技术的竞争，传统的通信技术已远不能满足人们对信息获取、利用与交换的要求。多媒体通信技术就在这样的背景下应运而生。

多媒体对通信的影响主要体现在三个方面：其一，多媒体数据量，多媒体通信的特点是数据量大，存储量大，传输带宽要求高。虽然可以对数据进行压缩，但高倍的压缩往往需要以牺牲图像或声音的质量为代价；其二，多媒体实时性，多媒体中的声音、动画和视频等时基类媒体对传输设备的实时性要求很高，并需要有专门的通信协议为保障；其三，多媒体时空约束,多媒体中各媒体相互关联,相互约束,这种约束既有空间的,也有时间的,通信系统必须采取延迟同步的方法进行媒体的再合成。因此,多媒体通信的关键技术,除了数据压缩和解压缩技术,还应该包括多媒体信息的传输技术、通信中的实时同步技术以及解决通信协议和标准化问题。

多媒体通信技术的发展目前在一些领域已经进入实用,电视会议便是其中的典型应用。实际上,在全球化信息高速公路的建设与发展中,多媒体通信技术是它的重要基石。

1.6　多媒体产品及其制作过程

多媒体技术的广泛应用要依靠多媒体产品的应用和传播,而实施多媒体技术的最终媒介也是多媒体产品。

1.6.1　多媒体产品的特点

多媒体产品是多媒体技术实际应用的产物,其特点如下。

(1) 信息多元化。多媒体产品所提供的信息种类众多,媒体形式多样。

(2) 调动视觉、听觉感官,提供大量直观信息。

(3) 具备人-机交互控制功能。使用者可有意识地选择产品提供的信息种类、有效地控制运行模式。

(4) 通用性强。产品通常采用通用性强、技术成熟的平台软件进行开发,因此产品基本适用于目前大多数计算机硬件系统和软件系统。

(5) 数据量大。由于多媒体产品的信息量大、信息形式众多、功能强大,因而数据量也不可避免地增大。

(6) 创作周期长。多媒体产品从创意到具体实施,直到成为产品,需要大量的媒体制作和编制程序工作,通常需要若干个月甚至更长的时间。

(7) 光盘是首选载体。几乎所有的多媒体产品均采用光盘保存,其原因是光盘成本低、承载信息量大、携带方便。

1.6.2　多媒体产品的基本模式

多媒体产品不论应用在什么领域,不外乎 3 种基本模式。

1. 示教型模式

示教型模式的多媒体产品主要用于教学、会议、商业宣传、影视广告和旅游指南等场合。该模式具有如下特点。

(1) 具有外向性,以展示、演播、阐述、宣讲等形式向使用者、观众或听众展开。

(2) 具有很强的专业性和行业特点。例如,教学用产品注重概念的解答、现象的阐述、定义和定理的强调等内容;而会议演讲则侧重于会议内容简介、观点的阐述和论证等。

(3) 具有简单而有效的操控性。使用者不需进行专门培训,就可以轻松驾驭多媒体产品。

(4) 适合大屏幕投影。产品界面色彩的设计与搭配充分考虑银幕投影的特点,其输出分辨率符合投影机的技术指标。

(5) 产品通常配有教材或广告印刷品。

2. 交互型模式

交互型模式的多媒体产品主要用于自学,产品安装到计算机中以后,使用者与计算机以对话形式进行交互式操作。该产品具有如下特点。

(1) 产品具有双向性,一方面向使用者展示多媒体信息;另一方面由使用者向产品提问或进行控制。即产品与使用者之间互相作用。

(2) 产品具有众多而有效的操作形式,使用者需要简单地学习有关使用方法。

(3) 产品多采用自学类型,使用者在家中即可使用产品。

(4) 产品显示模式适合电脑显示器,以标准模式(640×480、800×600、1024×768 或更高分辨率)显示多媒体信息。

(5) 界面色彩的设计与搭配比较自由,以清晰、美观为主。

(6) 产品配有大量习题或提问,使用者可有选择地进行解答。若回答有误,产品将识别错误并公布答案和得分。

(7) 产品具有很强的通用性,通常采用商品化包装,并附有使用说明书。

3. 混合型模式

混合型模式介于示教型模式和交互型模式之间,兼备二者特点。事实上,混合型模式的产品远多于单一类型的产品。混合型模式的显著特征是功能齐全、数据量大,有些产品甚至拥有 $5 \sim 10$ 片光盘或更多。

混合型模式的产品在制作上也有其特点,主要表现在以下几个方面。

(1) 按照主题划分存储单元。例如,一片光盘一个主题,尽管光盘装载的信息量并未饱和。

(2) 产品可根据需要装配不同的功能模块,以实现不同的功能。

(3) 根据使用环境的不同,定制不同版本的产品。

1.6.3 多媒体产品的制作过程

多媒体产品的制作分几个阶段,每个阶段完成一个或几个特定的任务。下面将按照多媒体产品开发的顺序简要介绍各个阶段的任务。

1. 产品创意

多媒体产品的创意设计是非常重要的工作,从时间、内容、素材,到各个具体制作环节、程序结构等,都要事先周密筹划。产品创意主要有以下各项工作。

(1) 确定产品在时间轴上的分配比例、进展速度和总长度。

(2) 撰写和编辑信息内容,其中包括教案、讲课内容、解说词等。

(3) 规划用何种媒体向谁表现何种内容。其中包括界面设计、色彩设计、功能设计等项内容。

(4) 界面功能设计。内容包括按钮和菜单的设置、互锁关系的确定、视窗尺寸与相互之间的关系等。

(5) 统一规划并确定媒体素材的文件格式、数据类型、显示模式等。

（6）确定使用何种软件制作多媒体素材。

（7）确定使用何种平台软件。如果采用计算机高级语言编程，则要考虑程序结构、数据结构、函数命名及其调用等问题。

（8）确定光盘载体的目录结构、安装文件以及必要的工具软件。

（9）将全部创意、进度安排和实施方案形成文字资料，并制作脚本。

在产品创意阶段，工作的特点是细腻、严谨。切记：一点小小的疏忽，会使今后的开发工作陷入困境，有时甚至要从头开始。

2. 素材加工与媒体制作

多媒体素材的加工与制作，是最为艰苦的开发阶段，非常费时。在此阶段，要和各种软件打交道，要制作图像、动画、声音及文字素材。

在素材加工与媒体制作阶段，要严格按照脚本的要求进行工作。其主要的工作有以下几项。

（1）录入文字，并生成纯文本格式的文件，如". txt"格式。

（2）扫描或绘制图片，并根据需要进行加工和修改，然后形成脚本要求的图像文件。

（3）按照脚本要求，制作规定长度的动画或视频文件。在制作动画过程中，要考虑声音与动画的同步、画外音区段内的动画节奏、动画衔接等问题。

（4）制作解说和背景音乐。按照脚本要求，将解说词进行录音，可直接从光盘上经数据变换得到背景音乐。在进行解说音和背景音混频处理时，要保证恰当的音强比例和准确的时间长度。

（5）利用工具软件，对所有素材进行检测。对于文字内容，主要检查用词是否准确、有无纰漏、概念描述是否严谨等；对于图片，则侧重于画面分辨率、显示尺寸、彩色数量、文件格式等方面的检查；对于动画和音乐，主要检查二者时间长度是否匹配、数字声频信号是否有爆音、动画的画面调度是否合理等内容。

（6）数据优化。这是针对媒体素材进行的，其目的有三：其一，减少各种媒体素材的数据量；其二，提高多媒体产品的运行效率；其三，降低光盘数据存储的负荷。

（7）制作素材备份。此项工作十分重要。素材的制作要花费很多心血和时间，应多复制几份保存，否则因一时疏忽而导致文件损坏，将后悔莫及。

3. 编制程序

在多媒体产品制作的后期阶段，使用高级语言进行编程，以便把各种媒体进行组合、连接与合成。与此同时，通过程序实现全部控制功能，其中包括如下几点。

（1）设置菜单结构。主要确定菜单功能分类、鼠标单击菜单模式等。

（2）确定按钮操作方式。

（3）建立数据库。

（4）界面制作。其中包括窗体尺寸设置、按钮设置与互锁、媒体显示位置、状态提示等。

（5）添加附加功能。例如，趣味习题、课间音乐欣赏、简单小工具、文件操作功能等。

（6）打印输出重要信息。

（7）帮助信息的显示与联机打印。

程序在编制过程中,通常要反复进行调试、修改不合理的程序结构、改正错误的数据定义和传递方式、检查并修正逻辑错误等。

4. 成品制作及包装

多媒体程序也好,多媒体模块也好,最终都要成为成品。所谓成品,是指具备实际使用价值、功能完善而可靠、文字资料齐全、具有数据载体的产品。

成品的制作大致包括以下内容。

(1) 确认各种媒体文件的格式、名字及其属性。

(2) 进行程序标准化工作。其中包括确认程序运行的可靠性、系统安装路径自动识别、运行环境自动识别、打印接口识别等内容。

(3) 系统打包。所谓"打包",是指把全部系统文件进行捆绑,形成若干个集成文件,并生成系统安装文件和卸载文件。

(4) 设计光盘目录的结构,规划光盘的存储空间分配比例。如果采用文件压缩工具压缩系统数据,还要规划释放的路径和考虑密码的设置问题。

(5) 制作光盘。需要低成本制作时,可采用 5 英寸的 CD-R 激光盘片;CD-RW 可读写激光盘片的成品略高于 CD-R 盘片,但由于 CD-RW 盘片可重新写入数据,因此对于经常修改的程序或数据提供了方便。

(6) 设计包装。任何产品都需要包装,它是所谓"眼球效应"的产物。当今社会越来越重视包装的作用,包装对产品的形象有直接影响,甚至对产品的使用价值也起到不可低估的作用。设计优秀的包装并非易事,需要专业知识和技巧。

(7) 编写技术说明书和使用说明书。技术说明书主要说明软件系统的各种技术参数,其中包括媒体文件的格式与属性、系统对软件环境的要求、对计算机硬件配置的要求、系统的显示模式等;使用说明书主要介绍系统的安装方法、寻求帮助的方法、操作步骤、疑难解答、作者信息以及联系方式等。

1.7　多媒体创意设计

多媒体技术是一门科学,多媒体制作是一种计算机专业知识,多媒体创意则是一个涉及到美学、实用工程学和心理学的问题。在经济不发达的年代,人们往往注重解决最基本、最现实的问题,对创意设计并不重视。但随着经济的发展、科学技术的进步和人们对美、对功能的追求,创意设计的作用和影响已经不可忽视,所谓"七分创意、三分做",就形象地说明了这个道理。

1.7.1　创意设计的作用

多媒体创意设计是制作多媒体产品最重要的一环,是一门综合学科。其主要作用如下。

(1) 产品更趋于合理化——程序运行速度快、可靠,界面设计合理,操作简便而舒适。

(2) 表现手段多样化——多媒体信息的显示富于变化,不同媒体之间的关系协调而错落有序。

(3) 风格个性化——产品不落俗套,具有强烈的个性。

（4）表现内容科学化——多媒体产品提供的信息要符合科学规律，阐述要准确、明了，概念要清晰、严谨。

（5）产品商品化——产品开发的目的是为了应用，在创意设计中，商品化设计的比重很大。没有完美的商品化设计，就得不到消费者应有的重视。

1.7.2 创意设计的具体体现

多媒体创意设计工作繁多而细致，主要表现在以下几个方面。

（1）在平面设计理念的指导下，加工和修饰所有平面素材，例如图片、文字、界面等。

（2）文字措辞具有感染力和说服力，语言流畅、准确。

（3）动画造型逼真、动作流畅、色彩丰富、界面调度专业化。

（4）声音具有个性，音乐风格优雅，编辑和加工符合乐理规律。

（5）界面亲切、友好，画面背景和前景色彩庄重、大方、搭配协调。

（6）提示语言礼貌、生动，文字的字体、字号与颜色适宜。

（7）操作模式尽量符合人们的习惯。

创意设计所涉及的内容很多，从总体框架到每一个细节，无不融入创意设计的理念和具体实施的方法。

1.7.3 创意设计的实施

在进行创意设计时，主要从事三个方面的工作：第一，技术设计；第二，功能设计；第三，美学设计。

技术设计是指利用计算机技术实现多媒体功能的设计。其内容包括规划技术细节、设计实施方法、对技术难点提出解决方案。

功能设计是指利用多媒体技术规划和实现面向对象的控制手段。主要内容包括规划多媒体产品的功能类型和数量、完成菜单结构设计和按钮功能设计、实现系统功能调用和数据共享、避免功能重叠、交叉调用、系统错误处理、增加附加功能、改善产品形象。

美学设计是指用美学观念和人体工程学观念设计产品。主要解决的问题是界面布局与色调、界面的视觉冲击力和易操作性、媒体个性的表现形式、设计媒体之间的最佳搭配方式和空间显示位置、产品光盘装潢设计和外包装设计、使用说明书和技术说明书的封面设计、版式设计。

三项设计涉及的专业知识比较广泛，需要设计群体的共同努力才能完成。在设计过程中，应广泛征求使用者各方面的意见，不断修改和完善设计方案，使多媒体产品更具有科学性，更贴近使用者的要求。

1.8 习　　题

1. 媒体主要有哪几类？其主要特点是什么？
2. 什么是多媒体技术？多媒体技术的处理对象有哪些？

3. 如何理解多媒体技术是人机交互方法的一次革命？

4. 多媒体技术有哪些社会需求？

5. 图文并茂声像俱全的彩色电视能否称为多媒体系统？为什么？

6. 多媒体技术的基本特征和关键技术是什么？

7. 制定多媒体技术标准对多媒体技术有什么意义？

8. 多媒体素材制作软件和平台软件有什么区别？

9. 试从一两个应用实例出发，谈谈多媒体技术的应用对人类社会的影响。

1.9 实 验

学习多媒体技术，要从掌握基础知识入手：认识多媒体各种对象，熟悉多媒体软件主要类型及基本功能，了解多媒体技术基本概念、产生环境、发展阶段及应用领域。通过本章实验，使读者巩固概念、加深理解。

1. 实验目的

(1) 进一步详细了解多媒体技术的发展历史和产生环境。

(2) 了解 Windows 多媒体工具的作用及基本原理。

(3) 了解多媒体素材制作软件和平台软件的种类和特点。

(4) 掌握 Windows 提供的多种多媒体工具的简单实用方法。

2. 实验内容

(1) 在因特网上检索和浏览多媒体技术的发展历史和产生环境，并观察因特网的网页上众多的多媒体表现手段，例如，图形、图像、声音、动画和视频等。

(2) 使用 Windows 提供的"画图"工具，进行改变图像尺寸、添加文字、以多种格式保存图像文件等操作。

(3) 使用 Windows 提供的"录音机"工具，进行播放声音、剪辑声音、添加回音、转换声音采样频率和声道形式等操作。

(4) 使用 Windows 提供的"媒体播放器"工具，播放视频和声音等媒体文件。

3. 实验要求

(1) 在使用"画图"工具保存图片时，注意图片文件格式与数据量的关系。

(2) 在使用"录音机"工具保存声音时，注意音频文件格式与数据量的关系。

(3) 写出实验报告，包括实验名称、实验目的、实验步骤和实验思考。

第 2 章 多媒体硬件设备

多媒体技术是依赖于计算机科学技术而发展起来的应用技术。因而,多媒体硬件设备主要是指与计算机有关的基本设备和扩展设备。计算机包括个人计算机、中大型计算机等,由于目前开展多媒体应用的主流计算机是个人计算机,所以多媒体硬件设备将围绕多媒体个人计算机展开讨论。

2.1 多媒体个人计算机系统

多媒体计算机系统是指能综合处理多种信息媒体的计算机系统,是在普通计算机基础上配以多媒体软件和硬件环境,并通过各种接口部件连接而成。最初的多媒体计算机系统只是在普通计算机上加配声卡和光驱,并装上相应的软件,使其能处理与播放语音和音乐。随着多媒体应用的不断扩展,系统的成员也日益增多。

2.1.1 多媒体个人计算机

多媒体个人计算机(MPC)并不是一种全新的个人计算机,它是在现有个人计算机基础上加上一些硬件板卡及相应软件,使其具有综合处理声、文、图、像等信息的功能。

随着多媒体技术的迅速发展和应用,很多拥有个人计算机的用户,都想把自己的产品升级为 MPC,但多媒体是一项综合性技术,它涉及计算机、通信、声像(电视)及电子产品等各个领域和行为。为了使不同厂家生产的产品也能够方便地组成多媒体个人计算机系统,这就要解决产品标准化和兼容性的问题。为此,几乎所有的多媒体产品供应商和最终用户联合起来组织了一个交互式多媒体协会(Interavtive Multimedia Association,IMA),该组织的主要目标是解决兼容性问题,即保证开发出的应用软件应与各种硬件平台相兼容。为此要解决两个关键问题,一是如何能使应用软件和工具软件在各种操作系统和硬件支撑平台上操作运行。例如,动画和图形软件需要数字音频和数字视频设备,而这些设备都要通过操作系统进行管理,所以要解决应用软件和工具软件在各种软、硬件平台上兼容的问题。二是数据交换兼容性问题,这个问题在使用不同编码方法及硬件设备时尤为突出。

1. MPC 的标准

在交互式多媒体协会(IMA)兼容性计划的指导下,由 Philips、Microsoft、Tandy 和 NEC 等 14 家著名厂商组成了多媒体个人计算机市场协会(MPMC),先后制定了 3 个 MPC 的标准:MPC-1(1991 年)、MPC-2(1993 年)和 MPC-3(1995 年),见表 2-1。这些标准由 MPMC 管理。MPC 标准的特点是兼容性、个人化或家庭化,MPC 标准的任务是让每个个人计算机用户在软件和硬件上的投入和积累得到肯定和连续的支持。

表 2-1　多媒体个人计算机标准

最低要求	MPC-1	MPC-2	MPC-3
RAM	2MB	4MB	8MB
CPU	16MHz,80386SX	25MHz,80486SX	75MHz,Pentium
磁盘	1.44MB 软驱 30MB 硬盘	1.44MB 软驱 160MB 硬盘	1.44MB 软驱 540MB 硬盘
CD-ROM	数字传输率 150kB/s 符合 CD-DA 规范	数字传输率 300kB/s 平均存取时间 400ms 符合 CD-XA 规范	数字传输率 600kB/s 平均存取时间 250ms 符合 CD-XA 规范
音频	8 位声音卡 8 个音符合成器 MIDI 再现	16 位声音卡 8 个音符合成器 MIDI 再现	16 位声音卡 波表合成技术 MIDI 再现
图形性能	VGA 640×480 分辨率,16 色 320×200 分辨率,256 色	SVGA 640×480 分辨率,65535 色 再占 40%CPU 时间 显示速度 1.2Mpixel/s	可进行颜色空间转换和缩放 可直接访问帧存 播放动态画面,不要求缩放和剪裁: • 15 位/像素 • 352×240 分辨率,30 帧/秒 • 352×288 分辨率,25 帧/秒
视频播放	无要求	无要求	MPEG-1 播放(硬件或软件) 所有编码和解码: • 15 位/像素 • 352×240 分辨率,30 帧/秒 • 352×288 分辨率,25 帧/秒 • 播放视频时支持同步的声/视频流 • 不丢帧
用户接口	101 键 IBM 兼容键盘 鼠标	101 键 IBM 兼容键盘 鼠标	101 键 IBM 兼容键盘 鼠标
I/O	MIDI 控制杆串口 并口	MIDI 控制杆串口 并口	MIDI 控制杆串口 并口
系统软件	Windows 3.0 多媒体扩充版 Windows 3.1 MS-DOS CD-ROM 扩充版 二进制兼容系统	Windows 3.0 多媒体扩充版 Windows 3.1 MS-DOS CD-ROM 扩充版 二进制兼容系统	Windows 3.11 二进制兼容系统

通过 MPC 标准把个人计算机推广到家庭,使个人计算机连接到每个家庭的电视、电话和立体声的音响设备,使其成为家庭管理和娱乐的中心,这样就会使个人计算机产业有一个突破性的发展。MPC 标准与开发者、销售商和用户有密切关系。对计算机应用开发者来说,MPC 标准是开发先进的多媒体应用系统的标准;对用户来说,MPC 标准是建立能支持多媒体应用的个人计算机系统或者已有的个人计算机系统升级为多媒体个人计算机系统的指南;对销售商来说,MPC 标准是一个组织的标志,这个组织的宗旨是尽可能使

个人计算机的用户拥有多媒体功能。

目前,MPC 的配置已经远远高于 MPC-3 标准,硬件种类也已经大大增加,软件发展更迅速,功能更为强大,多媒体功能已经成为个人计算机的基本功能。

2. MPC 的特征

MPC 在硬件技术和软件技术方面具有以下主要特征。

(1)具有激光存储器 CD-ROM。作为 MPC 的一个标志性设备,CD-ROM 有着非常特殊重要的地位。它是多媒体技术的基础,是最经济、实用的数据载体。

(2)输入手段丰富新颖。MPC 的输入手段很多,可以输入各种媒体的内容。例如,常用的键盘和鼠标,还有语音输入、扫描输入、手写输入以及文字识别输入等。

(3)输出种类多、质量高。MPC 可以采用多种形式输出多媒体的信息。例如,音频输出、投影输出、视频输出、帧频输出以及网络数据输出等。

(4)显示质量高。由于 MPC 通常配备先进的高性能图形显示卡和质量优良的显示器,因此图像显示质量比较高。高质量的显示品质为图像信号、视频信号、多种媒体的加工和处理提供了不失真的参照标准。

(5)具有丰富的软件资源。如果说硬件是多媒体系统的基础,那么软件就是多媒体系统的灵魂,MPC 硬件的各种功能必须通过多媒体个人计算机软件的作用才能得到淋漓尽致的发挥。因此,MPC 的软件资源必须非常丰富,以满足多媒体素材的处理及其程序的编制要求。

3. MPC 的功能

MPC 主要是面向个人和家庭用户。为使 MPC 被广泛采用,其价格必须低廉,因此在设计 MPC 系统时并不追求完善和先进的指标,而是在性能和价格之间寻求合理的平衡,以达到高的性能价格比。对 MPC 的功能主要从其对音频、图形、图像和视频等各种媒体信息的处理和管理能力来评价。

(1)对音频信号的处理能力

在 MPC 升级套件中必须包括一块音频处理卡,它提供了丰富的音频信号处理功能。其中包括两个功能。

① 录入、处理和重放声波信号。声波信号经过拾音器转换成连续模拟电信号。这样的信号要经过采样和量化处理,转换成离散数字信号以后才能进入计算机。音频卡可以处理单声道或立体声的波形信号。转换时的采样频率的范围是 4～44.1kHz,每个采样信号的位数可以是 8～16 位。采样频率越高、采样的位数越高,声波信号经过采样和数字化以后的失真就越小,但产生的数据也就越多。所以,在大量使用声波信号时一般要经过数据压缩处理。在一些高档的音频处理卡中可以由数字信号处理器来完成声波信号的实时压缩。

② 用乐器数字接口(Music Instrument Digital Interface,MIDI)技术合成音乐。与声波形式的声音不同,MIDI 技术不是对声波进行编码,而是把 MIDI 乐器上产生的每一活动编码记录下来并存储在 MIDI 文件中。MIDI 文件中的音乐可以通过音频处理卡中声音合成器与个人计算机连接的外部 MIDI 声音合成器来产生高质量的音乐效果。MIDI技术的优点是可以节省大量的存储空间,并可方便地配乐。

（2）图形处理功能

MPC 具有较强的图形处理功能。在 VGA 显示卡和 Windows 软件的配合下，MPC 可以产生色彩丰富，形象逼真的图形，且在此基础上实现一定程度的 2D 动画。

（3）图像处理功能

MPC 通过 VGA 显示卡和显示器可以逼真、生动地显示静止图像。输入照片或静止图像可以使用彩色扫描仪，输入视频图像则需要使用摄像机或录像机等视频设备以及视频图像获取卡。视频卡把来自摄像机或录像机的视频信号"冻结"一帧，并数字化后存入计算机。

彩色图像如果不经过压缩处理所占的存储空间较大，一般要经过数据压缩处理。一幅 512×512 像素分辨率，每个像素是 24 位的真彩色图像需要占 768KB 的空间。如果用 JPEG 静止图像压缩算法进行压缩，一般来说，把图像压缩到每个像素占 0.5 位时仍能保持相当好的质量，这时所需要的存储空间只有原来的 1/50。由于 JPEG 算法硬件处理卡价格昂贵，不适合用于廉价的 MPC 系统，所以在 MPC 中主要依靠中央处理器（CPU）来完成压缩算法的处理，这就要花费较长的时间。例如，用 33MHz 的 486 主机完成上述图像的 JPEG 算法的压缩时间需要 15s 左右。因此，在实用中经常使用 256×256 分辨率的图像。这时所需要的压缩时间约为 3s 左右，这在对分辨率要求不严格的场合是可以接受的。随着主机 CPU 运算速度的提高，压缩处理所需要的时间可以进一步缩短。

（4）视频处理功能

由于视频图像包含大量的数据，而压缩处理又需要强大的计算能力，这些条件在 MPC 中都不具备，所以 MPC 对视频图像的处理很有限。MPC 一般不能实时录入和压缩视频图像，只能播放已压缩好的视频图像，而且质量也较低。当然随着压缩算法的改进和 CPU 运算速度的提高，播放的视频图像的质量也将不断提高。视频图像的压缩软件的性能也在改善，现在已经出现可以按 MPEG 运动图像压缩算法、非实时地逐帧压缩视频图像序列的软件包。这时要求把每帧图像都当作一个文件存储。压缩处理时对图像文件顺序逐个处理，并完成整个图像序列的压缩。

（5）多媒体演示功能

从上述介绍的 MPC 对各种媒体信息的处理能力可以看到，MPC 的主要功能是播放（Play Back）存储在 CD-ROM 上的电子出版物、电子游戏和计算机辅助教学等。但如果在 MPC 上安装软件开发工具或再配上视频图像获取卡，就可以利用 MPC 对动画、音频和图像的处理能力制作出生动的多媒体演示作品，用于公司广告、产品介绍、旅游服务、信息咨询和职业培训等许多领域。

总之，软件开发工具不但能使用 MPC 输入或产生声、文、图、像等媒体信息，还提供了丰富的典型样本。再加上功能齐全的编辑功能，使用户可方便地根据需要建立各种形象和产生音响效果供制作演示时使用。此外，应用这些软件工具，MPC 还可以灵活、直观地在时间和空间上控制这些媒体信息的相互关系以及运动或变化规律，使多媒体演示能形象、生动地表现指定的内容。

（6）多媒体电子出版物播放功能

如前所述，MPC 在软件开发工具的支持下可以具有一定的演示制作功能。但在大部分情况下,MPC 上运行的软件不是由系统自行制作的,而是由已经录制在 CD-ROM 上的电子出版物提供的。从本质上来说,MPC 最适宜用于播放或回放系统,它可以交互式地播放存储在 CD-ROM 上的声、文、图、像等信息,这些信息以电子出版物的形式组织在一起,不但声、文、图、像并茂,而且因为它事实上是一种联机文件(On-Line-File),因此可提供各种交互手段。用户可以查询、检索和浏览光盘中的内容,还可以根据用户的响应调整下一步播放的内容。这样的交互性是一般的书本出版物或录像带所不具备的。利用它所特有的交互性,电子出版物可以用于各种特定的目的。例如用于教育、培训、信息咨询和娱乐等。

与印刷的书籍相比,电子出版物有两个显著优点。其一,利用交互式多媒体技术提高了信息交流的效率。电子出版物利用声、文、图、像等信息,具有比文字、图形丰富得多的表现能力。而且在计算机的帮助下,用户可以根据自己的需要控制信息交流的过程。这特别适用于培训和学习。其二,配有适当软件开发工具,辅以相应的硬件,用户可以用MPC 来自行开发演示或制作部分电子出版物或把已有的电子出版物编辑在一起。

2.1.2　多媒体个人计算机组成

多媒体个人计算机是在普通计算机基础上配以一定的硬件板卡及相应软件,并通过各种接口部件组成,使其具有综合处理声、文、图、像等信息的功能。计算机硬件方面,从处理流程看,包括主机、输入设备、存储设备和输出设备;而从媒体类型看,除了需要高性能的计算机系统外,涉及多媒体的关键设备还包括各种板卡、多媒体数据存储设备、多媒体数据输入输出设备。如图 2-1 所示给出了 MPC 硬件的基本结构。

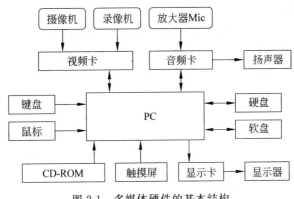

图 2-1　多媒体硬件的基本结构

1. 显示卡

显示卡的主要作用是将 CPU 送来的图像信号经过处理再输送到显示器。显示卡的主要任务是规定屏幕图形的显示模式(包括分辨率和彩色数等),完成各种复杂的显示控制。显示适配器(显示卡)与显示器的性能好坏、质量优劣会影响用户对信息的理解和把握,从而影响操作的准确性,这一点在图像处理和动画制作时显得格外突出。显示卡的主要性能指标包括总线类型、芯片和显示内存。

2. 音频卡

音频卡的主要作用是处理声音。音频卡的主要功能是进行模/数（Analog/Digital，A/D）转换、进行数/模（Digital/Analog，D/A）转换、实时动态地处理数字化声音信号的输入输出。音频卡的主要性能指标包括采样频率、量化位数和 MIDI 合成方式。声卡与 CD-ROM 配合使用，可以欣赏 CD 光盘中的美妙音乐。它是普通计算机向多媒体计算机升级的第一个重要配置。

3. 视频卡

视频卡的主要作用是对视频信号进行实时处理，专门用于播放影视节目。视频卡的主要任务是图形图像的采集、压缩、显示、叠加、淡入/淡出、转换、输入和输出等。视频卡按照功能划分，又可以分为视频捕捉卡、视频显示卡、视频转换卡、视频压缩卡、视频解压卡和视频合成卡等。视频卡的主要性能指标包括接口类型、画面分辨率、颜色模式和图像文件格式。视频卡插在主机板扩展槽内，通过配套驱动软件和视频处理应用软件进行工作。视频卡可对视频信号（激光视盘机、录像机和摄像机等设备的输出信号）进行数字化转换、编辑和处理，以及保存数字化文件。

4. CD-ROM

多媒体信息及其应用系统的数据量很大，将其长期保存在计算机硬盘中是不现实的，而且多媒体软件的发行也需要一种高容量、移动方便的存储介质，这就是 CD-ROM。读取光盘中的信息需要用到光盘驱动器，在光盘上记录信息需要光盘刻录机。

5. 触摸屏

触摸屏是一种无键盘交互操作的工具，是一种输入设备。根据其所采用的不同触摸技术分为不同类型，比如电容式、电阻式、红外线和表面超声波等。

6. 输入输出设备

与多媒体有关的输入输出设备种类繁多，例如，常见的图像输入输出设备包括扫描仪、数码相机、绘图仪、投影仪和彩色打印机等；常见的音视频输入输出设备包括话筒、摄像机、录像机、实时广播、CD-ROM、音响设备、录像带和电视机等。有些设备既可以用于输入也可以用于输出，例如合成音乐 MIDI 设备。

2.2 基本设备

多媒体计算机的硬件设备很多，但有些设备是必不可少的，通常被称为基本设备。除了高性能的个人计算机基本系统外，还包括激光存储器、显示卡与显示器、音频卡与声音还原设备等。

2.2.1 激光存储器

激光存储器技术是采用磁存储以来最重要的一种新型数据存储技术，以其标准化、容量大、寿命长、工作稳定可靠、体积小、单位价格低及应用多样化等特点成为数字媒体信息的重要载体。激光存储器由激光盘和激光驱动器构成。激光盘用于存储数据，激光驱动器用于读写激光盘中的数据。激光存储器目前的种类繁多，有 CD-ROM、CD-R 和

CD-RW 等,它们具有各自的特性。

1. CD 光盘的结构

CD 意为高密盘,称为光盘,是因为它是通过光学方式来记录和读取二进制信息的。20 世纪 70 年代初,人们发现激光经聚焦后可以获得直径小于 $1\mu m$($1\mu m = 10^{-6}$ m)的光束。利用这一特性,Philips 公司开始了激光记录和重放信息的研究。到 20 世纪 80 年代初,成功开发数字光盘音响系统,从此光盘工业迅速发展起来。

CD 光盘采用聚碳酸酯(Polycarbonate)制成,这种材料寿命很长而且不易损坏,摩托车头盔和防弹玻璃也是采用这种材料制成的。CD光盘是在聚碳酸酯材料上用凹痕和凸痕的形式记录二进制"0"和"1",如图 2-2 所示,然后覆上一层薄铝反射层,最后再覆上一层透明胶膜保护层,并在保护层的一面印上标记。通常称光盘的两面分别为数据面和标记面,目前通常用的光盘直径为 12cm,厚度约为 1mm,中心孔直径为 15mm,重约15～18g。

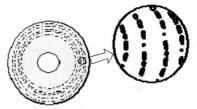

图 2-2　CD 光盘上的凹痕和凸痕

二进制数据以微观的凹痕形式记录在螺旋轨道,即光道上。光道从盘的中心开始直到盘的边缘结束。光道上凹凸交界的跳变沿均代表数字"1",两个边缘之间代表数字"0"。"0"的个数是由边缘之间的长度决定的。信息读取时,CD 机的激光头发出一束激光照到 CD 盘的数据面并拾取由凹痕反射回来的光信号,由此判别记录的是"1"或"0",如图 2-3 所示。

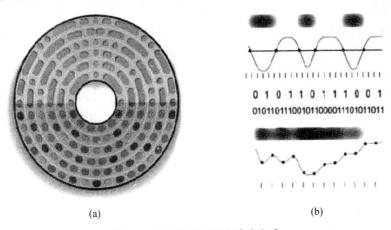

(a)　　　　　　　　　　　　(b)

图 2-3　光盘数据记录和读取方式

普通光盘凹痕宽约 $0.5\mu m$,凹痕最小长度约 $0.83\mu m$,光道间距约 $1.6\mu m$。每张光盘大约包含 8 亿个凹痕,可容纳高达 650MB 的数据量,因此光盘的容量很大。

2. CD 光盘的标准

计算机界一直在不断地追求标准。有了统一的标准,才有可能使任何一张 CD 光盘在任何一种相应的 CD 机上读出。因此,CD 工业标准的开发便成为该技术向大众化、实用化发展的一个重要举措。

(1) CD-DA 红皮书(Red Book)标准

CD-DA(Compact Disc-Digital Audio),也可以简记为 CD-A,称为数字式激光唱盘或

CD 唱盘。1982 年,Philips 和 Sony 公司合作开发了数字光盘音响系统,并制定了 CD 唱盘标准。该标准出版时采用了红色封面,因而也被称为红皮书标准。

CD-DA 克服了模拟唱盘的弱点,采用数字方式记录声音信息,它首先通过采样和量化的方式把模拟声音信号转换成数字信号,然后再对这些数字信号进行编码。所谓编码,就是在有用数据中根据一定的算法再加入一定的纠错数据、同步数据和控制数据。在数据回放时,可以根据所记录的纠错数据判别读出的声音数据是否有错,在一定范围内可以纠正。由于是 CD 家族的第一个成员,CD-DA 的编码标准是以后各种 CD 标准的基础。

(2) CD-ROM 黄皮书(Yellow Book)标准

1985 年,Philips 和 Sony 公司共同提出了用于计算机外围设备存储器的另一个标准 CD-ROM(Compact Disk-Read Only Memory),即只读型的高密度盘标准,也称为黄皮书标准。

CD-ROM 的基本物理特性与 CD-DA 完全相同。但是,由于人耳对音频数据的误码不敏感,CD-DA 对数据的正确性要求较低,而 CD-ROM 中的一个误码则可能导致计算机灾难性的错误,因此 CD-ROM 的编码要求更高的精确性。CD-ROM 是在 CD-DA 的基础上对数据的类型和编码作了进一步扩充,使得原来仅放音频数据的扇区可以存放各种类型的数字数据。它在 CD-DA 的扇区数据段中再增加进一步的纠错码,从而使实际数据空间有所减少。扇区数据包又分为两种,称为 Mode 1 和 Mode 2,其差异在于用户数据的容量和存储数据的类型不同。其中 Mode 1 用于存放对错误极为敏感的数据,如计算机程序等,要求更严格的纠错以保证其准确性,因此留给用户的数据空间相对小一些;而 Mode 2 用于存放对错误不太敏感的数据,如声音、图像和图形等数据。经修订,1988 年正式作为国际标准 ISO 9660,1991 年又推出了 ISO 9660Ⅱ,这为 CD-ROM 广泛应用起到了关键作用。

(3) CD-I 绿皮书(Green Book)标准

CD-I(Compact Disk Interactive)是世界上第一个交互式多媒体光盘标准,是 Philips、Sony 和 JVC 等公司专门为实时运行的多媒体应用程序而设计的,它将 CD-ROM 领域扩展到了播放装置的交互性世界。1987 年,CD-I 标准以绿皮书的形式公布,它是以黄皮书标准为基础扩充而来,但与前两种标准都不兼容。

CD-I 标准主要用于在交互式多媒体 CD-I 系统中存储数字化的文字、图形、声音和图像等,主要面向家用电器,例如电子游戏、百科全书等。1992 年推出第二代 CD-I,可以播放交互式视频图像。由于此标准的设备功能单一、价格昂贵、流行时间短暂,因此很快过渡到新一代的 CD-ROM XA 标准。

(4) CD-ROM XA 标准

黄皮书的规格虽然可以存放文字和声音等不同性质的数据,但不同的数据必须放置于不同的光道上,因此无法满足类似声音和动态影像同步的功能。1990 年,Philips 和 Sony 公司推出了 CD-ROM 扩展规格,记为 CD-ROM XA(Compact Disc eXtended Architecture)编码标准。CD-ROM XA 是利用黄皮书 Mode 2 的用户数据空间(2336 字节),在该空间中加入一定的控制位和校验位,而压缩了用户可用的数据空间。

CD-ROM XA 标准并不像 CD-I 标准那样面向家用电器,而是面向计算机。

CD-ROM XA标准的突出特点是可以将音频、文本和图像混合存储在 CD 盘上。一般的 CD-ROM 虽然可以存放声音、图像和文字等性质不同的资料,但不同类的信息必须放在不同轨道上。CD-ROM XA 克服了这一问题,为计算机数据、压缩或未压缩的音频、视频、图像等数据定义了一种新的轨道类型,使这些不同类型的数据资料可以同时存放在光盘的同一轨道上,增加了使用的灵活性。CD-ROM XA 又可以分为 Form 1 和 Form 2 两种规格,其中 Form 1 规格适用于计算机数据,并且数据中允许插入或混合声音和动态影像等,Form 2 规格适用于压缩的声音和动、静态影像。

(5) CD-R 橙皮书(Orange Book)标准

这是一种可以逐次在 CD 的空余部分写入数据的可记录式 CD,一旦写入便不能擦除。但在写入时必须使用专用的 CD-R(Compact Disc Recordable)驱动器,俗称 CD 刻录机。CD 刻录机外形类似于普通 CD-ROM 驱动器,可直接安装在光盘驱动器的位置上。刻写在 CD-R 盘上的信息,可以在普通 CD-ROM 驱动器中多次读出。1990 年,橙皮书标准发布,它是在"黄皮书"的基础上增加了可记录式 CD 的格式标准,CD-R 是遵循这一标准的一个产品。

CD-R 光盘的价格比较低。当需要少量制作 CD-ROM 时,可以购买没有写过的 CD-R 原始盘,利用专门的光盘写入(记录)设备进行 CD-R 的写入。一旦写入数据后,CD-R 就变成了 CD-ROM。这对少量的制作 CD-ROM 是一种快捷的方法。

(6) Video CD 白皮书(White Book)标准

1993 年,JVC、Philips、Sony 等公司发布了用于存储视频图像和电影的 Video CD(Video Compact Disc)白皮书标准,它是在红皮书和绿皮书标准的基础上制定的。

VCD 是一种采用 CD-ROM 来记录数字视频数据的特殊光盘,它采用 MPEG-1 压缩算法压缩音频和视频信号,在 1 张普通 CD-ROM 盘片上可存储 74 分钟全屏幕全动态视频和 CD 音质的同步声音,可以在 CD-I 和 Video-CD 播放机上播放。如果在多媒体计算机上播放,则一定要选择能够支持 VCD 和 CD-I 标准的 CD-ROM 驱动器,且主机需要带有 MPEG 解压卡或装有相应的解压软件。VCD 的图像和伴音质量已经达到或超过普通录像带或激光视盘的水平。利用 VCD 既可以看电影又可以唱卡拉 OK。

(7) DVD 标准

随着数据压缩算法的提高,随后又推出了具有广播级电视质量标准的 MPEG-2 压缩算法,它的数据量要比 MPEG-1 大得多,CD-ROM 的容量满足不了存放 MPEG-2 视频节目的要求,于是促成了 DVD(Digital Video Disc)的问世。

从外观和尺寸方面来看,DVD 与 VCD 没有什么差别,但 DVD 盘光道的间距和最小凹凸坑长度都比 VCD(CD-ROM)小,这样就可以提高 DVD 的数据容量。DVD 盘光道之间的间距由 VCD 的 $1.6\mu m$ 缩小至 $0.74\mu m$,而记录信息最小凹凸坑长度由 VCD 的 $0.83\mu m$ 缩小到 $0.4\mu m$。这是单面单层 DVD 的存储容量可以提高到 4.7GB 的主要原因,其容量是 CD-ROM 的 7 倍。DVD 驱动器具有向下的兼容性,能够兼容 CD、CD-ROM 及 VCD 等各种盘片。DVD 的盘片还可以做到双面双层,存储容量最高可以达到 17GB。一片 DVD 盘容量相当于现在的 25 片 CD-ROM(650MB)。

与 VCD 相比,DVD 具有明显的优势,主要体现在以下几个方面。

① 清晰程度。DVD 采用 MPEG-2 压缩标准,如果视频分辨率采用一屏中所包含的水平扫描线数来衡量,那么 DVD 可以高达 1000 线,而普通 VCD 采用 MPEG-1 压缩标准,仅有不到 400 线。

② 声音质量。DVD 采用的是杜比 AC-3 环绕立体声,具有更为理想的音响效果,而 VCD 使用的是普通的双声道立体声输出。

③ 数据容量。DVD 采用波长更长的超紫外线激光器(VCD 为 780nm,DVD 为 350nm),因而可以聚焦得更为精细,具有更高的数据容量,其单层单面数据量为 4.7GB,而普通 VCD 数据量仅为 650MB。DVD 还可以采用双层及双面工艺,其最大数据容量可以达到 17GB,存放播放时间长达 280min 的质量更高的影视节目。

④ 编码保护。出于保护知识产权的需要,DVD 设置了防复制趣味编码保护,而 VCD 没有。

DVD 盘需要通过 DVD 驱动器才能播放,而这种驱动器也能够兼容 CD、CD-ROM 及 VCD 等各种盘片。

如表 2-2 所示即为二者在上述主要性能上的比较。

表 2-2　VCD 和 DVD 的区别

比　较　项		VCD	DVD
编码方式		MPEG-1	MPEG-2
图像清晰度		400 线以下	1000 线
声音输出		双声道立体声	环绕立体声
数据容量	单层单面	650MB	4.7GB
	单层双面	无	7～10GB
	双层双面	无	17GB
防复制编码保护		无	有

3. CD 光盘的特点

CD-ROM 被视为多媒体技术领域非常成功的产品典范。与其他信息载体相比,CD-ROM 具有较高的性价比。

(1) 可靠性高

信息的可靠性是信息传播的最基本要求之一。CD-ROM 的可靠性体现在物理材料使用寿命长、光读取方式不会造成表面损伤、数据纠错能力保证数据有效性、只读性保证其不受软件病毒的影响。

(2) 容量大

由于 CD-ROM 是以微痕的方式记录数字信息 1 或 0,因此其容量很大。一张 CD-DA 唱盘可以存放长达 74min 的立体声音乐。根据黄皮书 Mode 1 的规格,可以计算出 CD-ROM 光盘上数据容量为 650MB。因此,与其他介质相比,光盘的容量非常大。

(3) 标准化、成本低

CD-ROM 的标准化,也引起了相关硬件系统价格的下降。CD-ROM 驱动器的价格几乎每四年就下降一半。因为 CD-ROM 是在 CD-DA 的基础上发展起来的,其制造工艺大部分相同,可以由同样的工厂设备用同样的工艺过程制造。由于光盘是采用数字方式记录信息的,光盘数据的复制不会造成数据损失,因此光盘复制非常简单。随着 CD 光盘市场需要的增加,驱动设备价格的逐步下降,光盘的复制成本也随着复制量的增大而下降。

(4) 光盘应用

CD-ROM 的应用十分广泛。作为一种"发行"介质、媒体或载体,CD-ROM 主要应用在电子出版物载体、数据保存、发行计算机软件三个方面。

2.2.2 显示卡与显示器

计算机的显示系统由显示器和显示卡组成,是计算机的信息窗口,其性能好坏、质量优劣,会影响人们对信息的理解和把握,从而影响操作的准确性,这一点在图像处理和动画制作时显得格外突出。显示卡与显示器之间也存在互相影响、互相作用的现象,质量上乘的显示器如果与廉价低档的显示卡配套使用,则非但体现不出卓越的品质,反而还不如低档显示器,反之亦然。因此,在考虑显示卡与显示器各自性能的基础上,还要考虑它们之间互相作用、互相关联的问题。

1. 显示卡

显示卡(Display Card),也称为显示适配器(Display Adapter),其主要任务是规定屏幕图形的显示模式(包括分辨率和彩色数等),并完成各种复杂显示控制。显示卡插在主机板的扩展插槽上,其输出通过电缆与显示器相连。目前也有把显示卡集成在主机板上的"二合一"产品,目的是为了进一步降低成本。

(1) 显示卡的组成

① 芯片集。芯片集通常也称为加速器或图形处理器。一般来说,在芯片集内部会有一个时钟发生器、VGA 核心和硬件加速成函数,很多新的芯片集在内部还集成了数模转换随机存储器(Random Access Memory Digital-to-Analog Converter,RAMDAC)。

② BIOS。BIOS(Basic Input Output System,基本输入输出系统)是固化在存储器芯片(ROM)中的只读驱动程序,显示卡的特征参数、基本操作等保存在其中。显示卡上的 BIOS 的功能与计算机主板上的一样,可以执行一些基本函数,并在打开计算机时对显示卡进行初始化设定。现在很多显示卡上都使用 Flash BIOS,可以通过软件对 BIOS 进行升级。驱动程序对显示卡来说是极其重要的,它告诉芯片集怎样对每个绘图函数进行加速,不断更新的驱动程序使显示卡日趋完美。

③ RAMDAC。在显存中存储的是数字信息,对于显示卡来说,这一堆 0 和 1 控制着每一个像素的颜色和亮度。然而,显示器并不是以数字方式工作的,它工作在模拟状态下,这就需要在中间有一个"翻译"。RAMDAC 的作用就是将数字信号转换为模拟信号,使显示器能够显示图像。RAMDAC 的另一个重要作用是提供显示卡能够达到的刷新频率,刷新频率是指 RAMDAC 向显示器传送信号,使其每秒重绘屏幕的次数,它的标准单位是 Hz。RAMDAC 的容量大小决定了显示颜色数量的多少和分辨率的高低,因而影响着显示卡所输出的图像质量。

④ 显存。也称为帧缓存,也是显示卡的重要组成部分,用来存储要处理的图形的数据信息。在屏幕上所显现出的每一个像素,都是由 4～32 位数据来控制它的颜色和亮度,加速芯片和 CPU 对这些数据进行控制,当显示芯片处理完数据后会将数据输送到显存中,然后 RAMDAC 从显存中读取数据并将数字信号转换为模拟信号,最后将信号输出到显示屏。有一些高级加速卡不仅将图形数据存储在显存中,而且还利用显存进行计算,特别是具有 3D 加速功能的显卡更是需要显存进行 3D 函数的运算。

显存的种类很多,大体上可以分为单端口显存和双端口显存两类。但单端口显存从显示芯片读取数据以及向 RAMDAC 传输数据都是经过同一个端口,这样一来数据的读写和传输就无法同时进行。主要包括快速页模式动态随机存储器(Fast Page Mode DRAM,FPM DRAM)、扩充数据输出动态随机存储器(Extended Data Out DRAM,EDO DRAM)、同步动态随机存储器(Synchronous DRAM,SDRAM)、同步图形动态随机存储器(Synchronous Graphics RAM,SGRAM)、视频随机存储器(Video RAM,VRAM)、窗口式随机存储器(Window RAM,WRAM)。

因为在显存中的数据交换数据量越来越大,所以更新的显存也不断涌现。最初使用的显存是 DRAM,多为低端加速卡使用的 EDO DRAM,以及现在被广泛使用的 SDRAM 和 SGRAM,这些都是单端口存储器。还有就是较为昂贵的双端口存储器 VRAM 和 WRAM。从性能上来说,VRAM 和 WRAM 比较适合加速卡使用。双端口显存可以在从芯片集中得到数据的同时向 RAMDAC 输送数据,而单端口显存则不能实现输入和输出的同时进行。在进行数据交换时,只有当芯片集完成对显存的写操作之后,RAMDAC 才能从显存中得到数据。在高解析度和色深的环境下,这会影响加速卡的成绩,因为此时的数据量更大,所需要等待的时间就越多。但是 VRAM 和 WRAM 的价格太高,无法普及,所以目前的加速卡使用得多是 SGRAM,并通过提高显存的带宽来增大数据交换速度以便减少等待时间。

(2) 显示卡的模式和种类

显示卡按图形显示模式可以分为三种:VL(VESA Local)模式、PCI(Peripheral Component Interconnect)模式和 AGP(Accelerated Graphic Port)模式。其中 VL 模式和 PCI 模式的图形显示速度比早期的显示卡快很多,而 AGP 模式的图形显示速度则更快。一般的 AGP 显示卡均带有图形加速器,可以对图形显示进行优化计算,这也是 AGP 显示卡图形显示速度快的原因之一。

显示卡种类可以分为 5 种:

① 一般显示卡,完成显示基本功能,显示性能的优劣主要由品牌、工艺质量、缓冲存储器容量等因素确定;

② 图形加速卡,目前以 AGP 显示卡为主,带有图形加速器,在显示复杂图像、三维图像时速度较快;

③ 3D 图形卡,专为带有 3D 图形的高档游戏开发的显示卡,三维坐标变换速度快,图形动态显示反应灵敏且清晰;

④ 显示/TV 集成卡,在显示卡上集成了 TV 高频头和视频处理电路,既可以显示正常多媒体信息,又可以收看电视节目;

⑤ 显示/视频输出集成卡,把信号送至显示器显示正常信号的同时,还把信号转换成视频信号,送到视频输出端,供电视、录像机接收、录制和播放。

2. 显示器

显示器(Display),也称为监视器(Monitor),主要用于显示计算机主机送出的各种信息。显示器按照结构原理分类有两种:阴极射线管(Cathode Ray Tube,CRT)显示器和液晶(Liquid Crystal Display,LCD)显示器。

(1) CRT 显示器

CRT 显示器采用阴极射线管,体积较大,品种繁多,是前几年人们司空见惯的显示器。

① CRT 显示器的性能指标如下所示。

- 屏幕尺寸:就是通常所说的 14 英寸、15 英寸、17 英寸等。这里是指显示器屏幕对角线的长度,单位为英寸(1 英寸=25.4mm)。

- 可视范围:也称为有效显示范围,就是所能使用的范围。一般来说,15 英寸显示器有效显示范围大多只有 13.8 英寸,17 英寸显示器有效显示范围也只能达到 16 英寸。

- 点距:是彩色显示器的一个重要性能指标,显示器显示的效果是否精细,主要的考核指标是点距。点距是指荧光屏上两两相邻的相同颜色磷光点之间的对角线距离,但有的厂家为了和栅距比较,只标明水平点距,如图 2-4 所示。现在 15 英寸、17 英寸显示器的点距应该低于 0.28mm(水平方向为 0.24mm),这样才能清楚地显示图像。

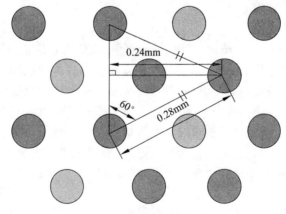

图 2-4　像素点距示意图

- 分辨率:是表示显示器画面解析度的一个标准,由一系列按照横方向和竖方向排列的点组成,以水平显示的点数×垂直扫描线数表示。例如 800×600 的分辨率,就是表示由在水平方向上有 800 个点,垂直方向有 600 条扫描线组成的。

- 垂直刷新频率:也叫场频,或屏幕刷新率,或刷新率。是指每秒钟显示器重复刷新显示画面的次数,以 Hz 为单位。人眼的视觉暂留约为每秒 16～24 次左右,因此只要以每秒 30 次或更短的时间间隔来更新屏幕画面,就可以骗过人的眼睛,让我们以为画面没有变过。虽然如此，实际上对于每秒 30 次的垂直刷新频率所产生的闪烁现象，我们的眼睛仍然能够察觉出来，从而产生疲劳的感觉。所以屏幕的垂直刷新频率越高，画面就越稳定，使用者越感觉舒适。一般来说，垂直刷新频率在每秒 75 次以上，人眼就完全觉察不到了，所以建议垂直刷新频率设定在 75～85Hz，这就足以满足一般使用者的需求了。

- 水平刷新频率：也叫行频，指显示器所能达到的每秒内对水平偏转信号的刷新次数，也就是指显像管电子枪在每秒内根据水平信号对显示屏进行扫描的次数，以 kHz 为单位。如果行频为 50kHz，则表示每秒钟显像管电子枪在屏幕上写 5 万行点。普通 14 寸彩色显示器的水平扫描频率通常从 35.5～66kHz 不等，而较好的大屏幕彩色显示器则可以达到 120kHz 的水平。值得强调的是，行频、场频是显示器的基本电路性能，而分辨率不是显示器本身固有的物理特性。

- 带宽：带宽是显示器处理信号能力的指标，单位为 MHz。它是指每秒钟扫描像素的个数，可以用水平分辨率×垂直分辨率×刷新率这个公式来计算带宽的数值。但为避免信号在扫描边缘衰减、保证图像的清晰，实际上电子束水平扫描的像素个数和行扫描频率均比理论值高些。例如，在分辨率为 1024×768、刷新频率为 85Hz 的模式下，实际带宽 B＝1024×768×85×1.3＝87MHz。由此可见，如果要使刷新频率提高一点，则带宽必增大很多，显示器成本将会增加很多，且技术上不易达到。

综合起来，显示器最基本的参数只有两个，一个是显示器的基本物理参数点距，表明了显示图像的精细程度；另一个是电器性能的综合指标带宽，表明显示器的显示能力，即能显示的图像分辨率和刷新频率。

② CRT 显示器的类别。

CRT 显示器先后经历了球面、柱面、平面直角、纯平几个发展阶段，在色彩还原、亮度调节、控制方式、扫描速度、清晰度以及外观等方面更趋完善和成熟。目前的纯平显示器又分物理纯平和视觉纯平两种。其中，物理纯平显示器是指显像管内外部达到真正的完全平面，视角达 180°，观看者不用转动头部，用眼睛余光就可以看到整个屏幕。但由于显像管玻璃有一定厚度，光线透过玻璃时会发生折射，有"内凹"感觉。视觉纯平显示器是指把显像管的内壁设计成曲面，外壁仍为平面，以此补偿光线折射效应，使影像的内凹感消失。另外，采用先进的电子枪和聚焦技术，使屏幕边缘的聚焦得到改善，使影像看上去是"平"的。

(2) LCD 显示器

LCD 显示器以液晶作为显示元件，可视面积大，外壳薄。

① LCD 显示器的性能指标。

- 可视角度：LCD 显示器的可视角度左右对称，而上下则不一定对称。一般情况是上下角度小于或等于左右角度。可以肯定可视角越大越好。如果可视角为左右 80°，则表示从屏幕法线 80°的位置开始可以清晰地看见屏幕图像。但由于人的视力范围不同，所以还需要以对比度为准。

- 亮度与对比度：亮度值越高，画面自然就更为亮丽。亮度的单位是 cd/m²（坎德拉/平方米）。一般的 LCD 显示器亮度值为 150cd/m^2，而某些则能够达到 250cd/m^2。对比度越高，色彩就越鲜艳饱和，还会显现出立体感。对比度越低，颜色就显得贫瘠，影像也变得平板。对比度值的差别很大，有 100∶1 和 300∶1，甚至更高。

- 响应时间：响应时间是指系统接收键盘或鼠标的指示后，经 CPU 计算处理，反应至显示器的时间。信号反应时间对动画和鼠标移动非常重要，此现象一般只发生在 LCD 液晶显示器上，CRT 传统显示器则无此问题。信号反应时间愈快，显示快速运动画面时才不会有尾影拖住的感觉。测量反应速度的单位是 ms，即单个像素由亮转暗并由暗转亮所需要的时间。大多数 LCD 显示器响应时间在 50～100ms。

- 显示颜色：在色彩还原方面，目前 LCD 显示器还不能超过 CRT 显示器。不过，许多厂家使用了所谓帧比率控制（Frame Rate Control，FRC）技术，以仿真的方式来表现出全彩的图形，LCD 显示器已经能够直接显示 25.6 万种颜色。

② LCD 显示器的类别。

常见的 LCD 按照物理结构可以分为 4 种：扭曲向列型（Twisted Nematic，TN）、超扭曲向列型（Super TN，STN）、双层超扭曲向列型（Dual Scan Tortuosity Nomograph，DSTN）、薄膜晶体管型（Thin Film Transistor，TFT）。前 3 种类型在名称上只有细微的差别，说明它们的显示原理具有很多共性，不同之处是液晶分子的扭曲角度各异。其中，由 DSTN 液晶体所构成的液晶显示器对比度和亮度仍比较差、可视角度较小、色彩也欠丰富，但它的结构简单、价格低廉，因此还占有着一定市场。第四种 TFT 是现在最为常用的类型。TFT 是指液晶显示器上的每一液晶像素点都由集成在其后的薄膜晶体管来驱动。TFT 液晶显示器具有屏幕反应速度快、对比度好、亮度高、可视角度大、色彩丰富等特点，比其他 3 种类型更具优势。同时还克服了 DSTN 液晶显示器固有的一些弱点，确实可以算是当前液晶显示器的主流设备。

（3）CRT 显示器与 LCD 显示器的比较

LCD 显示器与 CRT 显示器的目的都是为了达到优良的显示效果，但是两者的构造和原理却有很多不同的地方。

① 产品结构与体积。

- CRT 显示器由于使用阴极射线管，必须通过电子枪发射电子束到屏幕，因而显像管管颈不能做得很短，当屏幕增加时也必然增大整个显示器的体积。CRT 显示器尺寸越大，体积也越大。

- LCD 显示器的深度与其尺寸无关，一般控制在 20 公分以内。TFT 液晶显示器通过显示屏上的电极控制液晶分子状态来达到显示目的，即使屏幕加大，它的体积也不会成正比的增加，而且在重量上比相同显示面积的传统显示器 CRT 要轻得多。

② 辐射和电磁波干扰。

- CRT 传统显示器由于采用电子枪发射电子束，打到屏幕上时会产生辐射源，尽管现有产品在技术上已经有了很大提高，把辐射损害不断降低，但仍然是无法根治的。另外，传统显示器为了更好地散热，在外壳上钻了散热孔，虽然达到了散热效果,但是却不可避免地受到了电磁波干扰。

- TFT 液晶显示器根本没有辐射可言。至于电磁波的干扰,TFT 液晶显示器只有来自驱动电路的少量电磁波,只要将外壳严格密封即可排除电磁波外泄。

③ 平面直角和分辨率。

- CRT 传统显示器一直在使用球面管,尽管现有技术和发展逐渐在向平面直角的产品过渡,但发展仍不尽如人意。
- TFT 液晶显示器一开始就使用纯平面的玻璃板,其平面直角的显示效果比传统显示器看起来好得多。不过在分辨率上,TFT 液晶显示器理论上可以提供更高的分辨率,但实际显示效果却差得多。而传统显示器在显示卡的支持下可以达到更好的显示效果。

④ 显示品质。

CRT 显示器的显示屏幕采用荧光粉,通过电子束打击荧光粉而显示图像,因而比液晶的透光式显示更为明亮,在可视角度上也比 TFT 液晶显示器好得多。在显示反应速度上,CRT 显示器由于技术上的优势,反应速度很好。同样,TFT 液晶显示器因其特有的显示特性,反应速度也很不错。

2.2.3 音频卡与声音还原

第一块音频卡是在 1987 年由 Adlib 公司设计制造的,当时主要用于电子游戏,作为一种技术标准,几乎被所有电子游戏软件采用。随后,新加坡 Creative 公司推出了音频卡系列产品,广泛地被世界各地计算机产品选用,并逐渐形成这一领域新的标准。音频卡的出现,不仅为计算机进入家庭创造了条件,而且也有力地推动了多媒体计算机技术的发展。

1. 音频卡

音频卡(Audio Card),也称为声音适配器(Sound Adapter),是多媒体计算机的基本配置,是实现模拟声音和数字声音相互转换的一种硬件卡。音频卡可以把来自话筒、收录音机和激光唱机等设备的语音、音乐等原始声音变成数字信号交给计算机处理,并以文件形式存盘;可以把数字信号还原成为真实的声音输出到耳机、扬声器、扩音机和录音机等声音还原设备;可以通过音乐设备数字接口(MIDI)使乐器发出美妙的声音。

(1)音频卡的功能

音频卡主要用于处理声音,有以下三个基本功能。

① 进行模/数(A/D)转换。将来自话筒、收录音机、激光唱机等设备的语音、音乐等模拟自然声音或保存在介质中的模拟声音经过变换,转化成数字化的声音。数字化声音以文件形式保存在计算机中,可以利用声音处理软件对其进行加工处理。

② 进行数/模(D/A)转换。把数字化声音转换成模拟量的自然声音。转换后的声音送到耳机、有源音箱或音响放大器等声音还原设备,就可以聆听到声音了。

③ MIDI 和音乐合成。MIDI 是音乐设备数字接口,它规定了电子乐器与计算机之间数据相互通信的协议。通过 MIDI 接口可获得 MIDI 消息。采用调频(Frequency Modulation,FM)或波表(Wavetable)技术实现音乐合成,以实现 MIDI 乐声合成以及文-语转换合成。

（2）音频卡的组成

① 主芯片。音频卡的主音频处理芯片承担着对声音信息、三维音效进行特殊过滤与处理，MIDI 合成等重要的任务。目前比较高档的声卡主芯片普遍都是一块具有强大运算能力的数字信号处理器（Digital Signal Processing，DSP）。多数情况下，音频卡上最为硕大的那块芯片就是主音频处理芯片。

② CODEC 芯片。CODEC 意为多媒体数字信号编解码器，它主要承担对原始声音信号的采样混音处理，也就是起到前面所提到的 A/D、D/A 转换功能。

③ 辅助元件。音频卡的辅助元件主要包括晶振、电容、运放和功放等。晶振用来产生音频卡数字电路的工作频率。电容起到隔直流通交流的作用，所选用电容的品质对音频卡的音质有直接的影响。运放（即运算放大器）用来放大从主芯片输出、能量较小的标准电平信号，减少输出时的干扰与衰减。功放（即功率放大器）则主要运用于一些带有扬声器输出（Speaker Out）的音频卡上，用来接无源音箱，起到进一步放大信号的作用。

④ 输入输出接口。

位于卡内的插口和接口如下。

- CD-ROM 数据接口：可以与 CD-ROM 驱动器的数据接口相连。
- CD 音频数据接口：与 CD-ROM 音频线相连，音频卡接上扬声器后就可以播放 CD-ROM 光盘上的声音数据。

位于音频卡后面板上的插口和接口如下。

- 线性输入插口（Line In Jack）：可以与盒式录音机和唱机等相连，进行播放或录音。
- 话筒输入插口（Mic In Jack）：可以与话筒相连，进行语音的录入。
- 线性输出插口（Line Out Jack）：可以跳过音频卡的内置放大器，而连接一个有源扬声器或外接放大器进行音频的输出。
- 扬声器输出插口（Speaker Out Jack）：从音频卡内置功率放大器连接扬声器进行信号输出，该插口的输出功率一般为 2～4W。
- 游戏棒/MIDI 接口（Joystick/MIDI connect）：可以将游戏棒或 MIDI 设备，如 MIDI 键盘连接到音频卡上。

（3）音频卡的性能指标

① 信噪比（Signal to Noise Ratio，SNR）。该指标是对音频卡抑制噪声能力的评价。一般情况下，有用信号功率或噪声信号功率的比值就是 SNR，单位是分贝（DB）。SNR 值越高，说明音频卡的滤波效果越好，声音听起来就越清晰。

② 总谐波失真及噪声（Total Harmonic Distortion＋Noise，THD＋N）。该指标是对音频卡保真度的总体评价。它将输入到音频卡的信号与音频卡的输出信号相比较，看它们波形的吻合程度。当音频信号通过 D/A 转换成模拟信号后肯定会出现某种程度的失真（主要是高次谐波的出现）。THD＋N 就是代表这种失真的程度，其单位也是分贝（DB）。THD＋N 的数值越低，意味着音频卡的失真越小。

③ 频率响应（Frequency Response，FR）。该指标是对音频卡 D/A 与 A/D 转换器频率响应能力的评价。人耳对声音的听觉范围是 20Hz～20kHz。作为音频卡应该对这一

范围内的音频信号有良好的响应能力,以真实地重现播放的声音。

2. 声音还原设备

所有声音还原设备(Sound Reduction Apparatus)都是使用模拟信号,其中包括立体声耳机、放置在显示器或主机箱内的内置扬声器、自带音频放大器的小型有源音箱等。

如果要求音质更好一些,则通过采用外置扬声器。外置扬声器的体积略大,分为有源音箱和无源音箱两大类。有源音箱带有功率放大器,与音频卡的线路输出(Line Out)端口相连接,其特点是输出功率大;无源音箱直接和音频卡喇叭(Speaker)输出端口相连接,其特点是连接简单、重量轻,但输出功率小。

如果要获得高品质的音响效果,则可以采用独立的扬声器系统,包括音响放大器、专业音箱和专用音频连接线。独立的扬声器系统又可以分为普通立体声系统、高保真立体声系统、临场感立体声系统、环绕立体声系统若干类别。普通立体声系统一般配置两个音箱,分别放置在聆听者位置前端的两侧,以满足一般多媒体制作的需要。高保真立体声系统通常配置两个以上的音箱,每个音箱注重高音、中音、低音的质量和响度平衡,并且注重声像重现的位置。

目前比较有代表性的5.1环绕立体声系统包括5个宽音域音箱、1个重低音音箱和1个可遥控的调谐控制器。5.1环绕立体声系统的摆放非常讲究,否则得不到理想的环绕效果。视听效果不仅受制于房屋空间,也与设备的摆放位置密切相关。如图2-5所示给出了该系统各个音箱摆放位置的示意图。

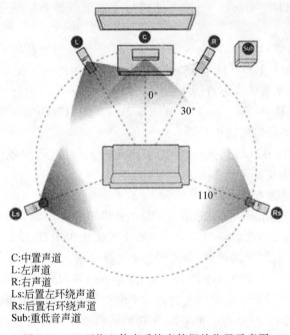

C:中置声道
L:左声道
R:右声道
Ls:后置左环绕声道
Rs:后置右环绕声道
Sub:重低音声道

图2-5 5.1环绕立体声系统音箱摆放位置示意图

中置音箱是表现人声的主力,一般放置在电视屏幕的正上方或正下方。但由于音箱和电视机之间存在磁场干扰和相互震动,所以最好把中置音箱摆放在略高于电视屏幕的单独支架上，但位置也不宜过高。对于投影幕一类的屏幕，一般没有特别限制。

左声道、右声道主音箱需要对称分布在中置音箱两旁，与中置音箱的前后占位最好以听音者的位置为中心呈圆弧形。它们的水平放置高度以主音箱中高音单元的中轴线在中置音箱上下 30cm 的位置为宜。

左、右环绕音箱主要是用于制造音场的扩散性和广度，因此以安置在此聆听者坐下时头顶位置高出 50cm 处为宜，而呈现的音场需要根据个人喜好进行调整。

由于低音炮指向性很弱，可以放在前面，也可以放在后面。因此对低音炮音箱的摆放位置一般没有硬性要求。如果不是专业发烧友，低音炮音箱的位置只要不碍事即可。

考虑到聆听者实际位置的不同、房间形状的不同、墙壁材质的不同等因素，各个音箱的声压级和摆放位置要经过精心调整，以确保声音位置的准确性。

2.3　扩　展　设　备

在多媒体计算机的基本配置之外的设备就叫做扩展设备。扩展设备几乎包括了所有对多媒体产品开发有用的设备，具有代表性的扩展设备包括触摸屏、扫描仪、数码照相机、数码摄像机、视频卡、彩色打印机和彩色投影仪等。

2.3.1　触摸屏

触摸屏(Touchscreens)是一种坐标定位装置，属于输入设备。鼠标需要移动光标到指定位置，然后点击鼠标按钮；触摸屏则只需要用手一指或一摸屏幕上的一个对象，便可以获得相应的信息，使用起来既直观又方便，即使对计算机一窍不通的人也是不教就会用。因此，触摸屏作为一种新型的输入设备，正在迅速进入计算机应用的各个领域，特别是在一些大众使用计算机的场合，例如，购物中心导购、银行信息咨询及自动取款、车站问询以及旅游景点导游等。

1. 触摸屏的组成

触摸屏是在普通显示器屏幕的前面固定的一块附加屏幕，其本身只是一个用于定位的设备，并不能产生任何图像，用户看到的仍是计算机的屏幕显示。

触摸屏系统一般由三部分组成：触摸屏控制卡、透明度很高的触摸检测装置(传感器)和驱动程序。在使用时，把触摸检测装置贴在普通显示器表面，显示信息可以轻易透过触摸检测装置，几乎感觉不到它的存在。当用户有一个触摸动作发生时，改变屏幕表面被触摸区域的某一特性，传感器探测到这一变化，并确定触摸点的准确位置，由控制器将其转换为数字信号，然后传送到计算机，从而启动相应的程序，做出相应的响应，其结果就如同点击一下鼠标按钮一样。触摸屏上的触摸目标可以设计成任何形状和大小，可以是某项菜单、某个区域、某一图符。例如在购物中心，顾客一触摸某个商品的图形，屏幕就立刻显示出该商品的性能、价格和出售的柜台，甚至还可以听到有关该商品的具体介绍。

2. 触摸屏的分类

从安装方式来分，触摸屏可以分为三种：外挂式、内置式和整体式。外挂式触摸屏就是将触摸屏幕系统的触摸检测装置直接安装在显示设备的前面，这种触摸屏安装简便，非常适合临时使用。内置式触摸屏是把触摸检测装置安装在显示设备的外壳内,显像管的前面。在制造显示设备时,将触摸检测装置制作在显像管上,使显示设备直接具有触摸功能,这就是整体式触摸屏。

从技术原理来分,触摸屏可以分为 5 种:矢量压力传感技术触摸屏、电阻技术触摸屏、电容技术触摸屏、红外线技术触摸屏、表面声波技术触摸屏。其中矢量压力传感技术触摸屏已经退出历史舞台;红外线技术触摸屏价格低廉,但其外框易碎、容易产生光干扰、曲面情况下失真;电容技术触摸屏设计构思合理,但其图像失真问题很难得到根本解决;电阻技术触摸屏的定位准确,但其价格颇高,且怕刮易损;表面声波触摸屏解决了以往触摸屏的各种缺陷,清晰且不容易被损坏,适用于各种场合,缺点是屏幕表面如果有水滴和尘土会使触摸屏变得迟钝,甚至不工作。

3. 电阻式触摸屏

(1) 基本结构

电阻式触摸屏的屏体部分是一块贴在显示器表面的多层复合薄膜,由一层玻璃或有机玻璃作为基层,表面涂有一层透明的氧化铟锡(Indium-Tin Oxide,ITO)导电层,即金属涂层,上面再盖有一层外表面硬化处理、光滑防刮的塑料层,它的内表面也涂有一层ITO,在两层导电层之间有许多细小(小于千分之一英寸)的透明隔离点把它们隔开绝缘。其结构如图 2-6 所示。

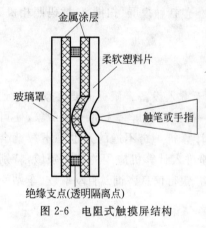

图 2-6 电阻式触摸屏结构

(2) 工作原理

当手指接触屏幕时,两层 ITO 导电层出现一个接触点,因其中一面导电层接通 Y 轴方向的 5V 均匀电压场,使得侦测层的电压由零变为非零,控制器侦测到这个接通后,进行 A/D 转换,并将得到的电压值与 5V 相比,即可得到触摸点的 Y 轴坐标,同理得出 X 轴的坐标,这就是电阻技术触摸屏的基本原理。

(3) 主要特点

电阻式触摸屏的 ITO 涂层比较薄且容易脆断,涂得太厚又会降低透光且形成内反射降低清晰度,ITO 外虽多加了一层薄塑料保护层,但依然容易被锐利物件所破坏;且由于经常被触动,表层 ITO 使用一定时间后会出现细小裂纹,甚至变形。如果其中一点的外层 ITO 受破坏而断裂,就会失去作为导电体的作用,触摸屏的寿命并不长久。

电阻式触摸屏利用压力感应进行控制。它用两层高透明的导电层组成触摸屏,两层之间距离仅为 $2.5\mu m$。当手指按在触摸屏上时,该处两层导电层接触,电阻发生变化,在 X 和 Y 两个方向上产生信号,然后送至触摸屏控制器。优点是不会受到尘埃、水、污物的影响,能在恶劣环境下工作;缺点是手感和透光性较差,适合配戴手套和不能用手直接触控的场合。

4. 电容式触摸屏

(1) 基本结构

电容式触摸屏的构造主要是在玻璃屏幕上镀一层透明的薄膜层,再在导体层外加上一块保护玻璃，双玻璃设计能彻底保护导体层及感应器。其结构如图2-7所示。

（2）工作原理

电容式触摸屏在触摸屏的四边均镀有狭长的电极，在导电体内形成一个低电压交流电场。在触摸屏幕时，由于人体电场，手指与导体层之间会形成一个耦合电容，四边电极发出的电流会流向触点，而电流强弱与手指到电极的距离成正比，位于触摸屏幕后的控制器便会计算电流的比例及强弱，准确算出触摸点的位置。电容触摸屏的双玻璃不但能保护导体及感应器，更能有效地防止外在环境因素对触摸屏造成影响，就算屏幕沾有污秽、尘埃或油渍，电容式触摸屏依然能准确算出触摸位置。

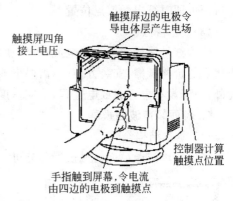

图 2-7　电容式触摸屏结构

（3）主要特点

电容式触摸屏是在玻璃表面贴上一层透明的特殊金属导电物质。当手指触摸在金属层上时，触点的电容就会发生变化，使得与之相连的振荡器频率发生变化，通过测量频率变化可以确定触摸位置获得信息。由于电容随温度、湿度或接地情况的不同而变化，故其稳定性较差，往往会产生漂移现象。这种触摸屏适用于系统开发的调试阶段。

5．红外线触摸屏

（1）基本结构

红外线触摸屏由装在触摸屏外框上的红外线发射与接收感测元件构成，在屏幕表面上形成红外线探测网，任何触摸物体都可以改变触点上的红外线而实现触摸屏操作。其结构如图2-8所示。

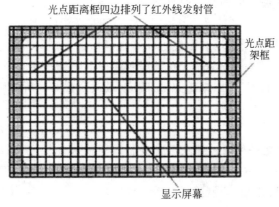

图 2-8　红外线触摸屏结构

（2）工作原理

红外线触摸屏工作原理很简单，只是在显示器上加上光点距架框，不需要在屏幕表面加上涂层或接驳控制器。光点距架框的四边排列了红外线发射管及接收管，在屏幕表面形成一个红外线网。以手指触摸屏幕某一点,便会挡住经过该位置的横竖两条红外线,计算机便可即时算出触摸点位置。

（3）主要特点

因为红外线触摸屏不受电流、电压和静电干扰,所以适宜某些恶劣的环境条件。其主要优点是价格低廉、安装方便、不需要卡或其他任何控制器,可以用在各档次的计算机上。此外,由于没有电容充放电过程,响应速度比电容式快,但分辨率较低。

6. 表面超声波触摸屏

（1）基本结构

表面超声波触摸屏的触摸屏部分可以是一块平面、球面或是柱面的玻璃平板,安装在CRT、LED、LCD或是等离子显示器屏幕的前面。这块玻璃平板只是一块纯粹的强化玻璃,区别于其他触摸屏技术的是没有任何贴膜和覆盖层。玻璃屏的左上角和右下角各固定了垂直和水平方向的超声波发射换能器,右上角则固定了两个相应的超声波接收换能器。玻璃屏的四个周边则刻有45°角由疏到密间隔非常精密的反射条纹。其结构如图2-9所示。

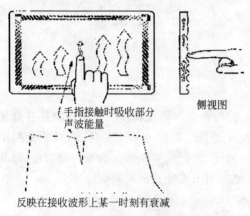

图 2-9　表面超声波触摸屏结构

（2）工作原理

表面超声波是一种沿介质表面传播的机械波。该种触摸屏由触摸屏、声波发生器、反射器和声波接收器组成,其中声波发生器能够发送一种高频声波跨越屏幕表面,当手指触及屏幕时,触点上的声波即被阻止,由此确定坐标位置。但值得注意的是当手指触及屏幕时,反映在接收波形上的某一时刻信号有衰减的可能。

（3）主要特点

表面超声波触摸屏不受温度和湿度等环境因素影响,分辨率极高,有极好的防刮性,寿命长（5000万次无故障）;透光率高（92%）,能保持清晰透亮的图像质量;没有漂移,只需要安装时一次校正;有第三轴（即压力轴）响应,最适合公共场所使用。

2.3.2　扫描仪

扫描仪（Scanner）是一种通过捕获图像并将其转换成计算机可以显示、编辑、存储和输出的数字化输入设备。主要用于扫描照片、文本页面、图纸、美术图画、照相底片、菲林软片,甚至纺织品、标牌面板、印制板样品等三维对象。

1. 扫描仪的主要分类

扫描仪是19世纪80年代中期才出现的光机电一体化产品,它由扫描头、控制电路和机械部件组成。采取逐行扫描,得到的数字信号以点阵的形式保存,再使用文件编辑软件将它编辑成标准格式的文本储存在磁盘上。从诞生至今,扫描仪品种多种多样,并不断地发展。

（1）平板式扫描仪

平板式扫描仪又称为平台式扫描仪、台式扫描仪，这种扫描仪诞生于 1984 年，是目前办公用扫描仪的主流产品。

从指标上看，这类扫描仪的光学分辨率在 300～8000dpi 之间，颜色位数从 24 位到 48 位。部分产品可以安装透明胶片扫描适配器，用于扫描透明胶片，少数产品可以安装自动进纸以实现高速扫描。扫描幅面一般为 A4 或是 A3。

从原理上看，这类扫描仪分为电荷耦合器件（Charge Coupled Device，CCD）技术和接触式图像传感器（Contact Image Sensor，CIS）技术两种。从性能上讲 CCD 技术是优于 CIS 技术的，但由于 CIS 技术具有价格低廉、体积小巧等优点，因此也在一定程度上获得了广泛的应用。

（2）名片扫描仪

名片扫描仪顾名思义就是能够扫描名片的扫描仪，以其小巧的体积和强大的识别管理功能，成为许多办公人士最能干的商务小助手。名片扫描仪是由一台高速扫描仪加上一个质量稍高一点的光学字符识别系统（Optical Character Recognition，OCR），再配上一个名片管理软件组成。

目前市场上主流名片扫描仪的主要功能大致以高速输入、准确识别、快速查找、数据共享、原版再现、在线发送、能够导入个人数码助理（Personal Digital Assistant，PDA）等为基本标准。尤其是通过计算机可以与掌上电脑或手机连接，这一功能越来越为使用者所看重。此外名片扫描仪的操作简便性和携带便携性也是选购者比较的两个方面。

（3）胶片扫描仪

胶片扫描仪又称底片扫描仪或接触式扫描仪，其扫描效果是"平板扫描仪＋透扫"所不能比拟的，主要任务就是扫描各种透明胶片。扫描幅度从 135 底片到 4×6 英寸甚至更大，光学分辨率最低也在 1000dpi 以上，一般可以达到 2700dpi 水平，更高精度的产品则属于专业级产品。

（4）馈纸式扫描仪

馈纸式扫描仪诞生于 20 世纪 90 年代初，由于平板式扫描仪价格昂贵，手持式扫描仪扫描宽度小，为满足 A4 幅面文件扫描的需要，推出了这种产品。这种产品绝大多数采用的是 CIS 技术，光学分辨率为 300，有彩色和灰度两种。彩色型号一般为 24 位彩色，也有极少数馈纸式扫描仪采用 CCD 技术，扫描效果明显优于 CIS 技术的产品。但由于结构限制，体积一般明显大于 CIS 技术的产品。

随着平板扫描仪价格的下降，这类产品也于 1996—1997 年退出了历史舞台。不过 2001 年左右又出现了一种新型产品，这类产品与老产品的最大区别是体积很小，并采用内置电池供电，甚至有的不需要外接电源，直接依靠计算机内部电源供电，主要目的是与笔记本电脑配套，又称为笔记本式扫描仪。

（5）手持式扫描仪

手持式扫描仪诞生于 1987 年，是当年使用比较广泛的扫描仪品种，最大扫描宽度为 105mm，用手推动完成扫描工作，也有个别产品采用电动方式在纸面上移动，称为自动式扫描仪。手持式扫描仪绝大多数采用 CIS 技术，光学分辨率为 200dpi，有黑白、灰度、彩色多种类型,其中彩色类的一般为 18 位彩色,也有个别高档产品采用 CCD 作为感光器件,可以实现 24 位真彩色,扫描效果较好。

这类扫描仪广泛使用时,平板式扫描仪价格还非常昂贵,而手持式扫描仪由于价格低廉,获得了广泛的应用,后来,随着扫描仪价格的整体下降,而手持式扫描仪扫描幅面太窄,扫描效果差的缺点越来越暴露出来,1995—1996 年,各扫描仪厂家相继停产了这一产品,从而使手持式扫描仪退出了历史舞台。

(6) 文件扫描仪

文件扫描仪具有高速度、高质量、多功能等优点,可以广泛用于各种类型工作站及计算机平台,并能与两百多种图像处理软件兼容。对于文件扫描仪来说,一般配有自动进纸器(Auto Document Feeder,ADF),可以处理多页文件扫描。由于自动进纸器价格昂贵,所以文件扫描仪目前只被专业用户所使用。

(7) 滚筒式扫描仪

滚筒式扫描仪又称为鼓式扫描仪,是专业印刷排版领域应用最为广泛的产品,它所使用的感光器件是光电倍增管,属于一种电子管,性能远远高于 CCD 类扫描仪,这类扫描仪一般光学分辨率在 1000～8000dpi,色彩位数 24～48 位,尽管指标与平板式扫描仪相近,但实际上效果是不同的,当然价格也高得惊人,低档的也在 10 万元以上,高档的可达数百万元以上。

由于该类扫描仪一次只能扫描一个点,所以扫描速度较慢,扫描一幅图花费几十分钟甚至几个小时是很正常的事情。

(8) 笔式扫描仪

笔式扫描仪又称为扫描笔,出现于 2000 年左右,扫描宽度大约只有四号汉字大小,使用时,贴在纸上一行一行地扫描,主要用于文字识别。但近几年随着科技的发展,大家熟悉的普兰诺(Planon)出现了,可以扫描 A4 幅度大小的纸张,最高可以达到 400dpi。最初的只能扫描黑白页面,现在不但可以扫描彩色还可以扫描照片、名片等,还免费赠送了国内顶尖技术公司的 OCR 软件。之前的扫描笔都是连接电脑,普兰诺实现了脱机扫描,携带特别方便,外出扫描不用发愁。

(9) 实物扫描仪

真正的实物扫描仪并不是市场上见到的有实物扫描能力的平板扫描仪,其结构原理类似于数码照相机,不过是固定式结构,拥有支架和扫描平台,分辨率远远高于市场上常见的数码相机,但一般只能拍摄静态物体,扫描一幅图像所花费的时间与扫描仪相当。

(10) 3D 扫描仪

真正的 3D 扫描仪也不是市场上见到的有实物扫描能力的平板扫描仪,其结构原理也与传统的扫描仪完全不同,其生成的文件并不是常见的图像文件,而是能够精确描述物体三维结构的一系列坐标数据,输入到 3D MAX 中即可完整地还原出物体的 3D 模型,由于只记录物体的外形,因此无彩色和黑白之分。

从结构上讲,这类扫描仪分为机械和激光两种。机械式是依靠一个机械臂触摸物体的表面,以获得物体的三维数据,而激光式代替机械臂完成这一工作。三维数据比常见图像的二维数据庞大得多,因此扫描速度较慢,视物体大小和精度高低,扫描时间从几十分钟到几十个小时不等。

各种扫描仪外观如图 2-10 所示。

(a) 平板式扫描仪　　　(b) 名片扫描仪　　　(c) 胶片扫描仪

(d) 馈纸式扫描仪　　　(e) 手持式扫描仪　　　(f) 文件扫描仪

(g) 滚筒式扫描仪　　　(h) 笔式扫描仪　　　(i) 实物扫描仪

(j) 非接触式3D扫描仪　　　(k) 激光式3D扫描仪

图 2-10　各种扫描仪外观

2. 扫描仪的工作原理

扫描仪按照扫描仪原理分为两种：反射式扫描仪，例如手持式、平板式等；透射式扫描仪，例如胶片扫描仪。

（1）反射式扫描仪

反射式扫描仪的工作原理如图 2-11 所示。扫描时，匀速移动托架，托架上的光源依次照亮原稿，原稿的光线经过反射，通过反射镜片、透镜聚焦，被 CCD 接收，形成了电信号。随后经过译码处理生成图像数据。

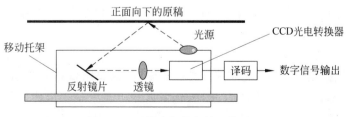

图 2-11　反射式扫描仪的工作原理

这种扫描仪不适合扫描透明稿件。扫描仪的关键部件是 CCD,它的作用是把光线转换成电信号。CCD 由光敏元件矩阵组成,其数量的多少决定了图像的清晰程度。数码照相机和数字摄像机中也使用 CCD。

（2）透射式扫描仪

透射式扫描仪的工作原理如图 2-12 所示。扫描时,光线透过胶片原稿,经过反射镜片、聚焦透镜被 CCD 接收,形成电信号,经过译码生成图像数据。由于大多数透明胶片均为负片,色彩与正常颜色正好相反（即互补）,因此透射式扫描仪带有颜色补正装置,将数字图像还原成正常颜色。

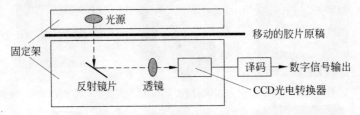

图 2-12　透射式扫描仪的工作原理

透射式扫描仪的扫描分辨率和精度非常高,一般在 4800dpi 以上,适应尺寸较小的照片底片。目前,某些平板扫描仪上通过安装附件的办法也具备扫描透明胶片的能力,但其光学扫描分辨率一般在 600～1200dpi 之间,远不如透射式扫描仪高。

3. 扫描仪的技术指标

（1）分辨率

分辨率是扫描仪最主要的技术指标,它表示扫描仪对图像细节的表现能力,即决定了扫描仪所记录图像的细致程度,其单位为 dpi,即用每英寸长度上扫描图像所含有像素点的个数来表示。目前大多数扫描仪的分辨率在 300～2400dpi 之间。dpi 数值越大,扫描的分辨率越高,扫描图像的品质越好,但这是有限度的。当分辨率大于某一特定值时,只会使图像文件增大而不易处理,并不能对图像质量产生显著的改善。对于丝网印刷应用而言,扫描到 6000dpi 就已经足够了。

扫描分辨率一般分为两种:真实分辨率（又称光学分辨率）和插值分辨率（又称逻辑分辨率）。光学分辨率是扫描仪的实际分辨率,它是决定图像的清晰度和锐利度的关键性能指标。插值分辨率则是通过软件运算的方式来提高分辨率的数值,即用插值的方法将采样点周围遗失的信息填充进去,因此也被称为软件增强的分辨率。例如,如果扫描仪的光学分辨率为 300dpi,则可以通过软件插值运算法将图像提高到 600dpi,插值分辨率所获得的细部资料要少些。尽管插值分辨率不如真实分辨率,但它却能大大降低扫描仪的价格,且对一些特定的工作十分有用,例如扫描黑白图像或放大较小的原稿。

（2）灰度级

灰度级表示图像的亮度层次范围。级数越多,扫描仪图像亮度范围越大、层次越丰富,目前多数扫描仪的灰度为 256 级。256 级灰阶中以真实呈现出比肉眼所能辨识出来的层次还多的灰阶层次。

（3）颜色数

颜色数表示彩色扫描仪所能产生颜色的范围。通常用表示每个像素点颜色的数据位数即比特位数（bit）表示。所谓 bit 是计算机最小存储单位，以 0 或 1 来表示比特位值，越多的比特位数可以表现越复杂的图像信息。例如，常说的真彩色图像指的是每个像素点由三个 8bit 的颜色通道组成，即 24 位二进制数表示，红绿蓝通道结合可以产生 $2^{24} \approx 1.677 \times 10^7$ 种颜色的组合，颜色数越多扫描图像越鲜艳真实。

（4）扫描速度

扫描速度有多种表示方法，因为扫描速度与分辨率、内存容量、软盘存取速度以及显示时间、图像大小有关，通常用指定的分辨率和图像尺寸下的扫描时间来表示。

（5）扫描幅面

表示扫描图形尺寸的大小，常见的有 A4、A3 和 A0 幅面等。

2.3.3　数码照相机

数码照相机是一种利用电子传感器把光学影像转换成电子数据的照相机。与普通照相机在胶卷上靠溴化银的化学变化来记录图像的原理不同，数字相机的传感器是一种光感应式的电荷耦合（CCD）或互补金属氧化物半导体（CMOS）。在图像传输到计算机以前，通常会先储存在数码存储设备中，例如闪存。

1. 数码照相机的主要分类

数码照相机按照用途可以分为单反数码相机、卡片数码相机、长焦数码相机和家用数码相机。

（1）单反数码相机

单反数码相机是指单镜头反光数码相机，即数码（Digital）、单独（Single）、镜头（Lens）、反光（Reflex）的英文缩写 DSLR，这是单反相机与其他数码相机的主要区别，此类相机一般体积较大、比较重。

在单反数码相机的工作系统中，光线透过镜头到达反光镜后，折射到上面的对焦屏并结成影像，透过接目镜和五棱镜，用户可以在观景窗中看到外面的景物。与此相对，一般数码相机只通过 LCD 屏或电子取景器（Electronic ViewFinder，EVF）看到所拍摄的影像。显然直接看到的影像比通过处理看到的影像更利于拍摄。

单反数码相机的一个很大的特点就是可以交换不同规格的镜头，这是单反相机天生的优点，是普通数码相机不可比拟的。另外，单反数码相机感光元件（CCD 或 CMOS）的面积远远大于普通数码相机，因此每个像素点也就能表现出更加细致的亮度和色彩范围，使单反数码相机的摄影质量明显高于普通数码相机。

（2）卡片数码相机

卡片数码相机在业界内没有明确的概念，小巧的外形、相对较轻的机身以及超薄时尚的设计是衡量此类数码相机的主要标准。

卡片数码相机的主要特点是拥有时尚的外观、大屏幕液晶屏、小巧纤薄的机身，便于携带、操作便捷。但手动功能相对薄弱、超大的液晶显示屏耗电量较大、镜头性能较差。

（3）长焦数码相机

长焦数码相机是指具有较大光学变焦倍数的机型，而光学变焦倍数越大，能拍摄的景物就越远。镜头越长的数码相机，内部镜片和感光器移动空间更大，所以变焦倍数也更大。

长焦数码相机的主要特点其实和望远镜的原理差不多，通过镜头内部镜片的移动而改变焦距。当人们拍摄远处的景物或是被拍摄者不希望被打扰时，长焦的好处就发挥出来了。另外焦距越长则景深越浅，和光圈越大景深越浅的效果是一样的，浅景深的好处在于突出主体而虚化背景。

（4）家用数码相机

家用数码相机的定义不是很清楚，一般对成像没有特别高的要求，主要用来拍摄人物的相机都可以称做家用数码相机。

家用数码相机的主要特点是以实用为主、不奢侈、价格不高、功能不是很健全、娱乐功能不多或没有。

各种数码照相机外观如图 2-13 所示。

(a) 单反数码相机　　　(b) 卡片数码相机　　　(c) 长焦数码相机

图 2-13　各种数码相机外观

2. 数码照相机的基本组成

数码照相机主要由光学镜头、取景框、CCD、译码器、存储器、数据接口和电源等部件构成。基本结构如下。

（1）光学镜头

数码照相机的光学镜头有定焦镜头和变焦镜头两种。普通数码照相机大多采用定焦镜头；高级一些的数码照相机一般采用单只变焦镜头；专业数码照相机则可以使用多只定焦镜头组合或多只变焦镜头，且允许根据需要使用多种滤光镜片。数码照相机的光学镜头基本上采用传统的制作工艺，在镜头镀膜和特性方面则更适合数码成像的需要。

（2）取景框

取景框用于对准拍摄物。普通数码照相机采用独立的取景框，在与被摄物距离很近的情况下，看到的景物与实际拍摄到的景物存在视觉偏差，一般采取在取景框上加画修正线的权宜之策。高级数码照相机一般采用单镜头反光方式，把镜头中摄取的实际影像反射到取景框中，使观察到的影像与实际影像一致。

（3）CCD

数码照相机内部的 CCD 作用与扫描仪中使用的 CCD 类似，负责把可见光转换成电信号。CCD 单敏单元（像素）的数量是衡量数码照相机性能优劣的重要指标，数量越多，彩色还原越好,图像质量越好。

（4）译码器

译码器负责把 CCD 的电信号转换成数字信号,进而将数字信号保存到数码照相机内置的存储器中。

（5）存储器

存储器又叫图像内存卡或压缩闪存卡（Compact Flash Memory Card）,是可以替换的部件,主要用于保存拍摄的数字图像。高级数码照相机可以使用多种容量值的卡,容量越大,存储的数码照片越多、照片分辨率越高。一般而言,在不更换存储器的情况下,拍摄高分辨率照片,保存的照片相应少一些。

（6）数据接口

数据接口用于把数字化照片传送到计算机中。早期数码照相机采用串行通信接口,速度较慢。目前几乎所有数码照相机都采用支持热插拔的通用串行总线架构（Universal Serial Bus,USB）接口。另外,还有采用 NTSC 制式和 PAL 制式视频输出接口的数码照相机,这些数码照相机通常具有连续拍摄能力,可以利用它拍摄一小段录像。有的数码照相机也可以采用 IEEE 1394 高速数字通信接口。

（7）电源

电源为数码照相机中的 CCD、自动对焦镜头的电动机伺服系统、存储器、LCD 取景器等部件提供能量。电源的类型有普通电池、Ni-MH 可充电电池、NP-80 可充电锂电池和交流电源适配器等。电源类型对数码照相机的使用影响很大,由于数码照相机电力消耗大,采用容量小的电池固然体积小巧,但拍摄几张照片后,电池就消耗殆尽。一般情况下,使用可充电锂电池的数码照相机拍摄照片多、使用时间长。

3. 数码照相机的技术指标

（1）像素,决定图片面积

拍摄像素是数码相机极为重要的技术指标之一,因为它控制着图片的最大输出尺寸。拍摄像素越高,可冲洗的图片就越大。

但是,拍摄像素只能决定图片面积,并不能完全影响成像效果,例如色彩、清晰度、细节表现力等。而高像素并不一定等于高画质,还要看 CCD 面积大小。在拍摄像素相同或相近的情况下,CCD 面积越大,成像品质才越高。同样的道理,如果两款相机的 CCD 面积相同而拍摄像素不同,那么拍摄像素较低的相机反而有着更大的成像优势。因为在同样大小的 CCD 上,拍摄像素越高,每个像素点的单位感光面积就越小,感光性能就越差,而且各个像素点之间的空隙也越狭窄,带来更严重的电荷干扰,进而导致图片噪点增加,所以成像品质自然会下降。

（2）镜头,成像品质的保证

和 CCD 一样,镜头对于数码相机的成像品质也极为重要。因为镜头负责前期的光线采集,而 CCD 负责后期的感光处理。

但是,要注意光学变焦能力和总变焦能力的概念。所谓光学变焦,即通过镜头中镜片组的移动,把远处的景物拉近拍摄实现拍摄,这是通过真正的光学方式来实现的变焦。而总变焦能力,则很可能是光学变焦倍数×数码变焦倍数所得出的。数码变焦只是在原有视角成像的基础上,在成像后的数字影像上截取了一部分影像进行像素放大,使影像充满整幅画面,造成一种被摄物体空间被压缩、物体被"拉近"的错觉。例如一款相机拥有3倍光学变焦和4倍数码变焦能力,那么它的总变焦能力就是 $3\times4=12$ 倍,但并不是说它的光学变焦能力达到了12倍。

(3) LCD,高分辨率效果好

LCD 全称为 Liquid Crystal Display,即液晶显示屏。在衡量 LCD 品质时,绝对不是只看到尺寸而忽视了分辨率。只有 LCD 分辨率足够高,显示效果才能足够好,图片的细节、色彩和层次感才能得到充分的体现。否则,即便 LCD 尺寸再大,显示出来的效果也会有很强的颗粒感,显得十分粗糙。另外,可视角度也比较重要。只要在显示角度之内,那么无论从哪个角度看,都应该取得同样的视觉效果。

但是,不同类型 LCD 的价值是有区别的。当前绝大部分相机的 LCD 都是普通的薄膜场效应晶体管(Thin Film Transistor,TFT)型 LCD,只有少量相机配备了低温多晶硅(Low Temperature Poly-Silicon,LTPS)型 LCD。这种 LCD 的价值无疑更高一些,在同样的使用环境下,LTPS 型 LCD 的显示效果更好、耗电量更低、使用寿命也更长。

(4) 防抖拍摄,认准光学防抖

在按动快门之后,防抖技术可以非常好地解决手抖问题,小数码相机上的防抖对于新手来说尤其重要,使他们可以获得更多的清晰的照片,尽量避免重影或模糊。现在的数码相机几乎都支持防抖拍摄。

但是,就防抖拍摄的功能原理和成像效果来说,肯定是有差别的。这主要是由光学防抖和电子防抖的区别所导致。就光学防抖功能来说,无论是镜头光学防抖,还是 LCD 光学防抖,都是通过改变光线来实现,对成像品质都没有伤害。而电子防抖则不同,目前的电子防抖基本都是高感光度防抖,即通过增加 ISO 感光度来提升快门速度,进而在一定程度上抵消图像模糊。而 ISO 感光度一旦升高,将不可避免地带来图片噪点增加的问题,所以成像品质肯定会下降。

2.3.4　彩色打印机

彩色打印机(Color Printer)是多媒体信息输出的常用设备,种类繁多。随着打印技术的发展,传统的打印概念在不断更新,新型打印机越来越多地采用高新技术,打印精度、彩色还原度和速度不断提高,价格不断降低。

1. 彩色打印机的分类

在计算机外部设备中,打印机是发展速度最快的领域之一。20 世纪 80 年代初期,是撞击式行式打印机与点阵式打印机唱主角的时代。这种打印机不仅噪声刺耳,而且打印速度很慢,现在已经逐渐被非撞击式打印机所取代。非撞击式打印机使用先进的激光技术和喷墨技术,从黑白到彩色,日益成为办公自动化及多媒体系统的通用设备,成为人们购买打印机时的首选。彩色打印机主要分为如下几类。

(1) 彩色激光打印机。激光技术使用青绿、紫红、黄、黑四种调色剂来创建彩色图像。虽然图像质量不如彩色升华打印机高,但彩色激光打印机的输出速度却比它要快,而且价格也比它便宜。

（2）彩色喷墨打印机。普通的喷墨打印机是输出彩色文件的最便宜的方式。这些打印机通过从盒式墨盒中喷出油墨来产生色彩,通常采用抖动(Dithering)的方式来实现。抖动过程通常使用 CMYK 油墨色彩喷出和混合各种颜色的点,以产生上百万种色彩的幻影。

（3）大幅面彩色喷墨打印机。大幅面彩色喷墨打印机专门用于广告展示、室内装饰、精细制图、工程设计等大幅面打印。该机最大打印幅面为 A1 尺寸(宽 610mm),采用六色大容量墨水盒,384 个喷嘴高速双向打印,打印精度为 1440dpi,并可以直接在 1.5mm 厚度的展示板上打印。

（4）彩色升华打印机。彩色升华打印机通过使用在一个被加热的打印头撞击色带时升华或气化的染料产生的色彩来打印,输出的图像具有如同照片一样的质量。

具有代表性的各种彩色打印机外观如图 2-14 所示。

(a)彩色激光打印机　　(b)彩色喷墨打印机　　(c)大幅面彩色喷墨打印机　　(d)彩色升华打印机

图 2-14　各种彩色打印机外观

2. 彩色打印机的技术指标

（1）打印分辨率

该指标是判断打印机输出效果好坏的一个很直接的依据,也是衡量打印机输出质量的重要参考标准。打印分辨率其实就是指打印机在指定打印区域中可以打出的点数,对于喷墨打印机来说,就是表示每英寸的输出面积上可以输出多少个喷墨墨滴。打印分辨率一般包括纵向和横向两个方向,它的具体数值大小决定了打印效果的好坏与否。一般情况下激光打印机在纵向和横向两个方向上的输出分辨率几乎是相同的,但也可以人为来进行调整控制;而喷墨打印机在纵向和横向两个方向上的输出分辨率相差很大,一般情况下所说的喷墨打印机分辨率就是指横向喷墨表现力。

对于激光打印机来说,主流打印分辨率为 600dpi×600dpi,更高的分辨率可以达到 1200dpi×1200dpi,这样的输出分辨率是普通针式打印机无法达到的。由于激光打印机在工作时可能会因抖动或其他问题在打印纸张上出现锯齿现象,因此为了保证打印效果,应尽量选择 600dpi 以上的激光打印机。

对于喷墨打印机来说,打印分辨率越高,则图像输出效果就越逼真。目前喷墨打印机的分辨率有 600dpi×1200dpi、1200dpi×1200dpi、2400dpi×1200dpi 几种。

（2）打印速度

该指标表示打印机每分钟可以输出多少页面,通常用 ppm 和 ipm 这两种单位来衡量。ppm 标准通常是用来衡量非击打式打印机输出速度的重要标准,而该标准可以分为两种类型,一种类型是指打印机可达到的最高打印速度,另外一种类型就是打印机在持续工作时的平均输出速度。

对于激光打印机来说,普通产品的打印速度可以达到 35ppm,而那些高价格、好品牌的激光打印机打印速度可以超过 80ppm 以上。不过激光打印机的最终打印速度还可能受到其他一些因素的影响,例如激光打印机的数据传输方式、激光打印机的内存大小、激光打印机驱动程序和计算机 CPU 性能,都可以影响到激光打印机的打印速度。

对于喷墨打印机来说,ppm 值通常表示的是该打印机在处理不同打印内容时可以达到的最大处理速度,而实际打印过程中,喷墨打印机所能达到的数值通常会比说明书上提供的 ppm 值小一些。影响喷墨打印速度的最主要因素就是喷头配置,特别是喷头上的喷嘴数目。若喷嘴的数量越多,则喷墨打印机完成打印任务所需要的时间就越短。

(3) 打印幅面

不同用途的打印机所能处理的打印幅面是不相同的。正常情况下,打印机可以处理的打印幅面包括 A4 幅面以及 A3 幅面;对于个人家庭用户或者规模较小的办公用户来说,使用 A4 幅面的打印机绝对是绰绰有余的了;对于使用频繁或者需要处理大幅面的办公用户或者单位用户来说,可以考虑去选择使用 A3 幅面的打印机,甚至使用更大的幅面都可以,比方说在处理条幅打印或者是数码影像处理打印任务时,都可能使用到 A3 幅面的打印机。特别是那些有着专业输出要求的打印用户,例如工程晒图、广告设计等,则需要考虑使用 A2 或者更大幅面的打印机了。

(4) 打印接口

该指标是间接反映打印机输出速度快慢的一种辅助参考标准,市场上打印机产品的接口类型主要包括常见的并行接口、专业的 SCSI 接口以及新兴的 USB 接口。SCSI 接口的打印机由于利用专业的 SCSI 接口卡和计算机连接在一起,能实现信息流量很大的交换转输速度,从而能达到较高的打印速度。不过由于这种型号的接口在与计算机相连接时,操作比较繁琐,每次安装时必须先打开计算机的机箱箱盖,对于那些没有专用 SCSI 插槽的计算机来说,这种接口类型的打印机就不能使用了,因此这种接口类型的打印机适用范围不是非常广泛。针对 SCSI 接口卡安装繁琐的缺陷,人们推出了一种新兴的 USB 接口,这种类型接口的打印机输出速度不但迅速,而且还能支持即插即用功能,因此使用起来非常方便,而且最新购买的计算机都会带有这种型号打印接口。

(5) 色彩数目

色彩数目是衡量彩色喷墨打印机包含彩色墨盒数多少的一种参考指标,该数目越大就意味着打印机可以处理更丰富的图像色彩。红、黄、蓝 3 色喷墨打印机正随着新兴的 4 原色喷墨打印机逐步推广,渐渐退出市场。对于不少有着特殊要求的专业用户来说,比普通的 3 色多出了黑色、淡蓝色以及淡红色的 6 色喷墨打印机,凭借其良好的图形打印效果而更受到青睐,因为 6 色喷墨打印机有着更细致入微的色彩表现力。在处理单色文本时,4 色打印机或 6 色打印机在输出质量上并没有太大差别。不过在处理包含丰富彩色照片时,色彩数目越多的打印机其打印效果比色彩数目少的打印机输出效果要好许多,因为多增加了不同色彩的墨水,使喷墨打印机的调配色彩更加多样化,输出的照片色彩自然也就更加逼真了,特别是颜色过渡得非常自然。

3. 彩色喷墨打印机

近年来,彩色喷墨技术发展很快,使用该技术的打印机使用 4 色墨水或 6 色墨水,利用超微细墨滴喷在纸张上,形成彩色图像,这就是彩色喷墨打印机。

(1) 工作原理

彩色喷墨打印机的关键技术是喷墨打印头,其结构示意图如图 2-15 所示。

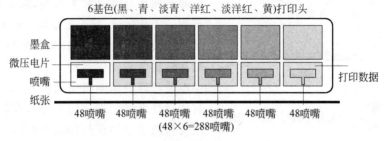

图 2-15　彩色喷墨打印机结构示意图

喷墨打印头的顶部是墨盒,墨水靠重力作用流进墨仓,但是不会从喷嘴喷出。打印数据经过译码和驱动电路,在微压电片上施加微电压,使墨滴从喷嘴喷出。喷出后的墨滴体积很小,没有任何星状散点,也不产生雾状扩散,而是精确地定位在应该在的位置上,使图像的分辨率得以保证,从而提高了清晰度。

喷墨打印头的喷嘴数量很多,每一种基色对应一组喷嘴。以某型号的彩色喷墨打印机为例,该机使用 6 种基色墨水(黑色、青色、洋红色、黄色、淡青色、淡洋红色),每一种基色对应 48 个喷嘴,则整个打印头共有 48×6 个喷嘴。每种基色在打印头中是不混合的,在墨滴喷射出来后混合在纸上,形成丰富的色彩组合。

(2) 主要特点

在喷墨打印技术方面,处于领先地位的是 EPSON、HP 及 CANON 三大公司。三大公司的产品各有特色,其中,EPSON 的 Photo 系列,使用 6 色(红、黄、蓝、淡蓝、品红、黑)快干墨盒、超细墨滴、智能墨滴变换、照片打印纸等特殊技术,可以实现超过普通照片效果的高质量打印;HP 更重视产品的全面性,兼顾高速文档和精美图像的两种需求,大多数只用 4 色(红、黄、蓝、黑)墨盒;CANON 则介于二者之间,同一款机型可以通过更换墨盒来适应不同的打印要求。

彩色喷墨打印机在整机价格上比彩色激光打印机便宜得多,但耗才价格太高,这成了制约彩色喷墨打印机迅速向家庭发展的重要因素之一。为了达到理想的打印效果,用于彩喷的墨盒和打印纸必须是用专用的品牌,它们的价格一直居高不下。

4. 彩色激光打印机

彩色激光打印机是一种高档打印设备,用于精密度很高的彩色样稿输出。与普通黑白打印机相比,彩色激光打印机采用四个鼓进行彩色打印,打印机处理相当复杂,尖端技术含量高,属于高科技的精密设备。

(1) 工作原理

激光打印机主要由感光鼓、上粉盒、打底电晕丝和转换电晕丝组成,其结构示意图如

图 2-16 所示。

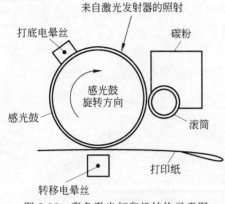

图 2-16　彩色激光打印机结构示意图

感光鼓旋转经过打底电晕丝,使其表面带上电荷;计算机输出的打印数据经过模数变换送至激光发射器控制其通断;激光发射器发出的光点通过反射镜照到感光鼓上,感光鼓表面被照到的部分将会失去电荷,从而形成肉眼看不到的磁化图像;感光鼓继续旋转到碳粉盒上,其表面被磁化的点将吸附碳粉;打印纸从感光鼓和转换电晕丝中通过,感光鼓上的碳粉受转换电晕丝强磁场的吸引而转换到了打印纸上;打印纸在继续前进过程中通过高温溶凝部件,使碳粉图像定型在打印纸上;感光鼓旋转至清洁器,将剩余的碳粉清除干净,开始新一轮的工作。

(2) 主要特点

与彩色喷墨打印机相比,激光打印机的主要优点是打印精度高、打印速度快、容纸量大和打印成本低。例如,HP Color LaserJet 8500 打印速度已经达到每分钟 6 页,最多可容纳 1000 张纸,而打印纸的价格仅为彩色喷墨打印机的几分之一到几十分之一,因此特别适合于需要经常打印图表、报告等复杂文档的办公与商用领域。

激光打印机的主要缺点是整机价格偏高,且彩色打印的质量不如彩色喷墨打印。

2.3.5　彩色投影仪

彩色投影仪(Color Projector)是一种数字化设备,主要被用于计算机信息的显示。作为计算机设备的延伸,投影仪在数字化、小型化、高亮度显示等方面具有鲜明的特点,目前正在被广泛地用于教学、广告展示、会议和旅游等很多领域。投影仪的外观如图 2-17 所示。

图 2-17　投影仪外观

1. 彩色投影仪分类

彩色投影仪主要有 4 大类:阴极射线管(CRT)投影仪、液晶(LCD)投影仪、数字光处理(Digital Light Processing,DLP)投影仪和硅液晶(Liquid Crystal On Silicon,LCOS)投影仪。

(1) CRT 投影仪

作为成像器件,CRT 是实现最早、应用最为广泛的一种显示技术。CRT 投影仪可以把输入信号源分解到 R(红)、G(绿)、B(蓝)三个 CRT 管的荧光屏上,荧光粉在高压作用下使发光系统放大、会聚,在大屏幕上显示出彩色图像。由于使用内光源,因此也叫主动式投影方式。CRT 技术成熟,显示的图像色彩丰富,还原性好,具有丰富的几何失真调整能力;但其重要技术指标图像分辨率与亮度相互制约,直接影响 CRT 投影仪的亮度值,到目前为止,其亮度值始终徘徊在 300ANSI 流明(流明,光通量的表示单位,即光源在单位时间内向周围空间辐射出的人眼睛可感知的能量)以下。另外,CRT 投影仪操作复杂,特别是会聚调整繁琐，机身体积大，只适合安装于环境光较弱、相对固定的场所，不宜搬动。

（2）LCD 投影仪

LCD 液晶元件是一种介于液体和固体之间的物质，该物质本身不发光，但具有特殊的光学性质。在电场作用下，液晶分子排列发生改变，这就是光电效应。一旦产生光电效应，透过液晶的光线就会发生变化。LCD 投影仪利用了这一原理。LCD 投影仪又分为液晶光阀投影仪和液晶板投影仪两类。

① 液晶光阀投影仪。它采用 CRT 管和液晶光阀作为成像器件，是 CRT 投影仪与液晶和光阀相结合的产物。为了解决图像分辨率与亮度间的矛盾，它采用外光源，也叫被动式投影方式。一般的光阀主要由三部分组成：光电转换器、镜子和光调制器，它是一种可控开关。通过 CRT 输出的光信号照射到光电转换器上，将光信号转换为持续变化的电信号；外光源产生一束强光，投射到光阀上，由内部的镜子反射，通过光调制器，改变其光学特性，紧随光阀的偏振滤光片，将滤去其他方向的光，而只允许与其光学缝隙方向一致的光通过，这个光与 CRT 信号相复合，投射到屏幕上。它是目前为止亮度、分辨率最高的投影仪，亮度可以达到 6000ANSI 流明（美国国家标准学会 ANSI 制定，表示投影机的光输出），分辨率为 2500×2500 像素，适用于环境光较强，观众较多的场合，例如超大规模指挥中心、会议中心及大型娱乐场所，但其价格高、体积大、光阀不易维修。

② 液晶板投影仪。使用液晶板作为成像元件，具有独立的外光源，采用被动投影方式。液晶板投影仪是目前使用最为广泛的设备。此类投影仪分辨率达 1280×1024 像素，亮度达 3000ANSI 流明。具有还原较好、体积小、重量轻、便于携带、配有遥控器、操作方便、价格适中等特点。

它采用液晶板作为成像器件，也是一种被动式的投影方式。利用外光源金属卤素灯或 UHP（冷光源）。如果是采用三块 LCD 板设计的，则把强光通过分光镜形成 RGB 三束光，分别透射过 RGB 三色液晶板；信号源经过模数转换，调制加到液晶板上，控制液晶单元的开启、闭合，从而控制光路的通或断，再经镜子合光，由光学镜头放大，显示在大屏幕上。目前常见的液晶投影仪采用单片设计（LCD 单板，光线不用分离），这种投影仪体积小，重量轻，操作、携带方便，价格也比较低廉。但其光源寿命短、色彩不均匀、分辨率较低，最高分辨率为 1024×768 像素，多用于临时演示或小型会议。这种投影仪虽然也实现了数字化调制信号，但液晶本身的物理特性，决定了它的响应速度慢，随着时间的推移，性能有所下降。

（3）DLP 投影仪

DLP 技术是显示领域划时代的革命，正如 CD 在音频领域产生的巨大影响一样，DLP 将为视频投影显示翻开新的一页。它以数字微反射器（Digital Micromirror Device，DMD）作为光阀成像器件，在图像灰度和色彩等方面达到很高的水准。

DLP 投影仪的技术关键点有两个，其一是数字优势。数字技术的采用，使图像灰度等级达 256～1024 级，色彩达 256～1024 色，图像噪声消失，画面质量稳定，精确的数字图像可不断再现，而且历久弥新。其二是反射优势。反射式 DMD 器件的应用，使成像器件的总光效率达 60％以上，对比度和亮度的均匀性都非常出色。根据所使用的 DMD 片数，

DLP投影仪可分为单片机、两片机和三片机。DLP投影仪清晰度高、画面均匀、色彩锐利,三片机亮度可达2000流明以上,它抛弃了传统意义上的会聚,可以随意变焦,调整十分便利;分辨率高,不经压缩分辨率可达1024×768像素(有些机型的最新产品的分辨率已经达到1280×1024像素)。

（4）LCOS投影仪

LCOS是一种基于反射模式、尺寸非常小的矩阵液晶显示装置。这种矩阵采用CMOS技术,在硅芯片上加工制作而成。像素的尺寸从$7\mu m$到$20\mu m$,对于百万像素的分辨率,此装置通常小于1英寸。有效矩阵的电路在每个像素的电极和公共透明电极之间提供电压,这两个电极之间被一薄层液晶分开。像素的电极也是一个反射镜。通过透明电极的入射光,被液晶调制光电响应电压应用于每个像素电极;反射的像素被光学方法同入射光分开,从而被投影物镜放大成像到大屏幕上。采用LCOS技术的投影仪其光线不是穿过LCD面板,而是采用反射方式来形成图像,光利用效率可以达到40%。与其他投影技术相比,LCOS技术最大的优点是分辨率高,采用该技术的投影仪产品在亮度和价格方面将有一定优势。

2. 彩色投影仪的技术指标

（1）亮度

亮度的计量单位是ANSI流明。测量ANSI流明值的方法是在测试屏幕上分别测量均匀分布的9个点的ANSI流明值,取其平均值作为ANSI流明值。目前,便携式投影仪的亮度一般在1000～2000ANSI流明,高档投影仪在2000～4000ANSI流明。

（2）对比度

对比度是指投影画面最亮区与最暗区的亮度之比,对比度高的投影仪灰度层次丰富、画面彩色鲜艳。对比度低的投影仪色彩灰暗,轮廓不清晰,视觉效果不佳。

（3）均匀度

均匀度是指投影画面边缘亮度与中心亮度的比值。均匀度高的投影仪,画面亮度趋于一致,明暗区域不明显。影响均匀度的主要因素是光学镜头,如果光学镜头的品质不好,不仅影响均匀度,还影响到聚焦,现象是中心清楚、四角模糊。很多的投影仪均匀度在95%以上。

（4）分辨率

分辨率是由投影仪中成像元件的精度决定的,与计算机的标准显示规格相对应,其单位是像素。常见分辨率有800×600像素、1024×768像素、1280×1024像素。一台投影仪能以多种分辨率进行工作,但最佳分辨率只有一个,这个分辨率被叫做标准分辨率。当计算机送来的显示信号与投影仪的标准分辨率相等时,图像没有附加失真,清晰度达到投影仪的设计要求。否则将会产生误差,图像的清晰度和色彩层次都会受到一定程序的影响。

（5）光源寿命

光源寿命是使用液晶投影仪费用比较高的主要因素。投影仪的光源是一种采用特殊材料制作的灯泡,目前投影仪普遍采用的是金属卤素灯泡、NSH灯泡、UHP灯泡。

金属卤素灯泡的优点是价格便宜,缺点是半衰期短、灯泡寿命也较短。一般使用

2000 小时左右亮度就会降低到原先的一半左右。并且由于发热高,对投影仪散热系统要求高,导致投影仪工作时的风扇噪音较大。NSH 灯泡的优点是价格适中,在使用 2000 小时左右亮度几乎不衰减;由于发热量低,习惯上被称为冷光源;NSH 灯泡是目前中档投影仪中广泛采用的理想光源。UHP 灯泡的优点是使用寿命长,一般可以正常使用 4000 小时以上,并且亮度衰减很小;UHP 灯泡也是一种理想的冷光源,但由于价格较高,一般应用于中高档投影仪上。目前市面上的主流投影仪灯泡寿命都在 2000 小时左右。

2.4 习　　题

1. 多媒体个人计算机的特点和功能是什么?
2. CD 光盘有哪些标准? 它们的主要区别是什么?
3. DVD 是通过哪些技术来提高存储容量的?
4. CRT 显示器和 LCD 显示器有哪些区别?
5. 音频卡的功能是什么? 由哪些部分组成? 其主要性能指标是什么?
6. 在多媒体扩展设备中,触摸屏是输入设备还是输出设备? 主要有哪几种?
7. 扫描仪有哪几类? 扫描仪中的关键部件是什么?
8. 数码照相机有哪几类? 由哪些部分组成? 其主要性能指标是什么?
9. 彩色喷墨打印机和彩色激光打印机是怎样实现彩色打印的?
10. 试比较 CRT 投影仪、LCD 投影仪、DLP 投影仪、LCOS 投影仪各自的特点。

2.5 实　　验

设计和制作多媒体产品,不仅需要各种多媒体的软件工具,还需要各种多媒体的硬件设备。通过本章实验,使读者对多媒体个人计算机有一个感性认识,掌握硬件基本知识;了解基本设备和主要扩展设备的主要性能和基本结构,熟悉其使用方法。

1. 实验目的

(1) 认识多媒体个人计算机的基本硬件设备,了解其主要性能和基本结构。

(2) 熟悉和掌握基本硬件设备和扩展硬件设备的使用方法。

2. 实验内容

(1) 打开多媒体个人计算机的主机箱,认识和了解其基本硬件设备。包括:

* 主板和扩展槽;
* 带有电源保护的脉冲电源;
* CPU 中央处理器;
* 内存储器;
* 硬盘、光盘驱动器。

(2) 认识彩色扫描仪。包括:

* 确认当前使用的彩色扫描仪是属于反射式扫描仪还是透射式扫描仪;
* 了解反射式扫描仪的基本结构、主要特点及扫描原理;

- 了解透射式扫描仪的基本结构、主要特点及扫描原理；
- 进行图片的实际扫描，探讨扫描参数与扫描效果之间的关系。

（3）认识数码照相机。包括：

- 了解基本原理、关键部件及使用方法；
- 了解电源形式、镜头规格、存储卡的类型、容量及其特点；
- 进行照片的实际拍摄，探讨像素数量与拍照效果之间的关系；
- 掌握除了拍照之外的各种其他功能，比如拍摄连续图像、录音、聆听 MP3 音乐等功能。

（4）认识彩色打印机。包括：

- 确认当前使用的打印机属于哪种类型；
- 了解打印质量、打印速度和打印成本等相关信息；
- 了解主要结构、基本原理及主要用途，例如是擅长彩色照片打印还是擅长文字打印；
- 进行文件的实际打印，观察打印介质（例如纸张等）的变化对打印效果的影响。

3. 实验要求

（1）实际了解多媒体个人计算机的硬件结构和主要性能。

（2）正确连接彩色扫描仪、数码照相机和彩色打印机的 USB 接口。

（3）写出实验报告，包括实验名称、实验目的、实验步骤和实验思考。

第 3 章 美 学 基 础

利用多媒体技术开发的产品,讲求美观、实用,并且符合人们的审美观念和阅读习惯,这就是开发多媒体产品过程中要解决的美学问题。

美学不依赖于计算机知识,这门学科一直以来是美术设计的基础。在开发多媒体产品的过程中,人们已经不满足于那种千篇一律的呆板面孔,而是在软件设计和开发中,运用美学概念,开发具有审美情趣的软件界面、设计符合人们视觉习惯的显示模式、实现使用方便的控制功能等特点的产品。

本章将从美学的角度简要介绍多媒体产品制作中需要遵循的基本规则和应注意的问题。

3.1 美学基本概念

美学不是抽象的概念,它是由多种因素共同构成的一项工程。通过绘画、对两种以上色彩的运用与搭配、设计多个对象在空间的摆放关系等具体的艺术手段,增加多媒体产品的人性化和美感。这就是美学中常说的三种艺术表现手段,即绘画、色彩构成和平面构成。

3.1.1 美学的概念

美学是通过绘画、色彩和版面展现自然美感的学科。其中,绘画、色彩和版面叫做美学设计三要素,而自然美感则是美学运用的最终目的。

在人类发展历程中,美学一直伴随着人们的生活,密不可分。早期人类在自然景物上绘制各种岩画和壁画,佩戴随身装饰物,以此向世人展现生活、个性、社会、文化背景。可以说,这是人类本身独有的思维结果,也是人类个性发展的写照,同时也说明了美学产生的必然性。

自古以来,"爱美之心人皆有之"。这种心态刺激了美学的发展,也构成了美学发展最重要的条件。随着社会的发展,美学已经从直觉、爱好甚至偏好的原始形态中走了出来,演变成具有共性的审美标准、符合科学的视觉规律、大多数人能够接受的现代学科,通过学习美学,读者可以制作出更加完美、更加具有竞争性的多媒体产品。

3.1.2 美学的作用

在制作多媒体产品时引入美学观念,其作用有以下三种。

(1) 产生更好的视觉效应。通过色彩运用、布局和绘画渲染,使产品具有舒适的色调、醒目的标题、鲜明的个性,以此产生更好的效果,刺激人们的视觉神经,因此视觉效应又叫做眼球效应。现代社会的各行各业非常重视眼球效应,为了引起人们足够的重视,往往力图在产品的外观、使用的舒适度、人性化等方面有所突破,以此增加人们对产品的注意力、刺激购买欲望。

(2) 内容表达形象化。美学不仅解决美观好看的问题,还要解决人们的生理、心理习惯问题。所谓生理习惯,主要是指人们固有的阅读习惯、聆听习惯、书写习惯等;心理习惯则是指阅读的心态、操作的感觉、对产品的感受、接受的程度等。

在美学观念中,尽量采用人们容易接受的方式来表达必须展示的内容,形象化的表达方式往往以最简单的形式传达最多的信息。

(3) 增加产品的价值。自从人类进入商品社会以后,产品的价值观念更加强烈了。利用美学观念,设计人们喜欢看、喜欢试、喜欢用的产品,不仅扩大了产品的知名度,而且增加了产品的价值。包装业的日益盛行,正说明了人们对于产品价值和美学之间的必然联系有了深入的认识。

3.1.3 美学的表现手段

前面曾经提到,美学有三种艺术表现手段,即绘画、色彩构成和平面构成。

绘画是美学的基础。通过手工绘制、电脑绘制和图像处理,使线条、色块具有了美学的意义,从而构成了图画、图案、文字以及形象化的图形。

色彩构成是美学的精华。色彩历来是人们最为敏感的部分,研究两个以上的色彩的关系、精确到位的色彩组合、良好的色彩搭配是色彩构成的主要内容。

平面构成又叫做版面构成,是美学的逻辑规则,主要研究若干对象之间的位置关系。随着人们对平面构成的深入研究,已经把平面构成归纳为对版面上的点、线、面现象的研究。

3.2 平 面 构 图

平面构图是平面构成的具体形式,主要针对平面上两个或两个以上的对象进行设计和研究。以美学为基础的平面构图须遵循一定的构图规则,以便准确地表达设计意图和思想。

3.2.1 构图规则

在二维平面中,图像、文字、线条占有自己的位置,或层叠、或排列、或交叉,用于体现不同的属性和视觉效果。以下简要介绍几种有代表性的构图规则。

1. 突出艺术性与装饰性

所谓艺术性,是指追求感觉、时尚与个性;装饰性是指追求效果、夸张和比喻。如图 3-1(a)所示是突出艺术性的作品,如图 3-1(b)所示是突出装饰性的作品。

从图 3-1 中看到,突出艺术性的作品在色彩、构图、文字与图案的搭配方面融入了设计者自己的意图和感觉,注重艺术表现。而突出装饰性的作品则把对称性强烈的纹理图

(a) 突出艺术性的作品

(b) 突出装饰性的作品

图 3-1　突出作品的艺术性与装饰性

案作为创作的主线,强调了相对抽象的图案感觉,从而具有装饰性。

2. 突出整体性与协调性

整体性追求表现形式和内容的整体效果,具有完整、不可分割的艺术效果,如图 3-2(a)所示。

协调性则把多个对象素材协调布局,强调版式上、内容上的协调统一,具有匀称、协调、均衡的视觉效果,如图 3-2(b)所示。

(a) 突出整体性的作品

(b) 突出协调性的作品

图 3-2　突出作品的整体性与协调性

从图中看到,突出整体性的作品画面完整、大气、浑然一体。突出协调性的作品则把若干对象协调地排列,从色调、构图等方面力求达到统一的视觉效果。

3. 点、线、面的构图规则

所谓点、线、面,主要是指构图的三种不同形式。一个平面作品如果突出了其中的一种构图形式,平面作品就会体现该形式所具有的属性和视觉效果。于是,人们把点、线、面的构图形式作为一种构图的规则。点、线、面的构图规则是人们经过长期的研究和探索而总结归纳出来的,它具有普遍意义,是版面构成的重要组成部分。

(1) 点的构图规则。版面上的主体以点的形式存在,为突出局部效果而设计。人们在观察以点的形式表现的主体时,会不由自主地用心观察局部的细节,集中了视线,产生了突出主体的视觉效果。如图 3-3 所示是典型的点构图形式。

版面上也可以有多点,产生新的构图形式,进而产生新的视觉感受。

(2) 线的构图规则。在版面上,使用直线、曲线等线段对需要表现的内容进行分隔、类型划分,甚至只是纯粹装饰,以此实现版面的多样性、突出思想性和鲜明的个性。

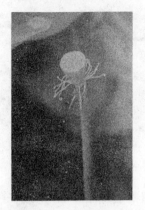

图 3-3　点的构图形式

图 3-4　直线构图形式

　　线在点和面之间建立了新的视觉感受,通过运用线段的长短、粗细、方向、位置等属性,可以获得丰富的表现力,从而产生多种美好的视觉效果。

　　如图 3-4 所示是使用直线分隔画面的设计。

　　从图 3-4 中看出,版面上使用直线进行构图,除了版面富于变化以外,往往能够产生规则、平稳的视觉效果。

　　(3) 面的构图规则。面的构图需要占据大空间,比点、线的视觉效果强烈,一目了然。面的使用有两种形式,一种是几何形式,一种是自由形式。

　　几何形式的面往往把平面几何图形进行错落有序的摆放,形成纵深感、多层次感,版面内容丰富、充实,具有浑然一体的视觉效果,如图 3-5(a)所示。

　　自由形式的面往往根据设计者的意图进行设计。可以突出一个画面的整体效果,如图 3-5(b)所示。也可以强调画面之间的关系,以此产生大气的视觉效果。

(a) 几何形式的面

(b) 自由形式的面

图 3-5　面的构图形式

4. 突出重复性与交错性

　　这是针对两个以上对象在同一个版面中的情况。所谓重复性是指多个形态一致的对象进行规则排列,产生整齐划一的视觉效果。如图 3-6 所示是突出重复性设计的作品。

　　多个对象的重复性构图需要精心设计,否则容易造成呆板的视觉效果。

交错性是指多个对象交错排列,使版面呈现错落有序的视觉效果,造成视觉上的变化,较容易避免呆板的感觉。如图3-7所示是一个体现交错设计思想的作品。

图 3-6　突出作品的重复性设计

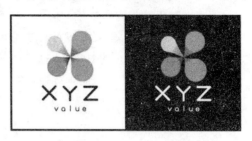

图 3-7　突出作品的交错性设计

5. 突出对称性与均衡性

对称是同等同量对象的平衡,要想实现对称,至少有两个尺寸相同的对象。对称的形式有:

(1) 对称于 x 轴的上下对称。

(2) 对称于 y 轴的左右对称。

(3) 对称于对象线的对称。

而作为对称元素的对象还可以有两种形式。

(1) 完全相同的形态。即在平面位置上对称的对象是完全相同的,如图3-8(a)所示。

(2) 互为反转的形态。两个对象在对称轴上形态一正一反,如图3-8(b)所示。

对称性版面的特点是平衡、整齐与稳重。

(a) 两边完全相同的对象　　　　　　　　(b) 互为反转的对象

图 3-8　突出作品的对称性设计

均衡性的表现形式是版面布局匀称、重心稳定,强调一种庄重与宁静的气氛。如图3-9所示是一个强调版面均衡的作品。

均衡的形式有很多变化,表现的情绪也不尽相同。适当的均衡处理,可产生动中有静、静中有动的意境。

6. 突出对比性与调和性

对比性强调两个对象或更多对象之间的差异,例如尺寸大小的对比、明与暗的对比、颜色的对比、直线与曲线的对比、动态与静态的对比等。

采用对比手法设计的版面具有强烈的视觉冲击力,醒目、有棱角、使观赏者受到震撼。

如图 3-10 所示是利用对比手法设计的广告,提醒人们注意保护我们的家园。

图 3-9　突出作品的均衡性设计　　　　图 3-10　突出作品的对比性设计

调和性与对比性正好相反,它强调两个对象或更多对象之间的近似性和共性。调和性的作品具有舒适、安定、统一的视觉效果。

在版面的美学设计中,调和性和对比性不是对立的,往往利用调和性设计整体版面,利用对比性设计局部版面。

如图 3-11(a)所示强调色调的近似性。如图 3-11(b)所示强调图形的近似性。二者都属于调和性设计作品。

(a) 近似的色调　　　　　　　(b) 近似的图形

图 3-11　突出作品的调和性

3.2.2 构图应用

构图应用指的是动用构图规则设计制作产品。一个多媒体产品如果在设计制作过程中引入了构图规则,那么它的操作界面和演示画面将更符合美学要求、更人性化。

1. 多媒体软件界面设计

多媒体软件产品与使用者交流的介质是界面,界面提供显示信息、控制功能,大多数使用者并不关心界面后面的程序结构。因此,界面成为衡量多媒体产品质量好坏的主要指标之一。

在开发多媒体软件的过程中,界面的设计应充分运用构图规则。在各种构图规则中,最常使用的是点、线、面的构图规则。在设计软件界面时,在保证应用功能的前提下,尽量运用这些构图规则。

多媒体软件一般分交互型、示教型和混合型三种类型。

交互型软件主要用于电子图书的出版、自学型多媒体教材、学习光盘等。此类软件具有以下特点。

(1) 说明性文字相对较多,字号较小。

(2) 为了容纳更多的信息,图片和视频尺寸相对较小。

(3) 菜单和按钮设置齐全,便于自学和选择。

(4) 具备完善的交互功能,便于互动练习。

鉴于交互型软件的上述特点,在设计界面时,应在保证基本功能的前提下最大限度地应用构图规则。如图 3-12(a)、(b)所示分别是应用构图规则前后的设计效果。

    (a) 应用构图规则之前的一般界面   (b) 应用构图规则之后的界面

图 3-12 多媒体交互型软件的设计界面

示教型软件主要用于教学、会议、商品展示、广告等领域。这类软件的特点如下。

(1) 文字精练。

(2) 文字、图片和视频尺寸相对较大,便于远距离观看。

(3) 有限的控制功能和交互功能。

随着电脑彩色投影仪的普及,示教型软件的用途得到了扩展,有些示教型软件专门用于大屏幕投影。在设计示教型软件时,应尽量发挥软件特点。

如图 3-13(a)所示是一般的示教型软件界面。

如图 3-13(b)所示是充分考虑演示功能的软件界面。该软件界面具有如下特点。

 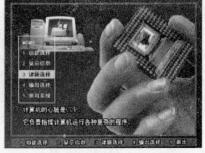

(a) 应用构图规则之前的一般界面　　　　　　(b) 应用构图规则之后的界面

图 3-13　多媒体示教型软件的设计界面

（1）演示窗口采用大尺寸，不仅有利于演示信息的清晰显示，而且扩大了信息量。

（2）演示的控制采用不占界面空间的悬挂菜单实现。所谓悬挂菜单，指的是只有单击鼠标右键显示的菜单，平时不显示。

混合型软件兼备交互型和示教型两种软件的特点，使用起来比较灵活。在设计界面时，应尽可能兼顾功能和构图规则。

2. 网页构图设计

互联网的网页是网站的门户。设计优良的网页不仅具备完善的功能，还应给人一种美的、和谐的享受或者对个性化的宣扬。由于在设计网页时，计算机技术人员对美学很生疏，因此后者往往不容易达到美学要求。

网页的美学设计应遵循以下原则。

（1）引入构图规则，进行版面设计。一般而言，网页的媒介包括标题、文字内容、图像、动画、图标、同步声音等。通过这些媒介，网页提供信息显示、交互操作、检索、娱乐、访问网络计算机等内容。

设计网页的版面，实际上就是摆放媒介的位置，使其更为合理，更符合美学要求。主要在以下 6 个方面进行设计。

① 突出艺术性与装饰性。

② 突出整体性与协调性。

③ 运用点、线、面的构图规则。

④ 突出重复性与交错性。

⑤ 突出对称性与均衡性。

⑥ 突出对比性与调和性。

网页的版面设计不是孤立的，在美观的同时，还应充分考虑网页的功能。美观而不实用的网页没有任何实际意义。

（2）运用色彩构成，形成风格。色彩构成是一门专门的学科，主要研究多个颜色之间的构成关系，如果把其研究成果应用在网页上，将使网页更加符合美学要求，形成和谐的色调或者极具个性化的风格。

如图 3-14 所示是一个普通网页。该网页只考虑满足基本功能,对网页的版面、媒介的使用和摆放考虑不多。

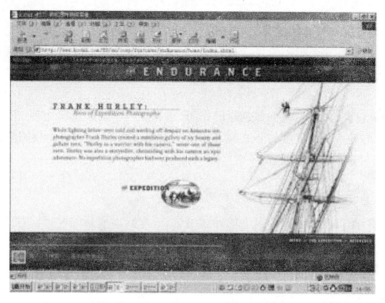

图 3-14　满足基本功能的网页

如图 3-15 所示是运用版面构图知识刻意设计的网页,这是一个学校的网页。在该设计中,考虑到该网页具有学术性的特点,运用直线分隔各个不同的功能区域,以此产生版面的多样性,不仅突出了鲜明的个性,而且还可以产生规则、平稳、庄重的视觉效果。

图 3-15　经过刻意设计的网页

当然,如果是一个商业网页或者是个人网页,应根据具体的个性化特点,选择恰当的构图规则进行设计。

3.3　色彩构成与视觉效果

色彩是美学的重要组成部分,它不仅是一门学科,而且还是人们生活中必不可少的元素。有人说,色彩是艺术中科学规律最强的,它的构成也是最有规律和充满感性的。每个人对色彩有自己的偏好,但就美学而言,人们的理解大同小异,正所谓"爱美之心人皆有之"。

色彩构成包含很多内容,例如色彩的作用、色调、形式美感、色彩物理、色彩混合、色彩知觉等,是我国美术院校学生的必修课。本书只对与多媒体产品制作相关的知识做一个简要的介绍。

3.3.1　色彩构成概念

所谓构成,是指两个或两个以上的元素组合在一起,形成新的元素。对于特定的元素色彩而言,为了某种目的,把两个或两个以上的色彩按照一定的原则进行组合和搭配,以此形成新的色彩关系,这就是色彩构成。

简言之,色彩构成是根据不同目的而进行的色彩搭配。色彩搭配的唯一目的是创造美。绘画、广告、多媒体产品的画面是否漂亮、是否耐寻味,都是色彩搭配要解决的问题。

3.3.2　三原色

在自然界中,物体本身没有颜色,人们之所以能看到物体的颜色,是由于物体不同程度地吸收和反射了某些波长的光线所致。如表 3-1 所示列出了 6 种颜色对应的波长范围。

表 3-1　6 种颜色的波长范围

颜色	波长范围/nm	颜色	波长范围/nm
红	760～622	绿	577～492
橙	622～597	蓝	492～455
黄	597～577	紫	455～380

原色包含两个系统,即色料三原色系统和光的三原色系统。两个系统分别隶属于各自的理论范畴。

(1) RYB 色料三原色。在绘画中,使用三种基本色料 R(红)、Y(黄)、B(蓝)可以混合搭配出多种颜色,这就是所谓的色料三原色。色料是绘画的基本原料,而掌握色料三原色的搭配,是绘画的基本功。

色料配色的基本规律如下。

红＋黄＋桔＝黄

黄＋蓝＝绿

蓝＋红＝紫

红＋黄＋蓝＝黑

（2）RGB 光三原色。R（红）、G（绿）、B（蓝）三种颜色构成了光线的三原色。计算机显示器就是根据这个原理制造的。于是，光三原色又叫电脑三原色。

光三原色的配色规律如下。

红＋绿＝黄

绿＋蓝＝湖蓝

蓝＋红＝紫

红＋绿＋蓝＝白

在光色搭配中，参与搭配的颜色越多，其明度越高。在图像处理软件和动画制作软件中，都符合三原色的搭配规律。

3.3.3　色彩三要素

1. 色彩三要素的内容

明度、色相、纯度构成了色彩的三要素。

明度是指色彩的明暗程度，恰到好处地处理好物体各部位的明度，可以产生物体的立体感。白色是影响明度的重要因素，当明度不足时，添加白色，可增加明度，反之亦然。

色相是颜色的相貌，用于区别颜色的种类。色相只与波长有关，当某一颜色的明度、纯度发生变化时，看上去虽然颜色发生了变化，但该颜色的波长没有改变，因而色相不变。不同波长的光色给人以不同的感受，在美学设计中，对色相敏感的人往往采用最精炼的颜色表现最丰富的内容。色相的运用主要表现在色彩冷暖氛围的制造、色彩的丰富多彩、表达某种情感等方面。

纯度是指色彩的饱和程度，也有把纯度叫做鲜艳度、纯净度的。自然光中的红、橙、黄、绿、蓝、紫光色是纯度最高的颜色。在色料中，红色的纯度最高，橙、黄、紫次之，蓝绿色的纯度相对较低。人眼对不同颜色的纯度感觉不同，红色醒目，纯度感觉最高；绿色尽管纯度高，但人们总是对该色不敏感。黑、白、灰色是没有纯度的颜色。

2. 色彩三要素的关系

色彩的明度能够对纯度产生不可忽视的影响。明度降低，纯度也随之降低，反之亦然。色相与纯度也有关系，纯度不够时，色相区分不明显。而纯度又和明度有关，三者互相制约、互相影响。

3.3.4　颜色的关系

明确地了解颜色之间的关系，是掌握配色的基本条件。如图 3-16 所示显示了颜色之间的关系和关系名称。

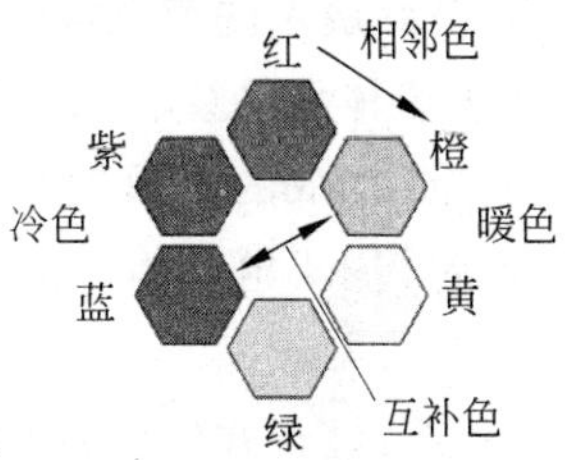

如图 3-16 所示，把色料三原色红、黄、蓝两两混合，形成另外三种颜色，构成一个包含有 6 种颜色的色轮。

在色轮上，任意两个相邻的颜色叫做相邻色，例如红色和橙色，黄色和绿色等；对角线上的颜色叫做互补色，例如红色和绿色、蓝色和橙色等；由于色轮中轴线左侧的颜色看起来偏冷，如紫色和蓝色，因此这些颜色属

图 3-16　颜色之间的关系

于冷色;中轴线右侧的颜色偏暖,故称暖色。

3.3.5　颜色搭配要点

颜色的搭配令很多人感到困惑,常见现象是该醒目的地方不醒目,该柔和的地方不柔和,达不到满意的整体视觉效果。颜色的搭配是色彩构成主要研究的课题,根据要表达的思想的目的,将尽可能少的颜色搭配起来,才会产生美感。

颜色的搭配按照主题分为以下若干类型。

(1) 以明度、色度、纯度为主的用色。

(2) 以冷暖对比为主的用色。

(3) 以面积对比为主的用色。

(4) 以互补对比为主的用色。

根据不同的需要、不同的场合、不同的表达内容,选择不同类型的用色,这就是颜色搭配。目前,为了使没有系统学习过美学的人能够驾驭配色技巧,出版了很多有关配色的书籍,其中一些书将二色配色、三色配色、多色配色的彩色样本奉献给读者,读者可以根据需要从中选择合适的配色方案。

1. 突出标准的配色

人们总是希望标准越醒目越好,可是有时却事与愿违。常见的问题是标题突出了,又怕文字不显眼,于是把文字再突出一些,结果全都突出了,也就没有了突出部分。

使标题突出的方法有两个。

(1) 加大字号,使标题字号与正文字号有足够大的差异。

(2) 为标题增加边框,边框颜色不应是文字颜色的相邻色。

如图 3-17 所示显示了增加标题醒目程度的基本方法。

如图 3-17(a)所示中的文字字号足够大,但作为标题与背景颜色靠得太近,不够醒目;如图 3-17(b)所示中的文字增加了边框,使其增加了醒目程度;如图 3-17(c)所示中的文字边框进行了虚化处理,产生了变化,不但使标题更加醒目,而且活跃了气氛,增加了美感。

(a) 一般标题　　　　　(b) 加边框的标题　　　　　(c) 虚化边框的标题

图 3-17　增加标题的醒目程度

2. 电脑演示的前景和背景颜色

在多媒体作品或者软件界面中,前景通常是指标题和文字,背景通常是指由单色、过渡色或图片构成的大面积背景。前景颜色与背景颜色的搭配要视应用场合和表达的中心内容而定。用于电脑演示的界面供显示器显示和大屏幕投影,在颜色搭配上应注意以下几点。

(1) 严肃、正式的场合,例如国际会议、教学环节、科学技术讲座,前景文字尽量采用白色、黄色等明度高的颜色,背景则采用明度低的颜色,并以冷色为主,例如蓝色、紫色。

为了增加标题的醒目程度和条理性,可以把颜色鲜明的色块、圆点或图形等放置在标题的前面。

(2)活跃的场合,例如广告、商品介绍等,前景要富于变化,主要体现在文字的字体、字号、颜色以及排列方式等方面。就颜色而言,文字的颜色要富于变化,例如采用一字一色,或者采用渐变色。背景则多采用经过处理的照片,把照片的明度和纯度降低,色调也要进行适当的调整。如图 3-18 所示是这类配色的例子。

图 3-18　活跃的配色

(3)喜庆的场合,例如婚礼、各种盛事、电影发布、举办音乐会海报等,色彩的运用以鲜艳、热烈、富于情感为主。世界各国对喜庆的颜色有着不同的习惯和理解。例如我国民间用红色表现热烈的气氛。喜庆用色通常是具有明度高、色相清晰、纯度高的配色方案。

3. 胶片投影的前景和背景配色

胶片投影是传统的投影方式,光线透过胶片照射到屏幕上时,产生影像。投影胶片上的配色与电脑显示的配色大不相同,应遵循如下规律。

(1)前景色要求明度低,经常采用蓝色、红色、黑色等纯度很高的颜色,以便突出主题。

(2)背景色的明度要高,常采用白色、乳白色、黄色、浅蓝色等纯度很低的颜色,使背景明亮,提高与前景的反差。

一般而言,如果前景是标题或文字的话,白底黑字是投影胶片常用的配色手法。如果是图片或者其他颜色较丰富的图案,则要尽量避免使用明度过低的颜色,以免由于透光性太差而影响投影效果。

3.3.6　色彩的象征意义

了解色彩的象征意义,引起人们对色彩的联想,是正确、有效地使用色彩的重要依据。人们对色彩的理解源于经验、经历和学习。例如看到红色就想到太阳;看到绿色犹如看到了一望无际的大草原;看到蓝色就自然联想到大海和天空等。表 3-2 列出了不同的色彩具有的不同象征意义。

表 3-2 中列出的大多数色彩意义是人类共同拥有的认识,但由于国家、地域、文化的不同,色彩的象征意义是有差异的,如果读者希望了解有关知识,可参考专门介绍色彩的书籍。

表 3-2　色彩的象征意义

颜色	直 接 联 想	象 征 意 义
红	太阳、旗帜、火、血	热情、奔放、喜庆、幸福、活力、危险
橙	柑橘、秋叶、灯光	金秋、欢喜、丰收、温暖、嫉妒、警告
黄	光线、迎春花、梨、香蕉	光明、快活、希望、帝王专用色、古罗马的高贵色
绿	森林、草原、青山	和平、生机盎然、新鲜、可行
蓝	天空、海洋	希望、理智、平静、忧郁、深远
紫	葡萄、丁香花	高贵、庄重、神秘、古希腊的国王服饰
黑	夜晚、没有灯光的房间	严肃、刚直、恐怖
白	雪景、纸张	纯洁、神圣、光明
灰	乌云、路面、静物	平凡、朴素、默默无闻、谦逊

3.4　多种数字信息的美学基础

人们对美学的研究,其目的是为了将美学应用在各个领域,使这个世界更加美丽。读者已经知道,美学通过绘画、色彩构成和平面构成为设计对象添加美感。

在多媒体产品中,除了界面需要美学设计以外,对图像、动画、声音等素材也需要美学设计,这是由于众多媒体素材是准确表达内容的主要手段和媒介,对它们进行的美学设计,可提高多媒体产品的品质、体现以人为本的设计思想。

3.4.1　图像美学

图像是多媒体演示画面的主体,在图像处理过程中融入美学设计思想,使图像具有美感和丰富的表现力。为了提高图像的美感,应在以下三个方面进行设计和处理。

1. 图像的真实性

图像的第一属性是形象、准确地表达自然现象和思想。因此,在某些要求精确的场合,保证图像的真实性是必要的,其工作主要在以下几个方面进行。

(1) 不对图像进行涂抹、剪贴等有可能毁坏图像本来面目的操作。

(2) 提高图像的明度和对比度,并作适当的锐化处理,以此提高图像的清晰度。

(3) 在一定尺寸下,图像的分辨率越高越清晰,在扫描图片时,应采用较高分辨率的扫描仪,例如 600dpi 或者 1200dpi,以便得到清晰度较高的图像。

(4) 由于拍摄条件和图像来源的限制,有些图像主体不突出,使辨别发生困难,这时需要去除与主体无关的部分。

（5）图像的缩放要慎重。使用任何图像处理软件对图像进行放大或缩小，都会造成图像清晰度的损失。

（6）图像的保存格式。图像可以采用很多文件格式保存，但某些文件格式会影响图像的保真度，例如 GIF 格式、JPG 格式等。由于这些文件采用数据压缩技术对图像进行压缩存放，图像的颜色数量、清晰度都会受到不同程度的影响，因此，在要求较高的场合，不宜使用上述文件格式保存图像，而应该采用没有损失或损失较小的图像文件格式，例如 TIF 格式、BMP 格式等。

2. 图像的情调

图像的情调用于表达人们心情、创造某种意境。它刻意渲染情感，使人们产生遐想，具有某种象征的意义，这与前面介绍的保证图像的真实性有很大不同，通过对图像进行大刀阔斧的处理，实现人们需要的情调。通常采用如下手段使图像产生某种情调。

（1）对图像进行去色处理，着重表现黑白艺术感。

（2）需要表现怀旧题材时，对图像进行色调调整，使其色调偏黄，并适当降低对比度。

（3）根据表 3-2 中列出的色彩的象征意义，把图像调整到需要的色调，就能使人们产生相应的联想。

（4）对图像主体以外的部分进行柔化处理，可以产生大光圈聚焦成像的视觉效果。当需要朦胧感觉时，对图像整体进行适度柔化，就会达到目的。

（5）当把图像用作背景时，需要降低图像的对比度和亮度，并做适当的色调调整。

3. 图像的选材

图像的使用场合不同，图像的选材也不同，原则如下。

（1）根据构图的需要选材。从图片的尺寸、色调到表现的主题，都需要精确的挑选，如图 3-19 所示显示了表现主题的选材过程。

（2）尽量选用清晰度高、彩色纯度高的图像素材。

（3）把照片用作素材时，应事先策划好文字在照片中的位置，拍照时留有余地。

（4）当图像素材取自印刷品时，由于印刷品上有网纹，因此在扫描或拍照后，需要利用图像处理软件降低图像的锐度，以减少网纹的影响。

（5）当一张图片不能满足设计需要时，应多准备几张图片，把每张图片需要的部分进行重新组合，这种手法在广告设计中经常使用。

3.4.2 动画美学

动画是随时间连续变化的图像，其特点是动态的、实时的。动画美学的研究课题与图像美学不同，图像美学研究的是静止状态的色彩和版面布局，而动画美学所涉及的是画面调度和运动模式。

动画美学的主要内容如下。

（1）注意画面的结构布局，为动画主体留出活动空间。

（2）设计动画的画面调度，主要在镜头移动、纵深运动、平面运动的模式和动画发生

(a) 选择主题

(b) 提炼主题

(c) 应用在设计中

图 3-19　图像主题的选材

顺序等方面进行设计。

（3）动画制作符合视觉规律。在设计时,遵循这样的规律:固定不动的物体构成背景的主要对象,起到画面均衡的作用;低速运动的物体给人以平稳的感觉;高速运动能够引起特别注意,起到着力渲染的作用。

（4）把握动画的运动节奏。动画主体的运动节奏通过对时间的掌握进行控制,这是动画制作中的重要环节。动画动作是否流畅、是否符合设计者的意图、是否与自然规律相符,都取决于动画时间的掌握。就帧动画而言,动画的运动速度与帧间的位置差成正比,两帧之间的位置差越大,视觉上物体移动速度就越快。

一般而言,动画的时间掌握以符合自然规律作为衡量尺度。但在动画片中,出于趣味性的需要,允许做适度的夸张。

（5）造型设计、动作设计。动画的造型和动作设计是动画美学中最重要的基本条件,它们决定了动画能否具有非常好的观赏性。好的动画造型给人以风趣、可爱、个性化的印象。动画造型的设计需要很强的绘画功底,还需要丰富的灵感。

动作的设计则要依靠动画专业的技巧,赋予动画人物以个性化的动作特点,例如得意洋洋的动作、舞蹈动作等。这是一个创造动画人物个性的过程。

在多媒体产品中,造型设计将主要针对文字的形态、设备的人格化、界面的风格等方面进行。动作设计则针对动作主体的运动模式、动作时间进行设计,甚至可以为动作主体设计个性化特点。

3.4.3 声音美学

声音随时间而连续变化,具有很强的实用性。声音美学的研究内容侧重于声音的质量、声音的特殊效果等方面。

1. 影响声音美感的因素

人们对声音美感的感觉是直接的,不好听、刺耳、有杂音等都是直接的感受。影响声音美感的主要因素有:

(1)清晰度。录音水平的高低、载体材质的差异、数字采样频率的高低、采样位数的多少等,都会影响声音的清晰度。

(2)噪声。一般而言,噪声无所不在,只有当噪声大到一定程度时,人们才会注意到。而且噪声大的声音会影响情绪。

噪声的来源主要有两个,一个是本底噪声,是声音本身在录制过程中产生的噪声;另一个是介质附加噪声,是声音在放大、保存过程中产生的噪声。

(3)音色。音色是声音的特质,音色不正直接影响听觉效果。与音色相关的因素有混响时间、声源特质、采样频率、采样位数等。

(4)旋律。旋律是人创作的,优美的旋律具有欣赏价值,受听众欢迎。狂噪的音响、怪异的声音、浓厚的重金属声只能说是一种声音,谈不上欣赏。

2. 美化声音

(1)提高清晰度。选择优质的载体材质,例如光盘。在存储空间允许的情况下,尽可能采用较高的采样频率、较多的位数记录数字音频。在多媒体作品中,由于存储空间的限制,一般采用 22 050Hz/8bit 的数字音频,过低的指标会严重影响声音的清晰度。

(2)降低噪声。在制作音乐或其他音响资料时,采用先进的录音设备、技术、降噪系统降低噪声。对多媒体作品的制作者而言,使用音频处理软件的特定功能,可以有效地降低噪声,并且尽可能使用信号/噪声比高的声源作为声音素材。

(3)选择悦耳的声音。在多媒体作品中,应尽量选择曲调优美、旋律流畅的音乐作为背景音乐,营造一个宁静、和谐的气氛,使人们处于一种良好的心态。

3.5 习 题

1. 美学设计的三要素是什么?

2. 美学的三个作用是什么?

3. 点、线、面的构图规则分别具有什么特点?

4. 电脑三原色是哪三种颜色?

3.6 实　　验

设计和制作多媒体产品,不仅需要各种多媒体硬件设备和软件工具,还需要了解美学在多媒体设计与制作过程中的作用和表现手段。通过本章实验,使读者对美学有一个感性认识,掌握美学的作用和表现手段;了解平面构图的规则与规则的应用;了解色彩构成与视觉效果等内容。

1. 实验目的

(1) 掌握美学的作用和表现手段。

(2) 了解平面构图的规则与规则的应用。

(3) 色彩构成与视觉效果。

2. 实验内容

(1) 掌握美学的作用和表现手段。包括:

* 美学在多媒体设计与制作过程中的作用;

* 在多媒体设计与制作过程中如何表现美学。

(2) 了解平面构图的规则与规则的应用。包括:

* 了解平面构图的规则;

* 应用规则来设计多媒体产品或作品。

(3) 了解色彩构成与视觉效果。包括:

* 了解色彩构成中三原色的作用及色彩三要素;

* 了解如何搭配颜色可以使作品更具感染力;

* 了解色彩的象征意义,并将其应用到多媒体设计与制作过程中。

3. 实验要求

(1) 根据颜色搭配要点,用 Word 制作彩色文本。

(2) 使用已掌握的软件,如画图工具或者 Word,设计一个具有装饰性的作品。

(3) 设计一个体现点构图方式的作品。

(4) 设计一个互为反转形态的对称性作品。

(5) 写出实验报告,包括实验名称、实验目的、实验步骤和实验思考。

第4章 图像获取与处理

自然界中多姿多彩的景物和生物,通过视觉感官在人的大脑中留下了印记,这种印记就是图像。图像是人类最容易接受的信息,它具有文字无法比拟的优点。随着计算机技术的发展,可以将图像数字化,进而使用计算机对图像进行编辑处理。在多媒体系统中,由于人们对图像所携带信息的理解快速而有效,因此,图像是最常用的一种媒体。

4.1 图像基本概念

图形图像作为一种视觉媒体,很久以前就已成为人类信息传输、思想表达的重要方式之一。在日常生活中,由于图的直观性和可理解性,有时使用语言和文字难以表述的事物,用一张简单的图就能够准确而精辟的表达。

4.1.1 图像信号的分类

图像是指绘制、摄制或印刷的形象。数字图像是指经由数码照相机、摄像机或扫描仪等设备输入,并以数字式存储在计算机中的图像信息,这些图像可以是照片或绘图等。图像通常有位图和矢量图。

1. 位图

位图(Bit Mapped Image)是指在空间和亮度上已经离散化了的图像,又称点阵图。它由数字阵列信息组成,阵列中的各项数字用来描述构成图像各个点(称为像素点)的亮度与颜色信息,与显示器上的点一一对应,因此称为位图映射图像,简称位图。如图 4-1 所示是一张位图。

图 4-1 位图图像

(1) 位图的分类

调用位图时,其数据存在于内存中,由一组计算机内存位组成,根据量化的颜色深度的不同,又可以分为单色图像、灰度图像和彩色图像三大类。

- 单色图像。图像中只有黑白两种颜色,"0"表示黑,"1"表示白,每个像素值只用一个二进制位表示的图像称为单色图像(Monoch-Rome Image),又称二值图像。一幅 640×480 的单色图像需要占据 37.5KB 的存储空间。
- 灰度图像。图像中把灰度分成若干个等级,用灰度表示层次,每个像素值用若干个二进制位表示的图像称为灰度图像(Gray-Scale Image)。通常,灰度分为 256 个等级,即每个像素值用 8 位二进制数表示,一幅 640×480 的灰度图像需要占据 300KB 的存储空间。

- 彩色图像。图像中把每种颜色分成若干个等级，每个像素值中用若干个二进制位表示的图像称为彩色图像（Color Image）。通常，使用 RGB 表示法，256 色图表示该图像中颜色的总数目不超过 $256(2^8)$ 种，真彩色表示该图像中颜色的总数目不超过 $16\,777\,216(2^{24})$ 种。一幅 640×480 的真彩色图需要占据 900KB 的存储空间。

（2）位图的特点

- 表达图像逼真。位图绘制过程即逐点映射过程，与图像的复杂程度无关；位图的表现能力强，适合表现大量的图像细节和层次，可以很好地反映明暗的变化、复杂的场景和颜色。
- 对硬件要求高。位图记录是由像素构成的图像，形成的文件比较大，因此处理高质量彩色图像时对计算机硬件平台要求较高。
- 缺乏灵活性能。位图像素之间没有内在联系而且它的分辨率是固定的，把图像缩小再恢复到它的原始大小时，即图像进行了缩放操作，此时清晰度会降低并出现锯齿，因此位图缺乏灵活性能。如图 4-2 所示给出了位图的图像效果及放大后的失真效果。

图 4-2　位图的图像效果及放大后的失真效果

- 文件数据量大。位图是由大量不同亮度和颜色的像素点组成，因此文件数据量较大。解决位图消耗大量存储空间的方法有两种，其一是使用海量数据存储器，例如可移动硬盘、数据磁带和光盘等；其二是使用数据压缩技术，用软件重新组织数据，一些压缩程序可以把点阵文件压缩为原始文件大小的十分之一，甚至更多，这将因图像的特点及压缩的效果而定。

2. 矢量图

矢量（Vector Based Image）图使用一组计算机指令集合来描述图形的内容，这些指令用来描述该图形的所有直线、圆、圆弧、矩形、曲线等图元的位置、维数和形状等，也称为面向对象的图像或绘图图像。例如，要显示一个正弦波的图形，可以使用 $y=\sin x$ 来描述图形。如图 4-3 所示是一张用指令描述的矢量图。

(1) 矢量图的原理

矢量图的描述方法是用数学的方式来描述一幅图形,因此在计算机上显示一幅图时,首先需要使用专门的软件读取并解释这些指令,然后再将它们转变成屏幕上显示的形状和颜色,最后通过使用实心的或者有等级深浅的单色或色彩填充一些区域而形成图形。由于大多数情况下不用对图像上的每一个点进行

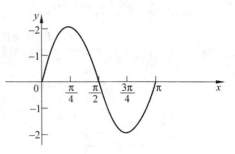

图 4-3　用指令描述的矢量图

采样和量化保存,所以需要的存储量很少,但显示时需要的计算时间较多。

编辑这种矢量图形的软件通常称为绘图程序(Draw Program),例如 Autodesk 公司开发的 AutoCAD 软件,就特别适合绘制机械图和电路图等。

(2) 矢量图的特点

- 压缩后不变形。矢量图充分利用了输出器件的分辨率,尺寸可以任意变化而不损失图像的质量,图形压缩后不会变形;矢量集合只是简单地命令输出设备创建一个给定大小的图形物体,并采用尽可能多的点,因此输出器件输出的点越多,同样大小的图形就越光滑。

- 局部可处理性。构成矢量图的各个部件是相对独立的,因此在矢量图中可以只编辑修改其中某一单个物体而不影响图中的其他物体,无论放大、缩小或旋转等都不会失真,图形矢量化使得图中的各个部分可以分别作出控制,因此矢量图具有局部可处理性。如图 4-4 所示给出了矢量图的图像效果及放大后的效果。

图 4-4　矢量图的图像效果及放大后的效果

- 文件数据量小。图形是对图像进行抽象化的结果,它使用图形指令集合取代原始图像,去掉不相关的信息,并在格式上进行变换;使用直线和曲线描述图形的元素是一些点、线、圆、矩形、多边形和弧线等,它们都是通过数学公式计算获得的,因此矢量图形文件一般较小。

- 不易描述复杂图。当图变得复杂时,计算机需要花费很长的时间去执行绘图指令,才能够把一幅图显示出来;对于一般复杂的彩色照片,不易用数学来描述,即不易用矢量图来表示,因此难以表现色彩层次丰富的逼真图像效果。

矢量图与位图的比较如表 4-1 所示。

表 4-1　矢量图像与位图图像的比较

图像类型	文件内容	文 件 容 量	显 示 速 度	应 用 特 点
矢量图	图形指令	与图的复杂程度有关	图越复杂,需要执行的指令越多,显示越慢	易于编辑,适合"绘制"和"创建",但表现力受限
位图	图像点阵数据	与图的尺寸、色彩有关	与图的内容有关	适合"获取"和"复制"。表现力丰富,但编辑较麻烦

4.1.2　图像信号的指标

图像信号的指标包括分辨率、图像深度、显示深度、颜色类型和 Alpha 通道。

1. 分辨率

分辨率是影响位图质量的重要因素,它有三种形式,即显示分辨率、图像分辨率和打印分辨率。应该正确理解这三者间的区别。

(1) 显示分辨率

显示分辨率(Display Resolution)确定屏幕上显示图像的区域的大小。显示分辨率有最大显示分辨率和当前显示分辨率之分。最大显示分辨率是由物理参数,即显示器和显示卡(显示缓存)决定的。当前显示分辨率是由当前设置的参数决定的。

(2) 图像分辨率

图像分辨率(Image Resolution)是指数字图像的尺寸,即该图像的水平和垂直方向上的像素个数。例如,一幅图像的分辨率为 320×240。图像分辨率也是图像像素密度的度量方法,用每英寸像素数(Dot Per Inch,dpi)表示。对于同样大小的一幅原图,如果数字化时图像分辨率高,则组成该图像的像素点数目就多,图像看起来就越清晰逼真。图像分辨率在图像输入或输出时起作用,它决定图像的点阵数,而且不同的分辨率也会造成不同的图像清晰度。如图 4-5 所示给出了三种不同的图像分辨率下获取的图像。如图 4-6 所示给出了图像分辨率和图像清晰度的关系。

300dpi

96dpi

21dpi

图 4-5　三种不同的图像分辨率下获取的图像

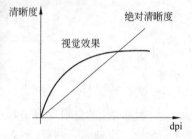

图 4-6　图像分辨率和图像清晰度的关系

按照不同的图像分辨率来扫描一幅图像,可以看出图像分辨率与显示分辨率的关系和不同;如果图像的像素点数大于显示分辨率的像素点数,则该图像在显示器上只能显示出图像的一部分;只有当图像分辨率与显示分辨率相同时,一幅图像才能充满整屏。对于14 英寸的显示器,当显示分辨率设置为 800×600 时,屏幕上 1 英寸约有 72 个像素点,这时如果用 72dpi 的图像分辨率来扫描一幅图像,则屏幕上显示的图像大小基本就是原图的大小。

【例 4-1】 分别计算图像分辨率为 72dpi 和 300dpi 的 1 英寸×1 英寸的图像所包含的像素数目是多少?

解:对于 72dpi、1 英寸×1 英寸的图像,总像素数目＝72×1×72×1＝5184

对于 300dp、1 英寸×1 英寸的图像,总像素数目＝300×1×300×1＝90 000

【例 4-2】 当使用扫描仪扫描彩色图像时,如果采用 300dpi 来扫描一幅 8 英寸×10 英寸的彩色图像,那么得到的图像的像素数目是多少?

解:8×300＝2400,10×300＝3000。因此得到的图像像素数目为 2400×3000。

(3) 打印分辨率

打印分辨率(Printer Resolution)是打印机输出图像时采用的分辨率。不同打印机的最高分辨率是不同的,而且同一台打印机也可以使用不同的分辨率打印。一般而言,打印分辨率越高,打印质量就越好。但打印机的种类繁多,例如激光打印机、喷墨打印机和热升华打印机,由于它们采用的打印方式不同,因此即使采用相同的分辨率打印,其输出的图像质量也不同。不同的打印机品牌也有打印质量不同的现象。

2. 图像深度

图像深度(Image Depth)也称位深度、颜色深度或像素深度,是描述图像中每个像素值所占二进制位数。它决定了彩色图像中可以出现的最多颜色数,或灰度图像中的最大灰度等级数。如表 4-2 所示给出了图像深度与图像显示颜色数目之间的关系。

表 4-2　图像深度与图像显示颜色数目之间的关系

图像深度	图像颜色总数	图 像 名 称
1	$2(2^1)$	单色图像(黑白二值)
4	$16(2^4)$	索引 16 色图像
8	$256(2^8)$	索引 256 色图像
16	$65\,536(2^{16})$	HI-Color 图像(实际只显示 32 768 种颜色)
24	$16\,772\,216(2^{24})$	True Color 图像(真彩色)
32	$4\,294\,967\,296(2^{32})$	True Color 图像(真彩色)

屏幕上的每一个像素都要在内存中占一个或多个二进制位,以存放与它相关的颜色信息。图像深度决定了位图中出现的最大颜色数。常用图像深度有四种,分别是 1、4、8、24。

3. 显示深度

图像深度是数字图像文件中记录一个像素点所需要的二进制位数,而显示深度(Display Depth)则表示显示缓存中记录屏幕上一个像素点的位数,即显示器可显示的颜色总数。因此,当显示一幅图像时,屏幕上呈现的颜色效果与图像文件所提供的颜色信息有关,即与图像深度有关;也与显示器当前可容纳的颜色容量有关,即与显示深度有关。

(1) 显示深度大于图像深度

在这种情况下,屏幕上的颜色能够比较真实地反映图像文件的颜色效果。例如,当显示深度为 24 位,图像深度为 8 位时,屏幕上可以显示按该图像调色板选取的 256 种颜色;图像深度为 4 位时,屏幕上可以显示 16 种颜色。这种情况下,显示的颜色完全取决于图像的颜色定义。

(2) 显示深度等于图像深度

在这种情况下,如果用真彩色显示模式来显示真彩色图像,或者显示调色板与图像调色板一致时,屏幕上的颜色能较真实地反映图像文件的色彩效果。反之,如果显示调色板与图像调色板不一致,则显示颜色会出现失真。

(3) 显示深度小于图像深度

在这种情况下显示的颜色会出现失真。例如,如果显示深度为 8 位,那么需要显示一幅真彩色的图像时,显然达不到应有的颜色效果。

综上分析,很容易理解为什么有时用真彩色记录图像,但在 VGA 显示器上显示的颜色却不是原图像的颜色。因此,在多媒体应用中,图像深度的选取要从应用环境出发综合考虑。

4. 颜色类型

图像颜色需要使用三维空间来表示,例如 RGB 颜色空间。而颜色的空间表示法不是唯一的,所以每个像素点的图像深度分配还与图像所使用的颜色空间有关。下面以最常用的 RGB 颜色空间为例,图像深度与颜色的映射关系主要有真彩色、伪彩色和调配色三种。

(1) 真彩色

真彩色(True-Color)是指图像中的每个像素值都分成 R、G、B 三个基色分量,每个基色分量直接决定其基色的强度,这样产生的颜色称为真彩色。

例如,图像深度为 24,如果用 R∶G∶B=8∶8∶8 来表示颜色,则 R∶G∶B 各占用 8 位来表示各自基色分量的强度,每个基色分量的强度等级为 $2^8=256$ 种。图像可以容纳 $2^{24}=16\,777\,216=16\text{MB}$ 种色彩。这样得到的颜色可以反映原图的真实色彩,因此称为真彩色。

(2) 伪彩色

伪彩色(Pseudo-Color)是指图像中的每个像素值实际上是一个索引值或代码值,该代码值作为颜色查找表(Color Look-Up Table,CLUT)中某一项的入口地址,根据该地址可以查找出包含实际 R、G、B 的强度值,这种用查找映射的方法产生的色彩称为伪彩色。

用这种方式产生的颜色本身是真的,不过它不一定反映原图的颜色。在 VGA 显示系统中,调色板就相当于颜色查找表。如图 4-7 所示的 16 色标准 VGA 调色板的定义,可以看出这种伪彩色的工作方式。调色板的代码对应 RGB 颜色的入口地址,颜色即调色板中 RGB 混合后对应的颜色。

代码	R	G	B	颜色名称	效果
0	0	0	0	黑(Black)	
1	0	0	128	深蓝(Navy)	
2	0	128	0	深绿(Dark Green)	
3	0	128	128	深青(Dark Cyan)	
4	128	0	0	深红(Maroon)	
5	128	0	128	紫(Purple)	
6	128	128	0	橄榄绿(Olive)	
7	192	192	192	灰白(Light Gray)	
8	128	128	128	深灰(Dark Gray)	
9	0	0	255	蓝(Blue)	
10	0	255	0	绿(Green)	
11	0	255	255	青(Cyan)	
12	255	0	0	红(Red)	
13	255	0	255	品红(Magenta)	
14	255	255	0	黄(Yellow)	
15	255	255	255	白(White)	

图 4-7　16 色标准 VGA 调色板

伪彩色一般用于 65KB(2^{16})色以下的显示方式中。标准调色板是在 256KB 色谱中按色调均匀地选取 16 或 256 种颜色。在一般应用中,有的图像往往偏向于某一种或几种色调,此时如果采用标准调色板,则颜色失真较多。因此,同一幅图像,采用不同的调色板显示可能会出现不同的颜色效果。

(3) 调配色

调配色(Direct-Color)的获取是通过每个像素点的 R、G、B 分量分别作为单独的索引值进行交换,经相应的颜色变换表找出各自的基色强度,用变换后的 R、G、B 强度值产生颜色。

调配色与伪彩色相比,相同之处是都采用查找表,不同之处是前者对 R、G、B 分量分别进行查找变换,后者是把整个像素当做查找的索引进行查找变换。因此调配色的效果一般比伪彩色好。

调配色与真彩色相比,相同之处是都采用 R、G、B 分量来决定基色强度,不同之处是前者的基色强度由 R、G、B 经变换后得到,而后者是直接用 R、G、B 决定。在 VGA 显示系统中,用调配色可得到相当逼真的彩色图像,虽然其颜色数受调色板的限制只有 256 色。

5. Alpha 通道

Alpha 通道又可以写成 α 通道,是一个 8 位的灰度通道,该通道用 256 级灰度来记录图像中的透明信息,定义透明、不透明和半透明区域。其中黑表示全透明,白表示不透明,灰表示半透明。即 Alpha 通道就是一个存储控制图像透明属性信息的通道。它起到的作用实际上是让图像中一个像素显示、或不显示、或显示多、或显示少。例如,JPG 格式中没有 Alpha 通道,当把一个具有透明背景的图像存储为 JPG 格式时,原来透明的背景自动填上了白色；如果存成支持 Alpha 的 PSD、EPS、GIF 或 PNG 格式时，原来透明的地方仍然可以保持透明。

例如，一个使用 16 位存储的图像可能用 5 位表示红色，用 5 位表示绿色，用 5 位表示蓝色，用 1 位表示 Alpha；在这种情况下，它要么表示透明，要么表示不透明。又如，一个使用 32 位存储的图像，就是在 24 位真彩色图像的基础上再增加一个表示图像透明度信息的 Alpha 通道(8 位)；在这种情况下，就不仅可以表示透明还是不透明，Alpha 通道还可以表示 256 级的半透明度。

因为在 Alpha 通道中只显示三种颜色，即黑色、白色和灰色，黑色区域表示未选取的范围，白色区域表示选取的范围，灰色将依据其灰度值创建对应程度的羽化选区。所以在 Alpha 通道中，选区的形状是白色部分存储下来的。图像编辑软件 Photoshop 在 Alpha 通道中将选区作为图像来编辑，这与其他任何创建选区的方法相比，有着不可比拟的优势，其最大的优点就是几乎可以使用 Photoshop 中的任何工具或滤镜来修改选区。

4.2　图像颜色构成

我们生活的大千世界是一个彩色的世界。视觉是人们认识世界的窗户，客观世界作用于人的视觉器官，通过视觉器官形成信息，从而使人产生感觉和认识。由于人的视觉对于色彩有着特殊的敏感性，因此颜色所产生的美感魅力往往更为直接。人们在观察景物时，视觉的第一印象就是颜色的感觉。显然，颜色在视觉艺术中具有十分重要的美学价值。现代色彩生理、心理实验结果表明，颜色能唤起人们各种不同的情感联想。

4.2.1　颜色来源

物体由于内部物质的不同，受光线照射后，产生光的分解现象。一部分光线被吸收，其余的被反射或折射出来，成为我们所见的物体颜色。所以颜色和光有着密切的关系，同时还与被光照射的物体有关，并与观察者有关。

颜色是人的视觉系统对可见光的一种感知结果，感知到的颜色由光波的频率决定。即颜色是人的大脑对物体的一种反应，是人的一种感觉。世界之所以五彩缤纷，全都是因为有了光，而我们之所以能感受到世界的光彩，不只因为我们有一双眼睛，更因为我们有发达的视神经网络和大脑。

光波是一种具有一定频率范围的电磁波，其波长覆盖的范围很广。电磁波中只有一小部分能够引起眼睛的兴奋而被感觉，其波长大约在 350～750nm(纳米)的范围中。如图 4-8 所示显示了电磁波谱。如图 4-9 所示显示了可见光谱，及眼睛感知到的颜色和波长之间的对应关系。

图 4-8　电磁波谱

图 4-9　可见光谱

综上所述,颜色的实质是一种光波。它的存在是因为有三个实体,光线、被观察对象和观察者。颜色是被观察对象吸收或反射不同波长的光波而形成的。例如,在一个晴朗的日子里,我们看到阳光下的某物体呈现红色,是因为它吸收了其他波长的光,而把红色波长的光反射到人眼里的缘故。当然,人眼所能感受到的只是波长在可见光范围内的光波信号。当各种不同波长的光信号一同进入我们眼睛的某一点时,视觉器官会将它们混合起来,作为一种颜色接受下来。

本身不发光的物体,无论是透明的还是不透明的,都或多或少地反射投于其上的光,也都或多或少地吸收光。透明的物体对光的反射和吸收较少,大部分光都通过折射和散射而透过去;不透明的物体则以反射和吸收为主,通过折射透过去的光很少,甚至没有透射光。由于物体表面的光滑程度或物质成分不同,它们对于光反射、折射、散射和吸收的情况也有所不同,因而所呈现的颜色就有所不同。

4.2.2　颜色描述

纯颜色通常使用光的波长来定义,用波长定义的颜色叫做光谱色(Spectral Color)。除了用波长描述颜色外,还可以通过大脑对不同颜色的感觉来描述。这些感觉由国际照明委员会(Commission Intenational del' Eclairage,CIE)做了定义,使用颜色的三个特征来区分颜色,分别是亮度、色调和饱和度,它们是颜色所固有的并且是截然不同的特性。

1. 亮度

亮度(Intensity)或称为明度(Brightness),是光作用于人的眼睛时所引起的明亮程度的感觉。它与被观察物体的发光强度有关,强度的大小,决定我们的感觉亮或暗。通常使用 0(黑色)至 100%(白色)的百分比来度量。

如果彩色光的强度降到人们看不到了,那么在亮度这个分量上就可以以黑色对应;如果彩色光的强度变得很大,那么亮度就可以以白色对应。亮度是非彩色的属性,它描述亮还是暗,彩色图像中的亮度对应于黑白图像中的灰度。

如果对同一物体照射的光越强,反射光也越强,则越亮;如果对不同物体在相同照射情况下,则反射越强者看起来越亮。例如镜子的反射。此外,亮度还与人类视觉系统的视觉敏感函数相关,即使强度相同,不同颜色的光照射同一物体时也会产生不同的亮度。

亮度也可以说是指各种纯正的颜色相互比较所产生的明暗差别。在纯正光谱中,黄色的亮度最高,显得最亮;其次是橙、绿;然后是红、蓝;紫色亮度最低,显得最暗。

2. 色调

色调(Hue)是当人眼看到一种或多种波长的光时所产生的彩色感觉,它反映颜色的种类,是决定颜色的基本特征。有时候也称为色相。

色调是颜色的属性,它描述真正的色彩,例如纯红、纯黄和纯绿,以及它们之间的某些颜色等。当说到颜色时,色调最能直接说明彩色这个概念。绘画中要求有固定的颜色感觉、有统一的色调,否则难以表现画面的情调和主题。某一物体的色调,是指该物体在日光照射下所反映的各光谱成分作用于人眼的综合效果;对于透明的物体,则是透过该物体的光综合作用的结果。

色调是相对连续变化的。太阳光带中有六个标准色,即红、黄、绿、蓝、紫、橙;六个中间色,即红橙、黄橙、黄绿、蓝绿(青)、蓝紫、红紫(品红),合称十二色相或色调。把不同的色调按照红橙黄绿青蓝紫的顺序衔接起来,就形成了一个色调连续变化过渡的圆环,称做为色相环,简称色环,如图 4-10 所示。

3. 饱和度

饱和度(Saturation),也成为纯度(Chroma),是指颜色的纯度,即色度中灰色所占比例,或者说掺入白光的程度。通常使用 0(灰色)~100%(完全饱和,纯色)的百分比来度量。

饱和度是颜色的另一个属性,它描述纯颜色被白色冲淡的程度,高饱和度的颜色含有较少的白色。自然光中的红、橙、黄、绿、蓝、紫光色是纯度最高的颜色。饱和度也可以指颜色的深浅程度。对于同一个色调的彩色光,饱和度越深颜色越鲜明或者说颜色越纯。例如,当红色加进白光后冲淡为粉红色,其基本色调还是红色,而饱和度降低。但如果在某色调的彩色光中,掺入别的彩色光,则会引起色调的变化,即基本的颜色变了。只有掺入白光时,才会引起饱和度的变化。

饱和度还和亮度有关,如果在饱和的色彩中加入白色光的成分,增加了光的强度,则会变得更亮,但它的饱和度降低了。如果增加黑色光的成分,相当于降低了光强,因而变得更暗了,其饱和度也降低了。所以同一色调越亮或越暗,越不纯。

通常,使用如图 4-11 所示的颜色圆来表示亮度、色调和饱和度。其中沿着圆周表示色调;沿径向表示饱和度,饱和度从中心到边缘递增;沿垂直方向表示亮度。

图 4-10　十二色相环

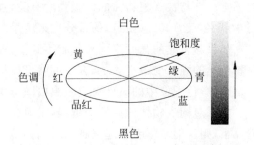

图 4-11　利用颜色圆来表示亮度、色调和饱和度

一般把色调和饱和度称为色度,那么上述内容可以总结为亮度表示某颜色光的明亮程度,色度表示颜色的类别和深浅程度。

4.2.3　颜色构成

自然界中的物体本身没有颜色,人们之所以能看到物体的颜色,是由于物体不同程度地吸收和反射了某些波长的光线所致。

1. 三基色原理

根据颜色理论,基色中包含颜料三基色和光的三基色两个系统,它们各自有自己的理论范畴。

(1) RYB 颜料三基色

在绘画中,使用三种基本颜料 R(红)、Y(黄)、B(蓝),可以混合搭配出很多种颜色,这就是颜料的三基色。颜料是绘画的基本原料,而掌握颜料三基色的搭配,是绘画的基本功。颜料三基色搭配的基本规律如图 4-12(a)所示。

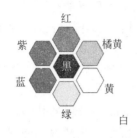 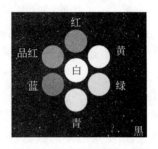

(a) 颜料三基色搭配的基本规律   (b) 光的三基色搭配的基本规律

图 4-12   颜料三基色和光的三基色搭配的基本规律

(2) RGB 光的三基色

自然界中常见的各种颜色光,都可以由 R(红)、G(绿)、B(蓝)三种颜色光按照不同比例相配而成。同样,绝大多数颜色也可以分解成红、绿、蓝三种色光,这就是三基色原理,或称为 RGB 原理。光的三基色搭配的基本规律如图 4-12(b)所示。

三基色选择不是唯一的,也可以选择其他三种颜色光作为三基色,但三种颜色光必须相互独立,即任何一种颜色光都不能由其他两种颜色光合成。现代颜色视觉理论中的三色学说认为人眼的锥状细胞由红、绿、蓝三种感光细胞组成,对红、绿、蓝三种颜色光最敏感,因此由这三种颜色光搭配所得到的颜色范围最广,所以一般都选择这三种颜色光作为基色。

计算机显示器是根据光的三基色原理制造的。彩色显示器产生颜色的方式类似于大自然中的发光体。在显示器内部有一个和电视机一样的显像管,当显像管内的电子枪发射出能量不同的电子流打在荧光屏内侧的磷光片上时,磷光片就产生发光效应。三种不同性质的磷光片分别发出红、绿、蓝三种光波,计算机程序量化地控制电子束强度,由此精确控制各个磷光片的光波的波长,再经过合成叠加,就模拟出自然界中的各种色光。

2. 相加混色

把 RGB 光的三基色按照不同比例混合,称为相加混色。由红、绿、蓝三基色进行相加混色的情况如下。

红色＋绿色＝黄色

红色＋蓝色＝品红

绿色＋蓝色＝青色

红色＋绿色＋蓝色＝白色

RGB 光的三基色又称为加色三基色,加色混合后亮度会越来越亮。两种颜色光混合后光度高于两色各自原来的光度,合色越多,被增强的光线越多,就越接近于白色。凡是两种颜色光相加而成白光,这两种色光互为补色(Complementary Colors)。例如青色和红色、品红和绿色、黄色和蓝色互为补色。互补色是彼此之间最不一样的颜色,这就是人眼能看到除了基色之外其他颜色的原因。

相加混色不仅运用三基色原理,还利用了人眼的视觉特性。常用的相加方法有三种。

(1) 时间混色法。将三基色按照一定比例轮流投射到同一屏幕上,由于人眼的视觉惰性,只要交替速度足够快,产生的彩色视觉与三基色直接相混时一样。

(2) 空间混色法。将三基色同时投射到彼此距离很近的点上,利用人眼分辨力有限的特性而产生混色,或者使用空间坐标相同的三基色光的同时投射产生合成光。

(3) 生理混色法。利用两只眼睛分别观看两个不同颜色的同一景象,也可以获得混色效果。

3. 相减混色

在彩色印刷中,通常使用青(Cyan)、品红(Magenta)、黄(Yellow)三基色。在白光中减去不需要的颜色,留下所需要的颜色,称为相减混色。相减混色利用了滤光特性,在白光照射下,青色颜料吸收红色而反射青色,黄色颜料吸收蓝色而反射黄色,品红颜料吸收绿色而反射品红。由青、品红、黄相减混色的情况如下。

$$黄色 = 白色 - 蓝色$$

$$青色 = 白色 - 红色$$

$$品红 = 白色 - 绿色$$

$$黑色 = 白色 - 蓝色 - 绿色 - 红色$$

CMY 印刷三基色又称为减色三基色,减色混合后亮度会越来越暗。CMY 三基色的混合,也称为减色混合,是光线的减少。两种颜料混合后,光度低于两色各自原来的光度,合色越多,被吸收的光线越多,就越接近于黑。所以,调配次数越多,纯度越差,越是失去它的单纯性和鲜明性。

如果两种颜色光相加呈现白光,两种颜料颜色相混呈现黑色,那么这两种颜色光或颜料色即互为补色。颜料色的补色关系与颜色光是不同的。互为补色的颜色光加色相混得白光,互为补色的颜料色减色相混得到黑色。

4. 亮度方程

从理论上讲,任何一种颜色都可以使用三基色按照不同比例叠加得到。三种颜色的光强越强,到达人眼的光就越多;它们的比例不同,看到的颜色就不同;没有光到达眼睛,就是一片漆黑。当三基色按照不同强度叠加时,总的光强增强,并可以得到任何一种颜色。因此,三基色的大小决定颜色光的亮度,混合色的亮度等于各基色分量亮度之和。三基色的比例决定混合色的色调,当三基色混合比例相同时,呈现的是灰色。

由于人眼对于相同亮度单色光的主观亮度感觉不同,所以当使用相同亮度的三基色叠加时,如果把叠加之后所得到的单色光亮度定为 100%,那么人的主观感觉是绿光仅次于白光,是三基色中最亮的;红光次之,亮度约占绿光的一半;蓝光最弱,亮度约占红光的 1/3。当白光的亮度用 Y 来表示时,它和红、绿、蓝三色光的关系可以分别用式(4-1)和式(4-2)所示的亮度方程描述。

$$\text{NTSC 制式：} Y = 0.299R + 0.587G + 0.114B \tag{4-1}$$

$$\text{PAL 制式：} Y = 0.222R + 0.707G + 0.017B \tag{4-2}$$

两个公式不同的是由于所选取的显示三基色不同。

4.2.4 颜色空间

颜色空间是组织和描述颜色的方法之一,也可以称为颜色模型。例如,一个典型的描述颜色的模型是采用色调、饱和度和亮度。这三个分量定义了一个颜色空间,即一个三维模型,其中一条轴用以表示色调,一条轴用以表示饱和度,还有一条轴表示亮度。在一个典型的多媒体计算机系统中,常常涉及用几种不同的颜色空间表示图形和图像的颜色,以对应不同的场合和应用。因此,数字图像的生成、存储、处理及显示时对应不同的颜色空间需要作不同的处理和转换。

1. RGB 颜色空间

一个能发出光波的物体称为有源物体,其颜色由该物体发出的光波决定,使用 RGB 相加混色模型。计算机彩色显示器的输入需要 RGB 三个彩色分量,通过三个分量的不同比例相加,在显示屏幕上合成所需要的任意颜色。这种颜色表示方法称为 RGB 颜色空间表示法。

在 RGB 颜色空间中,任意彩色光 C 的配色方程可以表达为

$$C = R(红色百分比) + G(绿色百分比) + B(蓝色百分比)$$

2. CMY 颜色空间

一个能不发光波的物体称为无源物体,其颜色由该物体吸收或反射哪些光波决定,使用 CMY 相减混色模型。彩色印刷或彩色打印的纸张是不能发射光线的,因而印刷机或彩色打印机就只能使用一些能够吸收特定的光波而反射其他光波的油墨或颜料。油墨或颜料的三基色是青色(C)、品红(M)和黄色(Y)。青色对应蓝绿色,品红对应紫红色。理论上,任何一种由颜料表现的颜色都可以同这三种基色按不同的比例混合而成,这种颜色表示方法称为 CMY 颜色空间表示法。彩色打印机和彩色印刷系统都采用 CMY 颜色空间。

原理上,青色、品红和黄色三基色混合在一起就变成黑色。但由于彩色墨水和颜料的化学特性,青色与红色、品红与绿色、黄色与蓝色,各组颜色的混合都接近于黑,实际上只是变成不鲜明的浓色而已。因此,印刷上会在三基色以外再加上一个黑色(Black Ink),使用 C、M、Y、K 四色。

3. YUV 和 YIQ 颜色空间

在现代彩色电视系统中,使用 YUV 和 YIQ 模型表示彩色图像。PAL 彩色电视制式中使用 YUV 模型,其中 Y 表示亮度信号,U、V 表示色差信号,构成颜色的两个分量。NTSC 彩色电视制式中使用 YIQ 模型,其中 Y 代表亮度信号,I、Q 表示色差信号,构成颜色的两个分量。这种颜色表示法称为 YUV 和 YIQ 颜色空间表示法。

(1) YUV 颜色空间特点

亮度信号(Y)和色度信号(U,V)是相互独立的,也就是 Y 信号分量构成的黑白灰度图与用 U、V 信号构成的另外两幅单色图是相互独立的。由于 Y、U、V 是独立的,所以可以对这些单色图分别进行编码。黑白电视机能够接收彩色电视信号就是利用了 YUV 分

量之间的独立性。

人眼对彩色图像细节的分辨本领比对黑白图像低,因此对色差信号 U、V 可以采用大面积着色原理,即用亮度信号 Y 传送细节,用色差信号 U、V 进行大面积涂色。因此,彩色信号的清晰度由亮度信号的带宽保证,而把色差信号的带宽变窄。正是由于这个原因,在彩色电视系统中采用了 YUV 颜色空间,数字化表示通常采用 Y∶U∶V＝8∶4∶4 或 Y∶U∶V＝8∶2∶2。

例如,Y∶U∶V＝8∶2∶2 的具体做法是:对亮度信号 Y,每个像素都用 8 位二进制数表示(可以有 256 级的亮度),而 U、V 色差信号每 4 个像素点用一个 8 位数表示,即画面的粒子变粗,但这样能节约存储空间,将一个像素用 24 位表示压缩为用 12 位表示,节约了 1/2 存储空间,而人眼基本上感觉不出来这种细节的损失,这实际上也是图像压缩技术的一种方法。

（2）YIQ 颜色空间特点

美国和日本等国采用了 NTSC 制式,选用的是 YIQ 彩色空间。Y 仍是亮度信号,I、Q 仍为色差信号,它们与 U、V 不同,但可以相互转换。

人眼的彩色视觉特性表明,人眼分辨红、黄之间颜色变化的能力最强,而分辨蓝、紫之间颜色变化的能力最弱。通过一定的变化,I 对应于人眼最敏感的色度,而 Q 对应于人眼最不敏感的色度。这样,传送 Q 信号时可以使用较窄的频带,而传送分辨率较强的 I 信号时可以使用较宽的频带。对应于数学化的处理,可以用不同位数的字节数来记录这些分量。

4. HSI 颜色空间

从人的视觉系统出发,用色调(色相)、饱和度(纯度)和亮度(明度)来描述颜色。这种颜色表示方法称为 HSI 颜色空间表示法。HSI 颜色空间可以用一个如图 4-13 所示的圆锥空间模型来描述。虽然使用这种描述 HSI 颜色空间的圆锥模型相当复杂,但的确能把色调、亮度和饱和度的变化情形表现得很清楚。

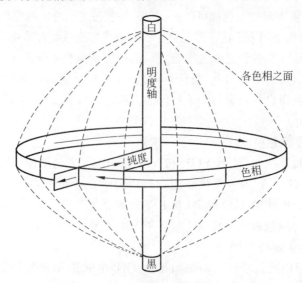

图 4-13　HIS 颜色圆锥空间模型线条示意图

通常把色调和饱和度统称为色度,用来表示颜色的类别与深浅程度。由于人的视觉对亮度的敏感程度远强于对颜色浓淡的敏感程度,为了便于颜色处理和识别,人的视觉系统经常采用 HSI 颜色空间,它比 RGB 颜色空间更符合人的视觉特性。采用 HSI 颜色空间,可以减少彩色图像处理的复杂性、增加快速性,它更接近人对彩色的认识和解释。例如,对色调、饱和度和亮度通过算法进行操作。在图像处理和计算机视觉中的大量算法,都可以在 HSI 颜色空间中方便地使用。它们可以分开处理而且是相互独立的,因此 HSI 颜色空间可以大大简化图像分析和处理的工作量。

5. 颜色空间转换

RGB、HSI、YUV、YIQ、CMY 等不同的颜色空间只是同一个物理量的不同表示方法,因而它们之间存在着相互转换的关系,这种转换可以通过数学公式的运算而得。

(1) RGB 与 CMY 颜色空间的转换

CMY 为减基色,RGB 为加基色,两个颜色空间正好互补,即用白色减去 RGB 颜色空间中的某一个颜色值就等于同种颜色在 CMY 颜色空间中的值。RGB 颜色空间与 CMY 颜色空间的互补关系如表 4-3 所示。

表 4-3　RGB 颜色空间与 CMY 颜色空间的互补关系

RGB 相加混色	CMY 相减混色	对应颜色	RGB 相加混色	CMY 相减混色	对应颜色
000	111	黑	100	011	红
001	110	蓝	101	010	品红
010	101	绿	110	001	黄
011	100	青	111	000	白

(2) YUV 与 RGB 之间的转换

YUV 颜色空间与 RGB 颜色空间的转换关系见式(4-3)。

$$\begin{cases} Y = 0.229R + 0.587G + 0.114B \\ U = -0.147R - 0.289G + 0.436B \\ V = 0.615R - 0.515G - 0.100B \end{cases} \tag{4-3}$$

(3) YIQ 与 RGB 之间的转换

YIQ 颜色空间与 RGB 颜色空间的转换关系见式(4-4)。

$$\begin{cases} Y = 0.299R + 0.587G + 0.114B \\ I = 0.596R - 0.275G - 0.321B \\ Q = 0.212R - 0.523G + 0.311B \end{cases} \tag{4-4}$$

(4) HSI 与 RGB 之间的转换

HSI 颜色空间与 RGB 颜色空间的转换关系见式(4-5)。

$$\begin{cases} I = (R + G + B)/3 \\ H = [90 - \arctan(F/\sqrt{3}) + \{0, G > B; 180, G < B\}] \\ F = (2R - G - B)/(G - B) \\ S = 1 - [\min(R,G,B)/I] \end{cases} \tag{4-5}$$

在实际应用中,一幅图像在计算机中用 RGB 颜色空间显示;在彩色电视系统中用 YUV 或 YIQ 颜色空间表示;在计算机图像处理中用 RGB 颜色空间或 HSI 颜色空间编辑;在打印输出时要转换成 CMY 颜色空间;如果需要印刷,则需要转换成 C、M、Y、K 四幅印刷分色图,用于套印彩色印刷品。

4.3 数字化图像

如同声音信号是基于时间的连续函数,在现实空间,以照片形式或视频记录介质保存的图像,其灰度与颜色等信号都是基于二维空间的连续函数。计算机无法接收和处理这种空间分布和灰度与颜色取值均连续分布的图像。因此,图像信号必须经过一定的变化和处理,变成二进制数据后才能送到计算机进行再编辑和存储。

4.3.1 数字化图像的概念

图像信号的数字化,就是按照一定的时间间隔自左到右、自上而下提取画面信息,并按照一定的精度对样本的亮度与颜色进行量化的过程。图像数字化是计算机图像处理中最基本的步骤,其意义就在于把真实的图像转变成计算机所能接受的、由许多二进制数 1 和 0 组成的数字图像文件。

图像信号数字化的过程是在扫描仪、数码照相机等图像输入设备中完成的。以扫描仪为例,原始图像通过光电转换将反映图像特性的光信号转化为电信号,再经模/数变换,编码后得到可被计算机接受的数字图像文件。

如果要从数字图像信号中重构原始图像信号,那么存在三个问题。

(1) 采样频率:一幅图像采集多少个图像样本,即像素点。

(2) 量化精度:每个像素点的亮度与颜色取值的比特数应该是多少。

(3) 编码方式:采用什么格式记录数字数据,以及采用什么算法压缩数字数据。

4.3.2 数字化图像的获取

数字化图像获取的三个过程是:

(1) 采样,在二维空间上对信号数字化,其结果就是通常所说的图像分辨率;

(2) 量化,对采样后每个像素点的亮度与颜色数字化,其结果则是图像所能够容纳的颜色总数,即图像深度;

(3) 编码,按一定格式记录和压缩采样和量化后的数字数据。

1. 采样

对连续图像彩色函数 $f(x,y)$,沿 x 方向以等间隔 Δx 采样,采样点数为 N,沿 y 方向以等间隔 Δy 采样,采样点数为 M,于是得到一个 $M \times N$ 的离散样本阵列 $[f(x,y)]m \times n$。为了达到由离散样本阵列以最小失真重建原图的目的,采样密度(间隔 Δx 和 Δy)应该满足采样定理(即奈奎斯特定理)。

采样定理阐述了采样间隔与 $f(x,y)$ 频带之间的依存关系,频带越窄,相应的采样频率可以降低,当采样频率是图像变化频率 2 倍时,就能够保证由离散图像数据无失真地重建原始图像。实际情况是,空域图像一般为有限函数,它的频域带宽不可能有限,卷积时混叠现象也不可避免,因而用数字图像表示连续图像总会有些失真。

2. 量化

采样是对图像函数 $f(x,y)$ 的空间坐标 (x,y) 进行离散化处理,而量化则是对每一个离散的图像样本,即像素的亮度或颜色样本进行数字化处理。具体说,就是在样本幅值的动态范围内进行分层、取整,并以正整数表示。假如一幅黑白灰度图像,在计算机中灰度级以 2 的整数幂表示,即 $G=2^m$,当 $m=8$ 和 $m=1$ 时,其对应的灰度等级为 256 和 2。2 级灰度构成二值图像,画面只有黑白之分,没有灰度层次;通常的模/数变换设备产生 256 级灰度,以保证有足够的灰度层次。而彩色幅度如何量化,这要取决于所选用的颜色空间表示。

3. 编码

编码的作用有两个,其一是采用一定的格式来记录数字数据;其二是采用一定的算法来压缩数字数据以减少存储空间和提高传输效率。

(1) 记录格式

数字图像数据有两种存储方式,一个是位映射(Bitmap),另一个是矢量处理(Vector)。

- 位映射。该存储方式是将图像中的每一像素点的灰度或颜色数值都存放在以字节为单位的矩阵里。例如,当图像是单色时,一个字节可以存放 8 个点的图像数据;16 色图像则是以一个字节存储 2 个点;256 色图像则是以一个字节存储 1 个点。位映射适用于内容复杂的图像。

- 矢量处理。该存储方式只记录图像内容的轮廓部分,而不存储图像数据的每一点。矢量处理适合存储商用图表和工程设计图,这类图像内容多半是一些几何图形,例如矩形、圆形、椭圆和多边形等。以矢量来记录几何图形,可以为文件节省下许多数据量。但如果采用矢量记录一幅内容复杂、图案形状多变的画面,反而会产生大量的矢量数据,可能远超过该图像画面以位映射存储的数据量;况且要计算出图像中每个图案的坐标位置,必须耗费很长时间执行一些复杂的分析演算,才可能产生所有的矢量数据,而后存档。

(2) 数据压缩

与数字音频类似,数字图像的数据量是非常大的,存储时会占用大量空间,在数据传输时数据量也非常大,这对通信信道及网络都造成很大压力。因此,图像处理的重要内容之一就是图像的压缩编码。图像数据的压缩基于两点。

其一,原始图像信息存在着很大的冗余度。数据之间存在着相关性,例如相邻像素之间色彩的相关性等。

其二,在多媒体系统的应用领域中,人眼是图像信息的接收端。因此,可利用人的视觉对于边缘急剧变化不敏感(视觉掩盖效应),以及人眼对图像的亮度信息敏感、对颜色分辨率弱的特点实现高压缩比,而解压缩后的图像信号仍有着满意的主观质量。

由此发展出数据压缩的两类基本方法,一类是将相同或相似的数据或数据特征归类,使用较少的数据量描述原始数据,以达到减少数据量的目的。这种压缩一般为无损压缩。

另一类是利用人眼的视觉特性有针对性地简化不重要的数据,以减少总的数据量。这种压缩一般为有损压缩,只要损失的数据不太影响人眼主观接受的效果,就可以采用。

图像压缩的主要参数之一是图像压缩比。图像压缩比的定义与音频数据压缩比的定义类似,即为压缩前的图像数据量与压缩后的图像数据量之比,如式(4-6)所示。

$$图像数据压缩比=压缩后的图像数据量/压缩前的图像数据量 \qquad (4\text{-}6)$$

显然,压缩比越小,压缩后的图像文件数据量越小,图像质量有可能损失得越多。但压缩比并不是一个绝对的指标,压缩的效果还与压缩前的图像效果及压缩方法有关。

数据压缩技术或称为编码技术,可以说是一种很复杂的数学运算过程,从 1948 年 Oliver 提出 PCM 编码理论开始,至今已有 40 多年的历史。随着数字通信技术和计算机科学的发展,编码技术日渐成熟,应用范围越加广泛。基于不同的信号源、不同的应用场合产生了不同的思路和技术的编码方法。

4. 数据量与图像质量

扫描生成一幅图像时,实际上就是按照一定的图像分辨率和图像深度对模拟图片或照片进行采样和量化,从而生成一幅数字化图像。图像分辨率越高、图像深度越深,则数字化后的图像效果就越逼真,但图像数据量也越大。

如果是采用位映射存储方式,则未经压缩的数字图像数据量可以按照式(4-7)所示进行计算。

$$数字化图像数据量=分辨率×图像深度/8(B) \qquad (4\text{-}7)$$

【例 4-3】 一幅分辨率为 640×480、真彩色的图像,计算其文件大小。

解: 文件大小=640×480×24/8=921 600B=900KB

如表 4-4 所示列出了在几种分辨率与图像深度下,每幅图像信号所拥有的数据量。

表 4-4 分辨率、图像深度与图像数据量之间的关系

分辨率	图像深度/b	图像数据量	分辨率	图像深度/b	图像数据量
640×480	8	300KB	1024×768	8	768KB
	16	600KB		16	1.5MB
	24	900KB		24	2.3MB
800×600	8	469KB			
	16	938KB			
	24	1.4MB			

通过以上的分析可知。如果要确定一幅图像的参数,要考虑的因素一是图像的容量,二是图像输出的效果。在多媒体应用中,更应该考虑好图像容量与效果的关系。

4.3.3 数字图像文件格式

图像的存储方法有很多种,例如使用画笔将图像画在纸上,通过摄影将图像存储在胶卷上,使用数码相机和扫描仪等设备将图像存储在各种存储介质里。而这些图像可以归为两类,即传统图像和数字图像。跟传统图像不同的是,数字图像使用数字来记录物体的

形状和颜色。数字图像文件可以分为两类,其一是位图格式,其二是矢量图格式。

1. BMP 格式

BMP(Bitmap)是 Windows 系统下的标准位图图像格式,能够被多种 Windows 应用程序所支持,使用非常广泛,其文件后缀为".BMP"。Windows 3.0 以前的 BMP 格式与显示设备有关,因此被称为设备相关位图(Device-Dependent Bitmap, DDB)格式。Windows 3.0 以后的 BMP 格式与显示设备无关,因此被称为设备无关位图(Device-Independent Bitmap, DIB)格式,目的是让 Windows 能够在任何类型的显示设备上显示 BMP 位图文件。BMP 格式采用位映射存储,具有多种分辨率,结构简单,除了图像深度可选以外,不采用其他任何压缩,因此图像文件较大,不利于网络传输。BMP 格式的图像深度可选 1 位、4 位、8 位及 24 位。它最大的好处就是能被大多数软件接受,可称为通用格式。BMP 格式是将一幅图像分割成栅格,栅格的每一点(像素)的灰度及颜色值都单独记录。位图区域中数据点的位置确定了数据点表示的像素。位图比较适合于具有复杂的颜色、灰度等级或形状变化的图像,例如照片、绘图和数字化的视频图像。有些图像原来就是按照位图格式组织的,例如计算机屏幕显示。

2. PCX 格式

PCX 最先出现在 Zsoft 公司推出的名叫 PC Paintbrush 的用于绘画的商业软件包中,后来被 Microsoft 公司将其移植到 Windows 环境中,是最早支持彩色图像的一种位图图像文件格式,其文件后缀为".PCX"。PCX 格式的图像深度可选 1 位、4 位或 8 位。由于这种文件格式出现较早,因此不支持真色彩。PCX 格式采用游程编码(Run-Length Coding, RLC)。文件体中存放的是压缩后的图像数据,占用存储空间较少。因此,将采样、量化后的图像数据写成 PCX 格式时,要对其进行 RLC 编码;而读取一个 PCX 文件时首先要对其进行 RLC 解码,才能进一步显示和处理,它具有压缩和全色彩的优点。

3. TIFF 格式

TIFF(Tag Image File Format)是由 Aldus 和 Microsoft 公司为扫描仪和桌上出版系统研制开发的一种较为通用的位图图像文件格式,其文件后缀为".TIF"。它的特点是图像格式复杂、存储信息多,但占用的存储空间也非常大。正因为它存储的图像细微层次的信息非常多,图像的质量也得以提高,因此非常有利于原稿的复制。支持每个样本点 1 位、8 位、24 位、32 位(CMYK 模式)或 48 位(RGB 模式)的图像深度,因此被用来存储一些色彩绚丽、构思奇妙的贴图文件,它将 3D MAX、Macintosh、Photoshop 有机结合在一起。TIFF 格式灵活易变,定义了 4 类不同的格式:TIFF-B 适用于二值图像;TIFF-G 适用于黑白灰度图像;TIFF-P 适用于带调色板的彩色图像;TIFF-R 适用于 RGB 真彩色图像。TIFF 格式可以包含非压缩和压缩图像数据,例如使用 LZW(Lempel-Ziv-Welch Encoding)无损压缩方法压缩文件,图像信息在处理过程中不会损失,能够产生大约 2∶1 的压缩比,即可以将原稿文件消减到一半左右。此外,还有 RLC 和 JPEG 压缩方法。TIFF 格式的全面性也产生了一些问题,它需要大量的编程工作来实现全面译码,其读出程序必须支持这些不同的压缩方法。

4. GIF 格式

GIF(Graphics Interchange Format)是 CompuServe 公司在 1987 年开发的位图图像

文件格式,其文件后缀为".GIF"。GIF 格式是最先使用在网络中图形数据的在线传输的,特别是应用在互联网的网页中,通过 GIF 格式提供足够的信息,使许多不同的输入输出设备能够方便地交换图像数据。GIF 主要是为数据流而设计的一种传输方式,而不只是作为文件的存储方式,它具有顺序的组织形式。GIF 格式的数据是经过压缩的,采用了可变长度等压缩算法,数据量很小,因此大多用在网络传输上,速度要比传输其他图像文件格式快得多。GIF 格式分为静态 GIF 和动态 GIF 两种,支持透明背景图像,适用于多种操作系统,在一个 GIF 文件中可以存储多种彩色图像;如果把存于一个文件中的多幅图像数据逐幅读出并显示到屏幕上,就可以构成一幅最简单的动画,网上许多小动画都是 GIF 格式。GIF 格式的最大缺点是最多只能处理 256 种色彩,因此不能存储真彩色的图像文件。

5. JPEG 格式

JPEG(Joint Photographic Experts Group)是由国际电报电话咨询委员会(CCITT)和国际标准化组织(ISO)联合组成的一个图像专家组。该专家组制定的第一个压缩静态数字图像的国际标准,其标准名称为连续色调静态图像的数字压缩和编码(Digital Compression and Coding of Continuous-Tone Still Image),简称为 JPEC 算法。这是一个适用范围非常广的通用标准,其文件后缀为".JPG"。JPEG 格式允许使用可变压缩方法,保存 8 位、24 位、32 位深度的图像;能很好地再现全彩色图像,比较适合摄影图像的存储。由于 JPEG 格式的压缩算法是采用平衡像素之间的亮度色彩压缩的,因而更有利于表现带有渐变色彩且没有清晰轮廓的图像。JPEG 格式采用一种特殊的有损压缩算法,将不易被人眼察觉的图像颜色删除,从而达到较大的压缩比,其压缩比大约为 1∶5 至 1∶50,甚至更高;压缩后对图像质量影响不大,因此可以用最小的磁盘空间得到较好的图像质量,这就使它成为迅速显示图像并保存较好分辨率的理想格式。当进行印刷或在显示器上观察时,JPEG 格式一般可以将图像压缩为原大小的十分之一而看不出明显差异。也正是因为 JPEG 格式可以进行大幅度的压缩,使得它方便储存,通过网络进行传送,所以得到广泛的应用。当使用 JPEG 格式保存图像时,图像处理软件 Photoshop 给出了许多种保存选项,用户可以选择用不同的压缩比例对 JPEG 文件进行压缩,即压缩率和图像质量都是可选的。

6. PSD 格式

PSD 是著名的 Adobe 公司的图像处理软件 Photoshop 的专用位图图像格式,其文件后缀为".PSD"。PSD 格式可以支持图层、通道、蒙版、Alpha 通道和不同颜色模式的各种图像特征,是一种非压缩的原始文件保存格式。但是,扫描仪不能直接生成这种格式的文件。在 Photoshop 所支持的各种图像格式中,PSD 格式的存取速度比其他格式快很多,功能也很强大。PSD 格式文件容量有时会很大,但由于可以保留所有原始信息,在图像处理中对于尚未制作完成的图像,选用 PSD 格式保存是最佳的选择。

7. PNG 格式

PNG(Portable Network Graphic)是一种新兴的可移植网络图形格式,是一种位图文件存储格式,其文件后缀为".PNG"。PNG 是目前保证最不失真的格式,它汲取了 GIF 格式和 JPEG 格式两者的优点,存储形式丰富,兼有 GIF 格式和 JPEG 格式的颜色模式,同时提供 24 位和 48 位真彩色图像支持。它的另一个特点是能把图像文件压缩到极限以利于网络传输,能提供比 GIF 小 30％的无损压缩图像文件,又能保存所有与图像品质相关的信息,因为 PNG 格式是采用无损压缩方式来减少文件的大小,这一点与牺牲图像品质以换取高压缩率的 JPEG 格式有所不同。它的第三个特点是显示速度快,只需下载 1/64 的图像信息就可以显示出低分辨率的预览图像。第四,PNG 格式同样支持透明图像制作,可以利用 Alpha 通道调节图像的透明度,透明图像在制作网页图像的时候很有用,可以把图像背景设为透明,用网页本身的颜色信息来代替透明的色彩,这样就可让图像和网页背景很和谐地融合在一起。PNG 格式的缺点是不支持动画应用效果,如果在这方面能有所加强,就可以完全代替 GIF 格式和 JPEG 格式了。Macromedia 公司的 Fireworks 软件的默认格式就是 PNG。现在,越来越多的软件开始支持这一格式,而且在网络上越来越趋于流行。

8. 矢量图格式

除了位图格式外,常用的矢量图格式有 DXF、CDR、WMF 和 EMF 等。

(1) DXF 格式

三维模型设计软件 AutoCAD 的专用格式,以 ASCII 方式储存图形,文件小,所绘制的图形尺寸、角度等数据十分精准,是建筑设计的首选。可以被 CorelDRAW 和 3D MAX 等大型软件调用编辑。其文件后缀为".DXF"。

(2) CDR 格式

矢量图形绘制软件 CorelDRAW 的专用格式,可以记录文件的属性、位置和分页等。它的最大优点是文件数据量小,便于再处理。但它在兼容度上比较差,所有 CorelDRAW 应用程序中均能够使用,但其他图像编辑软件打不开此类文件。其文件后缀为".CDR"。

(3) WMF 格式

Windows 中常见的一种图元文件格式,它具有文件短小、图像造型化的特点,整个图形常由各个独立的组成部分拼接而成,但其图形往往比较粗糙,并且只能在 Microsoft Office 中调用编辑。其文件后缀为".WMF"。

(4) EMF 格式

Microsoft 公司开发的 Windows 32 位扩展图元文件格式,其目的是要弥补 WMF 文件格式的不足,使得图元文件更加易于使用。其文件后缀为".EMF"。

同一内容的素材,采用不同的格式,其形成的文件大小和质量有很大的差别。例如一幅 640×480 大小的采用 24 位颜色深度的图像,如果采用 BMP 格式,则这个图像的文件大小为 900KB;如果转用 JPEG 格式,则该图像文件的大小只有 35KB 左右。所以,文件格式的选择应该依据实际应用,例如网页制作时一般都不采用 BMP 格式,而使用 JPEG 格式。

4.4　数字图像处理

计算机图形技术实际上是绘画技术与计算机技术相结合的产物。在多媒体计算机出现之前,图像处理主要依靠光学、照相、相片处理和视频信号等模拟处理。随着多媒体技术的产生与发展，数字图像代替了模拟图像，形成了独立的数字图像处理技术。处理图像需要用图像处理软件，大多数图像处理软件都具有缩放图像尺寸、颜色变换、图像扫描、图像绘制、文字编辑、特殊效果制作、图像输出及文件管理等功能。Photoshop 是一款目前比较流行的，由 Adobe 公司开发的专用图像处理软件，主要用于位图图像处理与设计，是一个集各种运算方法于一体的操作平台，具有众多的编辑功能。

4.4.1　Photoshop 编辑环境

Photoshop 集图像创作、扫描、编辑、修改、合成以及高品质分色输出功能于一体，其独到之处是图像分层编辑和使用标准化滤镜生成特殊效果。Photoshop 在有关平面设计领域的应用，例如图像处理、插图及版式设计、平面广告设计、计算机艺术设计等方面有着无与伦比的优势，此外，它还具有网页图像、动画设计、网页制作等功能。其主界面如图 4-14 所示。

（1）菜单栏

共有九个下拉菜单，Photoshop 的全部功能都可以在这里实现，是 Photoshop 最重要的组成之一。

（2）工具箱

集中了 Photoshop 为制作图像效果特制的重要工具。通过鼠标单击、拖曳以及部分键盘辅助操作，就可以使用这些工具。

如图 4-15 所示显示了工具箱中部分图像编辑和效果工具。某些工具按钮右下方有一个黑色小三角标记。使用鼠标左键在这样的工具按钮上单击并停留一会，就会弹出另外一些工具按钮。这些按钮由于在功能上具有相似的特点或是具有完全相反的功能而被放置在同一个工具按钮组中，以减少工具箱的占用。

图 4-14　Photoshop 主界面　　　　　　　　图 4-15　工具箱

（3）工作窗口

如图 4-14 所示的主界面中打开了一个图像文件，这个图像文件独占一个工作窗口。在 Photoshop 主界面中可以有多个工作窗口，这些工作窗口可以通过打开图像文件创建，或者由用户自行创建。每一时刻，只能有一个工作窗口被激活，接收用户的编辑操作，这个窗口就被称为活动窗口或是当前窗口。

（4）辅助窗口

Photoshop 中的导航器、颜色、历史记录和图层等窗口能辅助用户对工作窗口中的图像进行编辑和修改，每个窗口中显示当前正在操作的图像文件的有关信息，用户可以通过在这些辅助窗口中的操作，完成对当前窗口中图像文件选定部分的编辑和修改工作。

4.4.2 Photoshop 的基本操作

Photoshop 提供一整套对色彩的明暗、浓度、色调和透明度等进行操作的方法，用户能方便地获得满意的色彩。使用 Photoshop 的变形功能，可以对图像进行任意角度旋转、拉伸和倾斜等变形操作。

1. 打开图像

具体操作步骤如下。

（1）启动 Photoshop，选择菜单"文件"→"打开"命令。

（2）在显示的"打开"对话框中，选择一个图像文件，并单击"打开"按钮。该图像被打开，显示在工作窗口中。

打开图像后，需要判断该图像的颜色模式，以便确认该图像能否进行编辑加工。选择菜单"图像"→"模式"命令，观察下拉菜单中的"√"项，判断图像类型，如图 4-16 所示。说明打开的图像是 RGB 颜色模式，因为 R、G、B 三个通道均采用 8 位表示，颜色足够多，所以该图像可以进行编辑。当发现某图像的颜色模式是"索引颜色"或"双色调"时，由于颜色数量太少，Photoshop 的大多数编辑功能是不能使用的。

图 4-16　图像的 RGB 颜色模式

当需要把多个图像进行合成编辑时,确认各个图像的颜色模式和位数/通道就显得非常重要。不同颜色模式和位数/通道的图像是无法直接合成的,需要进行模式转换。只有当参与合成编辑的图像模式完全相同后,才能进行合成操作。

2. 设置选区

如果对图像的局部进行编辑,则需要设置编辑区域。在图像处理中,编辑区域叫做"选区"。选区可以是矩形或圆形,也可以是任意形状。一旦设置了选区,其内部图像就可以移动、复制和删除。设置选区的主要目的有两个,其一是在一个图像中指定一个编辑区域,便于在区域内进行各种编辑操作;其二是把指定区域内的图像粘贴到其他图像中,即图像合成。

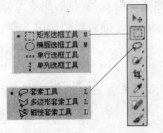

图 4-17 用于设置和编辑选区的工具

用于设置和编辑选区的工具一共有 4 个,如图 4-17 所示,具体操作步骤如下。

(1) 设置矩形和圆形选区

具体操作步骤如下。

① 在工具箱中单击"矩形选框工具"按钮,或单击"椭圆选框工具"按钮。

② 用鼠标左键在图像上画出矩形或椭圆形区域。如果希望画出正方形或者圆形区域,则在用鼠标选区之前按住 Shift 键不松开,然后再画出区域即可。

(2) 设置任意形状选区

具体操作步骤如下。

① 在工具箱中单击"套索工具"按钮。

② 用鼠标左键画出任意形状区域。选区的形状完全取决于手画的形状。

(3) 自动设置选区

自动设置选区的原理是使用魔棒工具把颜色接近的区域自动认定为选区,颜色的容差值可以调整。具体操作步骤如下。

① 单击"魔棒工具"按钮,在 Photoshop 主界面顶部弹出如图 4-18 所示的辅助工具栏。

图 4-18 辅助工具栏

② 在"容差"文本框中输入一个容差值,例如 32。容差值用于控制颜色接近的程度,容差值越大,允许颜色不同的程度越高,则选区也就越大;反之亦然。当确定了容值差之后,可用鼠标左键单击图像,与单击点颜色接近的部分形成选区。

(4) 增减选区

一旦设置了选区,不论是什么形状,都可以根据需要随意增大或减小选区的范围。具体操作步骤如下。

① 如果要增加选区,则单击辅助工具栏中的"添加到选区"按钮,用鼠标左键画区域,或用"魔棒工具"自动设置选区。这样,在原来选区的基础上又增加了新设置的选区。

② 如果要减小选区,则单击辅助工具栏中的"从选区减去"按钮,用鼠标左键画区域,

或用"魔棒工具"自动设置选区。此时从原来选区中就减掉了新设置的选区。

③ 如果要保留相交选区,则单击辅助工具栏中的"与选区交叉"按钮,用鼠标左键画区域,这时新画区域与原来区域相交的部分成为选区。

(5) 移动选区

设置选区后,可以根据需要移动选区到合适位置,具体操作步骤如下。

① 单击"移动工具"按钮,用鼠标左键拖曳选区,选区内的图像也随之移动。

② 位置确定后,再用鼠标右键单击选区内部,在快捷菜单中选择"取消选择"命令,选区即被取消。

(6) 羽化选区

羽化就是模糊选区的边缘,使选区边缘颜色有由浅到深的过渡效果,达到虚幻模糊的效果。羽化值越大,选区边缘越模糊,这种效果可以很自然地融入到其他图层里。如果没有羽化,则所选择的区域经过处理后边缘非常明显,且与其他图层合并的时候非常生硬,而羽化后的选区边缘比较扩散。如果抠一个人物或其他景物到另一个图像背景的话,羽化 2-3 个半径,则可以使两个图层结合得较为吻合。此外,羽化选区可以更有层次和立体感。

羽化选区的具体操作步骤如下。

① 设置选区后,用鼠标右键单击选区的内部,在快捷菜单中选择"羽化"命令,显示如图 4-19 所示的"羽化选区"对话框。

② 在"羽化半径"输入框内输入一个数值,例如 5,此时选区被羽化;单击"移动工具"按钮可以观察被羽化的选区轮廓。

图 4-19 "羽化选区"对话框

3. 复制局部图像

如果要复制选区图像,则单击"移动工具"按钮,按住 Alt 键,鼠标左键拖曳选区移动,选区内的图像也随之移动并复制。

如果要用剪贴板复制,则选择"编辑"→"拷贝"命令或按 Ctrl＋C 键,选择"编辑"→"粘贴"命令或按 Ctrl＋V 键,完成复制。粘贴将形成新的图层。

4. 改变图像形状

在处理图像时,经常需要改变图像的几何尺寸,例如放大或缩小图像尺寸;改变图像的几何形状,例如把方形变为梯形、平行四边形或任意形状。还有,通过图像翻转制作镜面效果,例如把图像进行水平翻转或垂直翻转;通过任意角度旋转达到设计意图,例如将图像旋转 45°,满足斜排打印。具体操作步骤如下。

(1) 用选区设置工具画出区域。

(2) 选择菜单"编辑"→"变换"命令,在下拉菜单中可以对选区内图像做如下操作。

• 缩放:用鼠标左键拖曳虚线框四面八个控制点,可以实现缩放图形;如果按住 Shift 键,用鼠标左键拖曳虚线框四角控制点,则可以等比例实现缩放变形。

• 旋转:用鼠标左键拖曳虚线框,可以实现任意角度的顺时针、逆时针旋转变形,以及水平、垂直旋转变形。

- 斜切：用鼠标左键拖曳虚线框四角的控制点，可以实现任意拉伸变形；如果用鼠标左键拖曳虚线框四边中心控制点，则可以制作平行四边形。
- 扭曲：用鼠标左键拖曳虚线框四角的控制点，可以实现任意扭曲变形；如果用鼠标左键拖曳虚线框四边中心控制点，则可以制作平行四边形。
- 透视：用鼠标左键拖曳虚线框四角的控制点，则可以制作梯形，实现透视变形。

如图 4-20 所示给出了改变图像形状的 5 个效果。

(a) 源图像   (b) 等比例缩小变形   (c) 垂直旋转变形

(d) 平行四边形斜切变形   (e) 任意扭曲变形   (f) 梯形透视变形

图 4-20   改变图像形状的 5 个效果

5. 改变图像尺寸

改变图像尺寸主要是对图像的分辨率和图像大小进行处理。具体操作步骤如下。

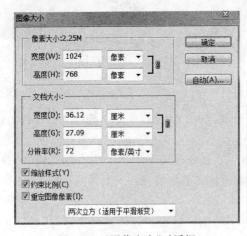

图 4-21   "图像大小"对话框

（1）选择菜单"图像"→"图像大小"命令，显示如图 4-21 所示的对话框。

（2）在该对话框中，如果图像用于屏幕显示，则在对话框"像素大小"中改变"宽度"和"高度"的数值。如果图像用于打印，则在对话框"文档大小"中改变"宽度"和"高度"的数值。在改变图像尺寸时，对话框底部的"约束比例"选项默认有效，目的是为了保护图像的宽/高比，也可以取消该选项，改变图像的宽/高比。另外，"重定图像像素"选项右边的选项框用来选择改变图像尺寸的算法，例如"两次立方"算法。但需要注意，图像不宜过度放大，否则严重影响图像质量。

6. 调整图像外观

调整图像外观主要是改进图像的质量，例如色相、饱和度、亮度和对比度，以及综合感观效果等。

（1）调整色相、饱和度和明度

调整图像色相（即颜色属性中的"色调"），其目的是表现另外一种氛围。例如，需要表现一种生机盎然的景象，就要求图像中所有的黄色偏向绿色。增加图像的饱和度可以使颜色向各自的极端方向变化，降低则相反。调整明度（亮度）的目的是补偿人对某些颜色不敏感的问题。具体操作步骤如下。

① 选择菜单"图像"→"调整"→"色相/饱和度"命令，显示如图 4-22 所示的对话框。

② 确定"预览"有效。

③ 用鼠标左键拖曳"色相"滑块左右移动，或在其右边输入框中输入数值，对话框底部"调整后的颜色分布"颜色条随之左右流动，但"图像固有的颜色分布"颜色条不动。在调整开始前，两个颜色条中的颜色上下对应；但当调整了色相后，下面的颜色条发生左右流动，两个颜色条中的颜色对应关系发生改变，上面颜色条中的某种颜色对应下面条中的另外一种颜色；例如，黄色对应绿色，这时观察被调整的图像，其中的所有黄色都偏向绿色，这就是色相调整的原理和过程。但需要注意，颜色不宜过饱和，否则颜色失真。

（2）调整亮度与对比度

调整亮度和对比度的目的是使灰暗的图像看起来更加明亮和清晰。具体操作步骤如下。

① 选择菜单"图像"→"调整"→"亮度/对比度"命令，显示如图 4-23 所示的对话框。

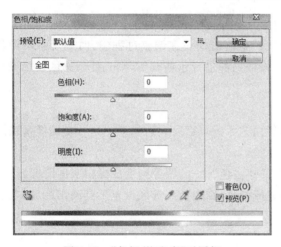

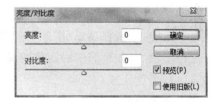

图 4-22　"色相/饱和度"对话框　　　　　图 4-23　"亮度/对比度"对话框

② 确定"预览"有效。

③ 调整△型滑块，改变亮度和对比度。右移滑块，增加亮度或对比度；左移滑块，减少亮度或对比度。但需要注意，对比度调整不可以过度，否则颜色数量的损失较大，图像的层次和颜色过渡都会不好，视觉效果变差。

（3）调整图像色调

Photoshop 中"色调"的概念区别于前面颜色属性中的"色调"概念，是指对画面的构成、颜色和明暗等多种因素的综合观感效果，例如冷色调、暖色调等。调整图像色调即是调整这种综合观感效果。在这里，色调既是客观存在，又是经过主观分析、思考和概括的产物。自然界中光源、气候、季节以及环境的变化，存在着各种色调，不同颜色的物体上必然笼罩着一定的亮度和色相的光源色，使各个固有色不同的物体表现都笼罩着统一的颜色倾向，这统一的颜色就是自然中的色调。

① 改变色调。

由于图像在扫描和印刷等过程中存在颜色偏差，就是常说的偏色，因此通常需要对色调进行调整，使图像接近真实和自然。某些时候为了得到特殊效果，也会有意改变图像的色调。具体操作步骤如下。

- 步骤 1：选择"图像"→"调整"→"色彩平衡"命令，显示如图 4-24 所示的对话框。

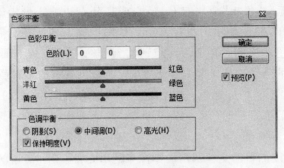

图 4-24 "色彩平衡"对话框

- 步骤 2：在"色调平衡"中选择"阴影"、"中间调"或者"高光"。
- 步骤 3：用鼠标左键调整"色彩平衡"中的滑块。在调整过程中，时刻观察图像色调的变化，直到满意为止。如果需要对图像的局部进行色调调整，则先使用选区设置工具画出区域，再进行色调调整操作。

② 图像去色。

图像去色处理的目的是使图像具有黑白艺术感，象征刚毅、果断。这一功能经常被用于艺术照片的处理中。实现方法如下。

- 步骤 1：选择菜单"图像"→"调整"→"去色"命令，图像则变成黑白灰度图像。
- 步骤 2：如果需要对图像的局部去掉彩色，则先使用选区设置工具画出区域，再进行去色处理。

7. 保存图像

Photoshop 可以采用多种文件格式保存图像，但除了 PSD 文件格式的图像以外，在以其他文件格式保存图像之前，应该首先拼合图层。具体操作步骤如下。

（1）选择菜单"文件"→"保存为"命令，显示保存文件对话框。

（2）在该对话框中选择保存的路径、文件夹和文件格式，单击"保存"按钮。如果不是以 Photoshop 的默认格式"．PSD"保存，则显示确认格式对话框，选择格式参数。不同的文件格式确认对话框也不同，如图 4-25 所示给出了 JPEG、BMP 和 TIFF 格式的确认对话框。但需要注意，JPEG 格式的图像经过多次保存，颜色丢失加剧。

4.4.3 Photoshop 图像合成

在图像处理中，素材不一定只有一个，合成多个素材在一个图像中的情况比比皆是，这就是图像合成。Photoshop 借助图层为图像的合成提供了平台，每个图像被放置在不同的图层上，可以随意摆放这些图层的相对位置，分别处理各个图层中的图像，图层之间可以不透明，也可以半透明或透明，使各个图层之间的图像互相渗透等。最后，把编辑完成的各个图层拼合在一起，完成图像的合成。

(a) "JPEG选项"对话框

(b) "BMP选项"对话框

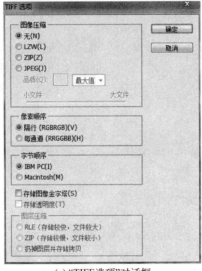
(c) "TIFF选项"对话框

图 4-25　不同文件格式的确认对话框

1．图层概念

图层是 Photoshop 最有魅力的功能。利用图层窗口，可以把若干幅图像经过处理后合成在一起。

如图 4-26 所示，表示三个图层合成一幅图像的效果，在最底部是背景层，最上层的图像挡住下面的图像，使之不可见。上层没有图像的区域为透明区域，通过透明区域，可以看到下层乃至背景的图像。在每一层中可以放置不同的图像，修改其中的某一层不会改动其他层，将所有的图层叠加起来就形成了一幅变化莫测的图像。在学习图层蒙版和图层剪辑组后，将体会到应用图层进行设计的妙处。

如图 4-27 所示，表示图层窗口及三个图层合成一幅图像时的状态。在图层窗口管理文件中的图层，可以创建新图层、删除图层、合并图层、显示或隐藏图层，或给图层加上特殊效果。要激活图层，只要鼠标单击图层窗口中该图层的名字即可。当笔刷图标显示出来后，便可以编辑图层了，但要注意以下几点。

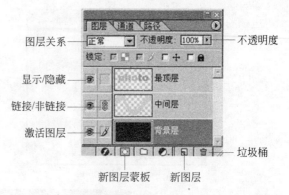

图 4-26 三个图层合成一幅图像的效果 图 4-27 图层窗口及三个图层合成一幅图像时的状态

（1）通过链接可以同时移动和转变多个图层上的图元。如果要将一个图层或多个图层与其他图层链接，则可以单击要链接同层的略缩图表左边的列；链接图标出现在这列中，表明该图层处于链接状态。如果要释放图层的链接，则单击图层窗口中的链接图标即可。

（2）如果选取了图层窗口中的锁住透明区域选项，则图层中的透明区域受到保护，不能被编辑；如果选取了图层窗口中锁住图层选项，则图层受到保护，不能被编辑。

（3）如果选取了图层窗口中锁住图像选项，则图层中的图像不能被移动。

在进行图层编辑时，每个图层占用独立的内存空间，图层越多，占用的空间越大，即使编辑一般尺寸的图像，其内存空间的开销也是惊人的，如果没有大容量的内存做后盾，恐怕是无法完成图层编辑的。图层可以保存，便于下次继续编辑，含有图层的文件采用PSD 格式保存。当图像用于显示、印刷或其他场合时，必须拼合图层，并以 TIFF、JPEG和 BMP 等格式保存图像。

2. 图层操作

图层操作包括选择当前图层、显示与隐藏图层、改变图层排列顺序、改变图层关系和透明度、删除图层、拼合图层及保留图层。

（1）选择当前图层

单击如图 4-27 所示图层窗口中的图层名称，该图层反显，并显示"激活图层"图标，表明该图层是当前图层，例如"背景层"。当选择了当前图层后，所有的编辑操作都针对当前图层有效。

（2）显示与隐藏图层

单击如图 4-27 所示图层窗口中的"图层显示"图标，该图标消失，对应图层不显示。再次单击图层显示区域，将再现"图层显示"图标，该图层恢复显示。

（3）改变图层排列顺序

图层的位置是按照建立的先后顺序排列的，最上层的图层通常是最新建立的图层。由于 Photoshop 的默认状态是上层图层的内容遮盖下层图层的内容（透明区域除外），所以当遮盖的顺序不符合设计要求时，有必要改变图层排列顺序。使用鼠标左键拖曳图层窗口中的图层名称上下移动，即可改变图层排列顺序。

（4）改变图层关系和透明度

Photoshop 的默认状态是图层之间没有特殊的叠加效果（图层关系中显示"正常"）、有效内容之间不透明（100%）。

- 改变图层关系。当希望改变图层之间的默认状态时，可以单击图层窗口中"正常"字样的输入框，随后显示如图 4-28(a)所示的图层关系选择菜单，从中选择一种叠加效果，例如"颜色加深"，图像就会发生变化。
- 改变图层透明度。当希望改变图层之间的不透明程度时，可以单击图层窗口中的"不透明度"输入框，随后显示如图 4-28(b)所示的不透明控制条，移动控制条的滑块，可以改变不透明度；输入框中的数值越大，表明图层越不透明。

(a) 图层关系选择菜单　　　　(b) 不透明控制条

图 4-28　改变图层关系和透明度

（5）删除图层

用鼠标右键单击图层窗口中的图层名称，在随之显示的菜单中选择"删除图层"命令，删除不需要的图层。

（6）拼合图层

一般情况下，图像编辑全部结束之后，应该把所有的图层合并成一个图层，然后以标准图像格式保存。把所有图层合并成一个图层的过程叫做"拼合图层"。选择菜单"图层"→"拼合图层"命令，所有图层拼合成一个图层。此时观察图层窗口，其中只剩下了一个图层，随后就可以用多种格式保存图像文件了。

（7）保留图层

如果希望保存所有图层，则应该直接保存带有图层的图像文件，此时的文件为 PSD 格式。该格式的文件可通过 ACDSee32 软件浏览和观看，但看到的只是图层叠加在一起的效果。PSD 格式文件属于 Photoshop 软件专用，其他场合无法直接使用。

3. 使用剪贴板进行图层编辑

剪贴板主要用于图像的复制、剪切和粘贴。把剪贴板内容粘贴到画面上时,会自动生成新的图层。但需要注意,使用剪贴板时,相关的图像颜色模式和数字表示位数应该相同。例如,有两个图像,一个是 RGB 颜色模式,另一个是 256 索引颜色模式,把 RGB 颜色模式的图像粘贴到 256 索引颜色模式的图像中,是无法实现的。

（1）复制

先用选区设置工具在图像中画出区域,再选择菜单"编辑"→"拷贝"命令,此时画面没有任何变化,但被选中区域内容已经被复制到剪贴板中。

（2）剪切

先用选区设置工具在图像中画出区域,再选择菜单"编辑"→"剪切"命令,此时被选中区域内容消失,取而代之的是背景颜色。就像把桌布剪下一块,露出桌面颜色一样。与此同时,被选中区域内容被移动到了剪贴板中。

（3）粘贴

选择菜单"编辑"→"粘贴"命令,保存在剪贴板中的内容被粘贴到了画面上,此时观察图层窗口,可以知道形成了新的图层。

（4）粘贴到图像下面

先用选区设置工具在图像中画出区域,再选择菜单"编辑"→"粘贴"命令,剪贴板中的内容被粘贴到图像的下面,并在该区域中露出,形成新的图层。如果单击移动工具,则可以看到该内容在区域下面移动,就像在一块破损的桌布下面移动另一块桌布,而下面桌布的图案会在破损处露出。

4. 蒙版应用

图像合成还有更为灵活的方式,各个图像之间的任何部分可以随意渗透、互相融合。如图 4-29 所示给出了三张图像素材及其最终合成的效果图。要实现图中的效果,仅靠修改图层之间的不透明度是不行的,还需要 Photoshop 的蒙版功能,蒙版的概念来自摄影。

(a) 图像素材1　　　　(b) 图像素材2　　　　(c) 图像素材3　　　　(b) 合成图像

图 4-29　三张图像素材及其最终合成的效果图

在冲洗胶片时,为了获得特殊形状的照片,需要使用一块开有某种形状孔的板子盖住胶片,露出需要曝光处,遮住不需要曝光处。这样冲洗出来的照片就会显示出某种形状,这块板子被称为"蒙版"。在此,蒙版相当于保护层,是用来保护被蒙区域的,使其不受任何编辑操作的影响。蒙版与选区功能相同但又有本质上的区别,选区是一个虚线框,在图像中只能看到虚线框的形状,不能看到操作后的效果;而蒙版则以实际形状出现在通道面板中,可以对它修改和编辑,然后转换选区应用在图像中。

使用蒙版实现图像合成的具体操作步骤如下。

(1)用选区工具在图像素材中画出选区。

(2)单击工具盒中的"以快速蒙版模式编辑"按钮,除选区外图像素材的其余部分变成淡红色。

(3)用魔棒工具单击选中选区,此时可以对该选区进行修改和编辑。

(4)单击工具盒中的"以标准模式编辑"按钮,恢复正常显示状态。

(5)选择菜单"编辑"→"拷贝"命令,把选区内容复制到剪贴板。

(6)把剪贴板内容粘贴到其他图像素材上,按照设计意图调整大小、外观及位置,图像合成完成。

(7)选择菜单"图层"→"拼合图层"命令,把所有的图层拼合在一起,再选择适当的格式,保存图像文件即可。

4.4.4　Photoshop 特殊效果

除了尺寸缩放、翻转、旋转和合成手段能够改变图像的形态以外,还有一些手段可以从根本上改变图像的形态,使图像的内容发生变化。这些手段就是效果滤镜。Photoshop 提供了几十种滤镜功能,可以用这些滤镜为图像产生独特的视觉效果。

1. 滤镜概念

效果滤镜是一组完成特定视觉效果的程序,简称滤镜。使用者不需要了解滤镜的原理就可以轻松使用。通过适当的改变滤镜的参数,可以得到不同程度的效果。如图 4-30 所示给出了几种滤镜效果。滤镜使用没有次数限制,对一幅图像可以使用多次。如果不设置选区,则效果滤镜对全部图像产生影响;如果设置了选区,则效果滤镜对图像的局部施加效果。

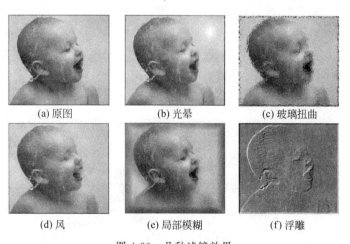

(a) 原图　　　　(b) 光晕　　　　(c) 玻璃扭曲

(d) 风　　　　(e) 局部模糊　　　　(f) 浮雕

图 4-30　几种滤镜效果

Photoshop 配备了大量的效果滤镜,可以根据需要在滤镜菜单中选择。除了Photoshop 自带的效果滤镜以外,很多软件公司和个人还开发了多种效果滤镜程序,以此产生更多的效果,这些效果滤镜程序需单独购买,安装之后即可投入使用。但需要注意,外挂的滤镜不能太多,否则会影响 Photoshop 的执行效率。

使用滤镜是有条件的,对于图像深度小于 8 位的图像或者灰度图像,一部分滤镜不能使用。另外,某些特殊的效果没有现成的滤镜,还需要手工制作。

2. 滤镜操作

滤镜作为 Photoshop 的重要组成部分,是功能奇特、效果丰富的工具之一,使用它可以对图像进行抽象艺术处理,从而制作出令人惊喜的效果,所以 Photoshop 的滤镜一直获得用户的青睐。例如,浮雕效果看起来更像是大理石浮雕或石膏浮雕;扭曲效果极具装饰性,经常被用于广告设计和书籍装帧设计等;镜头光晕效果用于模拟逆光摄影产生的效果等。实现特殊效果的具体操作步骤如下。

(1)根据需要,决定是否设置选区。

(2)按照设计要求,选择“滤镜”菜单下的各种滤镜,在弹出的对话框中进行调整,但要确定“预览”有效,否则看不到调整结果。

(3)单击“确定”按钮,完成所选的特殊效果制作。

3. 制作文字特殊效果

(1)输入文字

为图像添加文字,是多媒体产品必不可少的操作。使用 Photoshop 添加的是图形文字,可以满足一般需要,但如果设计的作品准备印刷,则要求文字的精度非常高,小字号的图形文字失真较大,不适合印刷,需要使用其他软件制作文字。实现输入文字的具体操作步骤如下。

① 单击“文字工具”按钮,在图像上画出文字区域,自动生成文字图层。

② 在区域内输入文字;光标条覆盖文字,改变字体、大小、平滑、对齐、颜色或变形;如果把光标置于文字区域外,则可以旋转文字区域。

③ 如果需要制作凸起文字,则选择菜单“图层”→“图层样式”→“斜面和浮雕”命令;如果要制作阴影文字,则选择菜单“图层”→“图层样式”→“投影”命令;在弹出的对话框中调整时,要不断地观察文字效果;调整后结束文字编辑。

如图 4-31(a)所示显示了在一幅图像中制作凸起和阴影文字效果。

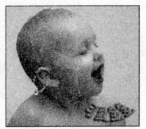

(a) 在一幅图像中制作凸起　　　　(b) 中文字制作了极
　　和阴影文字效果　　　　　　　　坐标扭曲效果

图 4-31　特殊文字效果

（2）使用滤镜

如果需要对添加的文字制作特殊效果,首先应该把文字转化成与图像相同的模式,然后使用效果滤镜制作特殊效果。所有对图像有效的滤镜都能够把文字加工成特殊效果。实现文字特殊效果的具体操作步骤如下。

① 选择文字所在的图层。

② 选择菜单"图层"→"像素化"→"文字"命令,文字随之变成图形方式;图形方式的文字不能再进行文字编辑操作,例如改变字体、大小、对齐、颜色或变形等。

③ 使用滤镜加工图形文字

如图 4-31(b)所示显示了对图 4-31(a)所示的中文字制作了极坐标扭曲效果。

4.5　习　　题

1. 什么是矢量图和位图？它们各自的特点是什么？

2. 什么是显示分辨率和图像分辨率？二者之间的关系是什么？

3. 什么是图像深度和显示深度？二者之间的关系是什么？

4. 在 RGB 颜色空间中,图像深度与颜色的映射关系主要包括哪几种？

5. 颜色的三个特征分别是什么？它们对颜色的影响分别是什么？

6. 什么是颜色三基色和光的三基色？计算机显示器是根据什么三基色原理制造的？

7. 相加混色和相减混色的原理分别是什么？

8. RGB、YUV/YIQ、HSI、CMY 颜色空间是如何描述颜色的？

9. 用自己的语言说明图像数字化的过程。

10. 如果使用 300dpi 的扫描分辨率,扫描一幅 5 英寸×3.4 英寸的普通照片,得到的图像分辨率是多少？如果使用 24 位的图像深度保存,文件大小是多少字节？一张 650MB 的光盘可以存放多少幅这样的照片？

4.6　实　　验

图形图像作为一种视觉媒体,很久以前就已经成为人类信息传输、思想表达的重要方式之一。要处理图像,首先要对其进行数字化,然后再对其进行各种处理。图像处理需要两方面知识:其一,图像美学,是图像处理的指导思想;其二,图像处理软件使用方法,是图像处理的应用工具。通过本章实验,使读者了解图像美学的重要性,认识图像处理软件的基本功能,掌握图像处理的基本技术手段。

1. 实验目的

（1）了解图像的基本概念,图像采样和量化的基本原理。

（2）建立图像处理的正确概念,强化图像美学的设计理念:图像的真实性、图像的内涵和图像的选材。

（3）了解图像处理软件 Photoshop 的主要功能。

（4）掌握图像处理软件 Photoshop 的图像处理手段。

2. 实验内容

(1) 设置 Photoshop 的工作状态,提高图像处理效率。

(2) 图层练习。包括:

- 认识图层、观察图层、删除图层、移动图层、图层锁定等操作;
- 图层叠放位置、图层整体关系、图层渗透关系。

(3) 剪贴板练习。包括:

- 一般合成图像;
- 特殊效果合成图像。

(4) 效果滤镜练习。包括光晕效果、油画效果、柔化效果、抽象效果。

(5) 作品一。准备三个 RGB 图像,把三者合成在一起,并添加合适的文字。包括:

- 图像素材自由选取,但要注意图像的真实和内涵;
- 在图像合成时,要求至少两个图层设置不透明度;
- 在添加文字时,要求具有立体效果和阴影效果;
- 要求使用两种或以上的滤镜对图像进行加工,注意效果为主题服务;
- 保存一个保留图层的文件;
- 保存一个 TIF 格式的文件。

(6) 作品二。准备两个真彩色图像,利用蒙版功能将两者合成在一起。包括:

- 选取一个人物素材,一个风光素材;
- 对人物素材进行蒙版处理,再合成到风光素材中,注意使自己制作的作品有寓意。

(7) 作品三。制作美术字。包括:

- 设置背景色为红色;设置前景色为 R：255、G：255、B：0,即黄色;
- 用文本工具输入文字;
- 单击图层面板上的小三角按钮,选择"拼合图层";
- 选取椭圆形工具图层,在图上选出一圆形区域,将文字包围;
- 选择菜单"滤镜"→"扭曲"→"球面化"命令,设置"数据"参数为 100%;
- 选择菜单"滤镜"→"渲染"→"光照效果"命令,调整灯光种类、个数及灯光参数,以产生立体效果;
- 选择菜单"滤镜"→"渲染"→"镜头光晕"命令,镜头类型选择 50～300mm 变焦,亮度设置为 160%;
- 美术字制作完成,观察其效果;
- 保存为 JPEG 格式的文件。

3. 实验要求

(1) 独立完成 7 个实验内容。

(2) 提交使用图像处理软件 Photoshop 处理图像后的实验结果。包括:

- 作品一:合成三个 RGB 图像,并添加合适文字后保存为 PSD 文件和 TIF 文件;
- 作品二:利用蒙版功能合成两个真彩色图像后的 JPG 文件;
- 作品三:制作美术字后的 JPG 文件。

(3) 写出实验报告,包括实验名称、实验目的、实验步骤和实验思考。

第5章 动画获取与处理

动画是多媒体产品中最具吸引力的素材,具有表现丰富、直观易解、吸引注意、风趣幽默等特点,它使得多媒体信息更加生动。计算机动画是在传统动画的基础上,使用计算机图形图像技术而迅速发展起来的一门高新技术。广义上看,数字图形图像的运动显示效果都可以称为动画。在多媒体个人计算机上可以很容易地实现简单动画。

5.1 动画基本概念

英国动画大师约翰·海勒斯(John Halas)对动画有一个精辟的描述:"动作的变化是动画的本质。"动画由很多内容连续但各不相同的画面组成。由于每幅画面中的物体位置和形态不同,在连续观看时,给人以活动的感觉。

5.1.1 动画的发展

动画(Animation)的发明早于电影。从1820年英国人发明的第一个动画装置,到20世纪30年代华特·迪士尼(Walt Disney)电影制片厂生产的著名动画片米老鼠和唐老鸭,动画技术从稚嫩走向了成熟。卡通(Cartoon)的意思就是漫画的夸张,动画采用夸张拟人的手法将一个个可爱的卡通形象搬上银幕,因而动画片也称为卡通片。

1831年,法国人约瑟夫·安东尼·普拉特奥(Joseph Antoine Plateau)把画好的图片按照顺序放在一部机器的圆盘上,圆盘可以在机器的带动下转动。这部机器还有一个观察窗,用来观看活动图片效果。在机器的带动下,圆盘低速旋转。圆盘上的图片也随着圆盘旋转。从观察窗看过去,图片似乎动了起来,形成动的画面,这就是原始动画的雏形。

1906年,美国人J. Steward制作出一部很接近现代动画概念的影片,片名叫《滑稽面孔的幽默形象》(*Houmoious Phaseofa Funny Face*)。他经过反复地琢磨和推敲,不断修改画稿,终于完成这部接近动画的短片。

1908年,法国人Endle Cohl首创用负片制作动画影片。所谓负片就是影像颜色与实际颜色恰好相反的胶片,如同今天的普通胶卷底片。采用负片制作动画,从概念上解决了影片载体的问题,为今后动画片的发展奠定了基础。

1909年,美国人Winsor McCay用一万张图片表现一段动画故事,这是迄今为止世界上公认的第一部真正的动画短片。从此以后,动画片的创作和制作水平日趋成熟,人们已经开始有意识地制作各种内容的动画片。

1915年,美国人Eerl Hurd创造了新的动画制作工艺。他先在赛璐珞(Celluloid)片(一种塑料胶片)上画动画片,然后再把画在赛璐珞片上的一幅幅图片拍摄成动画电影。多少年来,这种动画片的制作工艺一直沿用至今。

1928年,世人皆知的Walt Disney逐渐把动画影片的制作推向巅峰。他在完善了动画体系和制作工艺的同时,把动画片的制作与商业价值联系了起来,被人们誉为商业动画影片之父。Walt Disney 带领着他的一班人马为世人创造出无与伦比的大量动画精品。例如,《米老鼠和唐老鸭》、《木偶奇遇记》和《白雪公主》等。直到今天,Walt Disney 创办的迪士尼公司还在为全世界的人们创造丰富多彩的动画片。

动画从最初发展到现在经过了一个漫长的历程,从最初的动画雏形到现在的大型豪华动画片,其本质没有太大的变化,而动画制作手段却发生着日新月异的变化。今天,计算机动画、计算机动画特技发展不绝于耳,可见计算机对动画制作领域的强烈震撼。随着动画的进一步发展,除了动作的变化,还发展出五彩颜色的变化、材料质地的变化、光线强弱的变化等,这些因素或许赋予了动画新的本质。

5.1.2　动画的原理

动画的英文 Animation 源自于拉丁文字根的 Anima,意思为灵魂,动词 Animare 是赋予生命,引申为使某物活起来的意思,所以 Animation 可以解释为经由创作者的安排,使原本不具生命的东西像获得生命一般地活动。广义而言,把一些原先不活动的东西,经过影片的制作与放映,变成会活动的影像,即为动画。

动画是通过连续播放一系列画面,给视觉造成连续变化的图画。它的基本原理与电影和电视一样,都是视觉原理。医学已经证明,人类具有视觉暂留(Persistence of Vision)的特性,就是说人的眼睛看到一幅画或者一个物体后,在 1/24 秒内不会消失。正是利用这一原理,如果在一幅画还没有消失前播放出下一幅画,就会给人造成一种流畅的视觉变化效果。因此,电影采用了每秒 24 幅画面的速度拍摄播放,电视采用了每秒 25 幅(PAL制)或 30 幅(NSTC 制)画面的速度拍摄播放。如果以每秒低于 24 幅画面的速度拍摄播放,就会出现停顿现象。

定义动画的方法,不在于使用的材质或创作的方式,而是作品是否符合动画的本质。时至今日,动画媒体已经包含了各种形式,但不论何种形式,它们具有一些共同点。其影像是以电影胶片、录像带或数字信息的方式逐格记录的;另外,影像动作是被创造出来的幻觉,而不是原本就存在的。

5.1.3　动画的构成

毫无规律和杂乱的画面并不能构成真正意义上的动画,动画的构成及动画的表现都应该遵循一定的规则。

1. 动画构成规则

(1) 动画由多画面组成,并且画面必须连续。

(2) 画面之间的内容必须存在差异。

(3) 画面表现的动作必须连续,即后一幅画面是前一幅画面的继续。

如图 5-1 所示给出了构成"小鸟飞翔"动画的六幅画面,进一步说明动画构成规则。

2. 动画表现手法

(1) 在严格遵守运动规律的前提下,可以进行适度的夸张和发展。

(2) 动画节奏的掌握以符合自然规律为主要标准。要求夸张表现时,可以适度调整节奏的快慢。适度的节奏靠最终播放效果来检验,如果违背了自然规律,制作出的动画会怪诞和不可信。

（3）动画的节奏通过画面之间物体相对位移量进行控制。相对位移量越大,物体移动距离越长,视觉速度越快,节奏也就越快;相对位移量越小,节奏就越慢。

图 5-1　构成"小鸟飞翔"动画的六幅画面

5.1.4　动画的分类

动画的分类没有一定之规。如果从制作技术和手段来划分,动画可以分为以手工绘制为主的传统动画和以计算机绘制为主的计算机动画。如果从动作的表现形式来划分,则动画可以分为接近自然动作的完善动画(动画电视)和采用简化及夸张的局限动画(幻灯片动画)。如果从空间的视觉效果来划分,动画可以分为二维动画(卡通片)和三维动画(木偶)。如果从播放的效果上来划分,动画可以分为顺序动画(连续动画)和交互式动画(反复动作)。如果从每秒播放的画面幅数来划分,则动画可以分为全动画(每秒 24 幅)和半动画(每秒少于 24 幅)。

1. 传统动画

动画与运动是分不开的,可以说运动是动画的本质,动画是运动的艺术。从传统意义上说动画是一门通过在连续多格的胶片上拍摄一系列单个画面,从而产生动态视觉的技术和艺术,这种视觉是通过将胶片以一定的速率放映的形式体现出来的。一般说来,动画是一种动态生成一系列相关画面的处理方法,其中的每一幅与前一幅略有不同。

传统动画是相对于计算机而言的,它是由大量画面构成的,制作动画的工作量主要是绘制每一幅画面。传统动画发展得很早,在计算机出现之前,从造型设计、表现手法,到绘制工艺,甚至考虑到经济性,都已经趋于成熟。

2. 计算机动画

人们在沿用传统动画制作工艺的同时,开始使用计算机来制作动画,习惯上把计算机制作的动画就叫做计算机动画。

计算机动画是采用连续播放静止图像的方法产生景物运动的效果,也就是使用计算机产生图形、图像运动的技术。计算机动画的原理与传统动画的原理基本相同,只是在传统动画的基础上把计算机技术用于动画的处理和应用,并可以达到传统动画所达不到的效果。由于采用的是数字处理方式,动画的运动轨迹、纹理色调、光影效果等可以不断改变,输出方式也是多种多样。

3. 全动画

全动画是指在动画制作中,为了追求画面的完美、动作的细腻和流畅,按照每秒播放24 幅画面的数量制作的动画。全动画对花费的时间和金钱在所不惜,迪士尼公司出品的大量动画产品就属于这种动画。全动画的观赏性极佳,常用来制作大型动画片和商业广告。

4. 半动画

半动画又叫有限动画,采用少于每秒 24 幅的绘制画面来表现动画,常见的画面数一般为每秒 6 幅。由于半动画的画面少,因而在动画处理上,采用重复动作、延长画面动作,停顿的画面数来凑足每秒 24 幅画面。半动画不需要全动画那样高昂的经济开支,也没有全动画那样巨大的工作量。对于动画制作者来说,制作这种经济的动画与制作全画面动画几乎需要完全相同的技巧,不同之处在于制作画面的工作量和经济原因。

5.1.5 动画的制作

传统动画的制作是一项相当艰巨的工程,十分耗费时间和金钱。在动画制作过程中,往往不能像拍摄实景电影那样,先拍摄大量的胶片,然后在后期制作中剪掉不需要的部分。只有事先准确地策划好每一个动作的时间及画面数,实施时才不会出现多余的画面,以此来避免财力和时间的浪费。对于不同的人,动画的创作过程和方法可能有所不同,但其基本规律是一致的。其制作过程可以分为总体规划、设计制作、具体创作和拍摄制作 4个阶段,每一个阶段又有若干个步骤。

1. 总体规划阶段

(1) 剧本

任何影片生产的第一步都是创作剧本,但动画片的剧本与真人表演的故事片剧本有很大不同。一般影片中的对话,对演员的表演是很重要的,而在动画影片中则可以避免复杂的对话。在这里最重要的是用画面表现视觉动作,最好的动画是通过滑稽的动作取得的,其中没有对话,而是由视觉创作激发人们的想象。

(2) 故事板

根据剧本,导演要绘制出类似连环画的故事草图(分镜头绘图剧本),将剧本描述的动作表现出来。故事板由若干片段组成,每一片段由系列场景组成,一个场景一般被限定在某一地点和一组人物内,而场景又可以分为一系列被视为图片单位的镜头,由此构造出一部动画片的整体结构。故事板在绘制各个分镜头的同时,对其内容的动作、道白的时间、摄影指示、画面连接等都要有相应的说明。一般 30 分钟的动画剧本,如果设置 400 个左右的分镜头,则要绘制约 800 幅图画的图画剧本。

(3) 摄制表

摄制表是导演编制整个影片制作的进度规划表,以指导动画创作集体各方人员统一协调地工作。

2. 设计制作阶段

(1) 设计

设计工作是在故事板的基础上,确定背景、前景及道具的形式和形状,完成场景环境和背景图的设计、制作。对人物或其他角色进行造型设计,并绘制出每个造型的几个不同角度的标准页,以供其他动画人员参考。

（2）音响

在动画制作时,因为动作必须与音乐匹配,所以音响录音需要在动画制作之前进行。录音完成后,编辑人员还要把记录的声音精确地分解到每一幅画面位置上,即第几秒（或第几幅画面）开始说话、说话持续多久等。最后把全部音响历程（或称音轨）分解到每一幅画面位置与声音对应的条表,供动画人员参考。

3. 具体创作阶段

（1）原画创作

原画创作是由动画设计师绘制出动画人物造型和景物等一些关键画面。通常是一个设计师只负责一个固定的人物或其他角色。

（2）中间插画制作

中间插画是指两个重要位置或框架图之间的图画,一般就是两张原画之间的一幅画。助理动画师制作一幅中间画,其余美术人员再内插绘制角色动作的连接画,即绘制原画之间的过渡插画。在各原画之间追加的内插的连续动作的画,要符合指定的动作时间,使之能表现得接近自然动作。

4. 拍摄制作阶段

（1）制作赛璐珞片

把动画制作人员画在纸上的动画轮廓复制到赛璐珞片上,并由专门从事上色的人员为赛璐珞片上的人物和景物上色。

（2）拍摄电影胶片

在拍摄电影胶片之前进行最后检查,再由电影摄制人员把赛璐珞片画面拍摄成电影,最后对电影胶片进行剪辑和编辑,以达到最好的银幕效果。

动画制作是一个非常繁琐而吃力的工作,分工极为细致。制作前期包括企划、作品设定和资金募集等工作;制作中期包括分镜、原画、动画、上色、背景作画、摄影、配音和录音等工作;制作后期包括合成、剪接和试映等工作。因此,随着计算机技术发展人们开始尝试用计算机进行动画创作。

5.2　计算机动画

随着计算机图形学和计算机硬件的不断发展,以及超级个人计算机和大容量数据存储器的出现,传统动画的制作工艺也发生了变化。有些人在完成动画画面的绘制工作后,不再复制赛璐珞片,而是采用图像扫描仪把画稿转换成数字图像,然后在计算机中进行上色、编辑和其他处理,最后再利用专门设备把数字图像转换成录像带,供电视播放用。计算机的出现,使传统动画经历了几代人不断探索、艰辛劳动和不断创新之后,被注入了新的活力。

5.2.1　计算机动画的概念

　　早期的计算机动画灵感来源于传统卡通片,在生成几幅被称做关键帧的画面后,由计算机对两幅关键帧进行插值生成若干中间帧,其中当前帧是前一帧的部分修改,连续播放时两个关键帧就被有机地结合起来了。计算机动画内容丰富多彩,生成动画的方法也多种多样,例如,如图5-2所示的基于特征的图像变形。因此,计算机动画基于计算机图形图像技术,可以达到传统动画所达不到的效果。

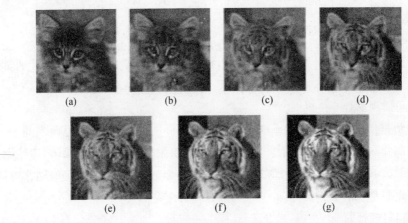

图 5-2　基于特征的图像变形(猫变虎)

1. 计算机动画的发展

　　20 世纪 60 年代,美国的 Bell 实验室和一些研究机构开始研究用计算机实现动画片中间画面的制作和自动上色。这些早期的计算机动画系统基本上是二维辅助动画系统,也称为二维动画。随着计算机图形技术的迅速发展,计算机动画技术也很快发展和应用起来,主要经历了三个阶段。

　　第一个阶段:用计算机画简单的线条和几何图形,计算机把绘画过程记录下来。在需要时,再由计算机重复绘画过程,使人们看到活动的画面。

　　第二个阶段:计算机动画中活动的主体开始从简单的线条、几何图形过渡到比较复杂的图形。画面上的变化模式和多种颜色的运用使这一阶段的动画具有良好的视觉效果,开始体现计算机动画的风格。

　　第三个阶段:以先进的计算机软件和硬件为条件,逼真地模拟手工动画,并进一步制作手工动画难以表现的题材。动画主体从图形过渡到图像,并能够生成数字化的主体模型,进而产生纯计算机动画。

　　目前,计算机动画已经发展成一个多种学科和技术的综合领域,它以计算机图形学,特别是实体造型和真实感显示技术(消隐、光照模型、表面质感等)为基础,涉及图像处理技术、运动控制原理、视频技术、艺术甚至于视觉心理学、生物学、机器人学和人工智能等领域,它以其自身的特点而逐渐成为一门独立的学科。

　　从计算机动画的发展来看,计算机从记录动画开始,随后模拟传统动画,直到现在形成了独特风格的计算机动画。可以看出,计算机在动画制作中扮演的角色,已经从纯粹的制作工具,发展到处理工具和设计工具。

2. 计算机动画的特点

从制作的角度看,计算机动画可能相对比较简单,例如一行字幕从屏幕的左边移入,然后从屏幕的右边移出,这一功能通过简单的编辑就能实现。计算机动画也可能相当复杂,例如动画片《侏罗纪公园》。

在《侏罗纪公园》中,影片将 14 000 万年前的恐龙复活,并同现代人的情景完美地组合在一起,构成了活生生童话般的画面。在这部影片里,出现了 7 种不同的恐龙,这些恐龙一部分是用模型、一部分是用三维动画制作而成的,且动画可以达到模型所达不到的效果。例如,一群恐龙在草原上奔跑,从远而近地追逐着惊恐而逃的博士。又如,在一个暴风雨的夜晚,高压电围网断电,恐龙破网而出,在公路上袭击两部汽车。所有的特技效果都是用传感模型和其他技术所难以实现的,当然,其动画的制作成本也相当高。这部电影中最激动人心的镜头是 6 分钟的动画,为了制作这 6 分钟的动画,制作公司使用了多台图形工作站以及多种动画制作软件。例如用一种软件建立恐龙的框架模型;用另一种软件将恐龙的框架模型以适当的姿态运动起来;再用一种软件为恐龙的框架模型蒙上表皮,打上灯光,制作阴影等,并插入镜头中。

计算机动画的关键技术体现在计算机动画制作软件及硬件上。动画制作软件是由计算机专业人员开发的制作动画的工具,使用这一工具不需要用户编程,通过相当简单的交互式操作就能实现计算机的各种动画功能。不同的动画效果,取决于不同的计算机动画软件及硬件的功能。虽然制作的复杂程序不同,但动画的基本原理是一致的。从另一方面看,动画的创作本身是一种艺术实践,动画编剧、角色造型、整体构图和五彩颜色等的设计都需要高素质的美术人员才能较好地完成。总之,计算机动画制作是一种高技术、高智力和高艺术的创造性工作。

计算机动画和计算机图形、图像的区别是动画使静态图形、图像产生了运动效果。计算机动画的应用小到一个多媒体软件中某个对象、物体或字幕运动,大到一段动画演示、光盘出版物片头片尾的设计制作,甚至到电视片的片头片尾、电视广告,直到计算机动画片。

计算机动画与视频的区别是计算机动画主要是对真实的物体进行模型化、抽象化和线条化后生长成再造画面,所以主要是用来动态模拟、展示虚拟现实等;而视频是将多幅实地拍摄的图像信息按一定的速度连续播放,所以主要是用来表示真实的画面。

3. 计算机动画的分类

计算机动画从不同的方面有不同的划分。如果根据运动的控制方式来划分,可以分为实时动画和逐帧动画。如果根据动画的性质来划分,可以分为逐帧动画和矢量动画。如果根据视觉空间的不同来划分,则可以分为二维动画、三维动画和变形动画。

(1) 实时动画

实时动画(Real-Time Animation)也称算法动画,它是采用各种算法来实现运动物体的运动控制的。实时动画一般不包含大量的动画数据,计算机只是对输入的有限数据进行快速处理,并在人眼察觉不到的时间内将结果随时显示出来。实时动画的响应时间与许多因素有关,例如计算机的运算速度、软件处理的能力、景物的复杂程序以及画面的大小等。游戏软件以实时动画居多。在操作游戏机时,人与机器之间的作用完全是实时快速的。

在实时动画中,一种最简单的运动形式是对象的移动,它是指屏幕上一个局部图像或对象在二维平面上沿着某一固定轨迹做步进运动。运动的对象或物体本身在运动时的大小、形状和颜色等效果是不变的。具有对象移动功能的软件有许多,大部分的编著软件,例如 Flash 和 Authorware 等都具有这种功能,这种功能也是被称做多种数据媒体的综合显示。

对象的移动因为相对简单,容易实现,又不需要生成动画文件,所以在多媒体应用中经常采用。如果在文字、图形、图像和声音的基础上增加对象的移动,例如跳出文字等,以达到简单动画功能,且能大大丰富视觉效果。但对于中间没有停顿的复杂动画效果,最好使用二维逐帧动画预先将数据处理和保存好,然后再通过播放软件进行动画播放。

(2) 逐帧动画

逐帧动画(Frame-by-Frame Animation)也称帧动画或关键帧动画。逐帧动画是计算机动画中最基本并且运用最广泛的方法,它是通过一帧一帧显示动画的图像序列而实现运动的效果。出现在动画中的一段连续画面实际上是由一系列静止的画面来表现的,制作过程中并不需要逐帧绘制,只需要从这些静止画面中选出少数几帧加以绘制。被选出的画面一般都出现在动作变化的转折点处,对这段连续动作起着关键的控制作用,因此称为关键帧(Key Frame)。绘制出关键帧之后,再根据关键帧插入中间画面,就完成了动画制作,因此也称做关键帧动画。制作帧动画工作量非常大,计算机特有的自动动画功能只能解决移动和旋转等基本动作过程,不能解决关键帧问题,所以它主要是用在传统动画片的制作、广告片的制作,以及电影特技的制作方面。

(3) 矢量动画

矢量动画(Vector Animation)也称造型动画,一般通过绘图软件来制作。矢量动画是在计算机中使用数学方程来描述屏幕上复杂的曲线,利用图形的抽象运动特征来记录变化画面信息的动画。其画面只有一帧,是对每一个活动对象分别进行设计,赋予每一个对象一些特征,例如形状、大小和颜色等,然后再用这些对象组成完整的画面。这种动画主要表现变换的图形、线条和文字等,例如模拟飞机的飞行以及鱼的游动等。矢量动画具有无限放大不失真,占用较少存储空间等优点,但同时也造成了它不利于制作复杂逼真的画面效果,我们看到的矢量动画以抽象卡通风格的居多。矢量动画通常采用编程方式和某些矢量动画制作软件来完成。

(4) 二维动画

二维动画(Two-Dimensional Animation)又称平面动画,具有灵活的表现手段和良好的视觉效果。二维动画运用传统动画的基本概念,在平面上构成动画的基本动作。在保持传统动画表现力和视觉效果的基础上,尽量发挥计算机处理高效率、低成本等特点。将所生成的图像进行复制、粘贴、放大、缩小及任意移动等操作。在二维动画中,处理的关键是动画生成处理。

(5) 三维动画

三维动画(Three-Dimensional Animation)又称空间动画,可以是帧动画,也可制作成矢量动画。它主要表现三维物体和空间运动。三维动画主体的三维造型经过计算得到，不需要画出物体在旋转和翻滚时的各个面。即首先要建立角色、实物和景物的三维模型，然后给各个模型贴加材质；接着给该模型设置动作，如移动、旋转和变色等；最后添加摄像机和灯光。三维动画的加工和后期制作往往采用二维动画软件完成，三维动画不能产生真正的三维视觉效果。

（6）变形动画

变形动画（Morph Animation）属于平面动画，其显著特点是通过计算，把变形参考点和颜色有序地重新排列，形成变形效果。变形动画所产生的效果令人吃惊，可以随意把一个物体变成另外一个物体，具有非常吸引人的视觉效果。变形动画主要用于影视人物、场景变换、特技处理、描述某个缓慢变化的过程等场合。

4. 计算机动画的技术支持

制作计算机动画除了需要动画制作的概念和思想以外，还需要计算机硬件设备和软件环境的技术支持。

（1）硬件设备

制作动画的计算机应该是一部多媒体计算机，能够使用和加工各种媒体，性能指标没有特殊的要求，但应该尽可能采用高速 CPU、足够大的内存容量，以及大容量的硬盘空间。彩色显示器对于动画制作十分重要，在经济条件允许的情况下，尽量选用屏幕尺寸大、颜色还原好、点距小的彩色显示器；显示卡的缓存容量与动画系统的显示分辨率有紧密的关系，其容量应该尽可能大，保证较高的显示分辨率和良好的颜色还原质量。由于制作动画的主要工作是用鼠标绘制画面，因此要求鼠标反应灵敏、移动连续、无跳跃、手感舒适。另外，制作动画也需要一些特殊的多媒体配件，例如视频卡和视频压缩卡等，可以根据动画制作的实际需要，选配相应的卡。

（2）软件环境

为了保证动画系统稳定、可靠地运行，良好的系统环境非常重要。在运行动画制作软件之前，应该关闭所有 Windows 中正在运行的其他应用程序，同时应关闭任务栏中的各个任务项。在制作动画时，最好关闭某些病毒监控程序，这些程序影响动画程序运行的速度，并容易误把动画系统形成的中间数据看作是病毒，造成不必要的麻烦。

制作动画通常需要依靠动画制作软件来完成。动画制作软件具备大量用于绘制动画的编辑工具和效果工具，还有用于自动生成动画、产生运行模式的自动动画功能。常用的动画制作软件有如下几种。

- Animator Pro。二维动画处理软件，用于制作帧动画，运行在 MS-DOS 环境中。其特点是软件绘制能力很强，操作方式最接近于传统动画的制作方式。

- Animator Studio。二维动画处理软件，用于加工和处理帧动画，运行在 Windows 环境中。其特点是绘制动画能力一般，但加工和处理能力很强。

- Flash。网页动画制作软件，用于绘制和加工帧动画、矢量动画。其特点是可以为动画添加声音效果，动画作品主要用于互联网。

- WinImage：morph（简称 Morph）。变形动画制作软件，其特点是可以根据首、尾画面自动生成变形动画，动画作品可以是帧动画文件，也可以是一组图片序列。

- GIF Construction(简称 GIFCON)。网页动画生成软件,其特点是可以把二维动画、三维动画和变形动画等多种动画格式和图片序列转换成网页动画格式,是一种比较灵活的动画制作方式,得到的动画是帧动画。
- 3D Studio Max。三维造型与动画制作软件,其特点是通过建立物体的三维造型,设置物体的三维运动模式,实现制作三维动画的目的,使用范围比较广。
- Cool 3D。三维文字动画制作软件,处理对象主要是文字和简单图案。其特点是由软件自动建立文字的三维模型,由用户确定三维运动模式。动画作品可以是帧动画文件,也可以是视频文件。
- Maya。三维动画制作软件,其特点是具有强大的动画绘制和置景功能,适合制作大型三维动画作品,被认为是较专业的动画制作软件。用于三维动画片、电视广告、电影特技和游戏等。

这些动画制作软件具有各自的特点,生成的动画也是具有各自的风格。在实际的动画制作中,往往使用多个动画制作软件对同一个动画作品进行加工和处理,以便实现需要的动画效果。大多数动画制作软件都可以采用通用的文件格式保存动画,为多个动画制作软件处理同一素材提供了方便。

5.2.2 二维动画

二维画面是平面上的画面。纸张、照片或计算机屏幕显示,无论画面立体感有多强,终究只是在二维空间上模拟真实的三维空间效果。一个真正的三维画面,画面中的景物不仅有正面,也有侧面和反面,调整三维空间的视点,能够看到不同的内容。二维画面则不然,无论怎么看,画面的深度是不变的。

1. 二维动画的概念

(1) 二维动画的主要特点

二维动画是对手工传统动画的一个改进。与手工动画相比,用计算机来描线上色非常方便、操作简单。从成本上说,其价格便宜。从技术上说,由于工艺环节减少,不需要通过胶片拍摄和冲印就能预演结果,发现问题即可在计算机上修改,既方便又节省时间。二维动画不仅具有模拟传统动画的制作功能,而且可以发挥计算机所特有的功能,例如生成的图像可以重复编辑等。但目前的二维动画还只能起辅助作用,代替手工动画中一部分重复性强、劳动量大的工具,代替不了人的创造性劳动。

(2) 二维动画的处理过程

在二维动画中,计算机的作用包括输入和编辑关键帧、计算和生成中间帧、定义和显示运动路径、交互式给画面上色、产生一些特技效果、实现画面与声音的同步、控制运动系列的记录等。二维动画处理的关键是动画生成处理。传统的动画创作由美术师绘制关键的画面,再由美工使用关键画面描绘中间画面,最后逐一画面地拍照形成动画影片。二维动画处理软件可以采用自动或半自动的中间画面生成处理,大大提高了工作效率和质量。

(3) 二维动画的关键技术

图像(位图)与图形(矢量图)的区别主要在于其数据的组成,它们都是动画处理的基础。图像技术可以用于绘制关键帧、多重画面叠加、数据生成;图形技术可以用于自动或半自动的中间画面生成。图像有利于绘制实际景物,图形则有利于处理线条组成的画面。二维动画处理利用了它们各自的处理优势,两者配合、取长补短。从处理过程上看,动画处理包括屏幕绘画和动画生成两个基本步骤。屏幕绘画主要由静态图像处理软件来完成;动画生成是用屏幕绘画的结果作为关键帧,并以此为基础进行生成处理,最终完成动画创作,得到动画数据文件。

（4）二维动画的动画数据

动画中帧的大小并不是固定的,一帧可以是一屏,也可能是屏幕上的一个局部窗口。在一个表现连续运动过程的动画中,相邻帧之间的变化越少,动画的效果越连续。由于帧动画实际上是活动的图像数据,因此播放效果越连续的动画其数据量越大。从另一个角度看,由于动画的帧与帧不同的局部范围可能很小,因此人工和自动绘画都可以充分利用这一特点来简化处理。帧动画数据记录在一定格式的动画文件中。由于原始的动画数据量非常大,不仅对存储造成压力,同时要连续读出每一帧画面还需要花费太长的时间,这不利于动画的实时播放,因此有的动画格式需要采用一定的压缩方式记录数据,以减少动画文件的容量,从而提高读取速度。

2. 二维动画的制作

GIF 是 CompuServe 公司在 1987 年为了制定彩色图像传输协议开发的图像文件格式。GIF Construction Set for Windows(简称为 GIFCON)是 Alchemy Mindworks 公司开发的一种能够处理和创建 GIF 格式文件的工具集成软件。用 GIFCON 能够创建包含多幅图像的 GIF 文件,灵活地控制各个图像的显示位置、显示时间、透明颜色等,达到各种简单动画的效果。但是,GIFCON 本身并没有编辑处理图像的功能。创建一个 GIF 动画文件需要事先预备好各种图像素材,然后再用 GIFCON 按照一定的控制方式把它们集成在一起。

（1）GIF 文件的结构

GIF 文件格式采用了可变长度的压缩编码和其他一些有效的压缩算法,按行扫描迅速解码,且与硬件无关。它支持256 种颜色的彩色图像,并在一个 GIF 文件中可以记录多幅图像。一个 GIF 文件中含有多幅图像是 GIF 格式的一个显著特点,正是根据这一特性,用 GIF 格式可以构造出简单帧动画。除了一般图像文件所包含的文件头、文件本和文件尾三大块以外,GIF 格式允许 GIF 文件包含多幅图像以及相应的若干附加块,如表 5-1 所示。

表 5-1　GIF 文件的结构

GIF 文件结构
文件头（Head Block）
注释块（Comment Block）选项
循环块（Loop Block）选项
控制块（Control Block）
图像数据块（Image Block）/文本块（Plain Text Block）
附加块（Application Block）选项

- 文件头。记录 GIF 动画窗口大小、背景色和调色板信息。
- 注释块。注释块是可选项，由文本组成，它可以包括任何用户想输入的信息。注释块的作用只是一种用户记录，其内容不会在显示 GIF 图像时显示出来。它实际上相当于一般文件格式中文件尾的作用。
- 循环块。GIF 格式可以包含多个图像，并按照顺序显示。如果需要循环显示，则可以在所有图块之前插入一个循环块选项来指定循环次数。在循环的情况下显示完最后一个图块后紧接着显示第一个图块。
- 控制块。控制块的作用是对其后的图像数据块或者文本块的各种显示方式和参数进行控制和设定，因此，它与其后的图像数据块或文本块总是成对出现的，而且可以重复多次出现（表中黑体字部分）。可以控制的参数包括图像的透明色定义、是否采用用户触发显示方式、显示延时时间和图像消隐方式等。
- 图像数据块。图像数据块，简称图像块，包含图像数据及相应的参数，例如图像尺寸、相对位置、扫描方式、调色板和图像数据等。
- 文本块。文本块的作用是在 GIF 底图上或图块上叠加文字，GIFCON 软件虽然没有处理图块的功能，但具有编辑产生文本块的功能。这样使 GIF 的显示效果和动画效果更丰富。文本块有前景和背景两种颜色，文本的前景色表示文字的颜色；文本块也可以定义为透明色。当文本块位于图像上时，它不会破坏图像的像素。在 GIFCON 中，用户可以自行定义文本内容、显示位置和颜色等参数。
- 附加块。用来记录其他一些用户定义的应用数据的可选项。该项在 GIFCON 软件中不能被编辑或产生，但对已有的内容也不会破坏或改变。

(2) GIFCON 的功能

根据 GIF 文件的结构，GIFCON 允许用户把各种图像块集成在一起，并可以单独设置各个图块的控制和显示方式，由此达到各种不同的简单动画效果。其用途主要包括以下几种。

- 创建简单动画。GIFCON 可以把多个图像块组合在一个 GIF 文件中，构造这种多幅图像 GIF 文件的先决条件是预处理好需要的图像块，这可以通过各种图形图像处理软件完成。如果各个图像块大小相同，并按照显示的先后顺序插入；显示窗口与图像块大小一样，图像块都无位移，则每一图像块相当于传统动画中的不同帧，由此可以构造出简单帧动画。

由于在 GIF 文件中各个图像块可以具有不同的大小和不同的显示位置。每个图像块都由其相应的控制块来控制该图像块的显示延时时间、消隐方式等参数。即每一条图像块都需要单独控制，且可以具有不同的延时和消隐方式如消失、保留、被背景取代等。显然，这种控制和显示比传统帧动画更灵活多变，可以在较大的背景图上构造出前景图沿一条路径运动的效果。

- 创建透明的 GIF 文件。在 GIF 图像的控制块中可以设定该图像是否透明，并可选定一种颜色作为透明色。这一特性不仅适用于多图像块的 GIF 文件，也适用于单图块的静态 GIF 格式图像。透明特性特别适合于 GIF 图像叠加在另一幅大背景中。因为图像文件都必须是按矩形尺寸存储，所以如果把前景和背景叠在一起,并要求前景是一个独立或移动的物体,则需要设定前景图块的背景为透明色。

- 在图像中插入文字。在 GIFCON 中通过文本块中可以定义叠加在图像块上的文字。在文本块之前要插入一个控制块以定义文本的显示位置、文本前景及背景色等参数。如果在控制块中把文本的背景色定义为透明色,则文字可以叠在上一幅图像块上。这种相叠并不把两层融合在一起,只是在显示的时候显示的部分遮挡了以前显示的部分。需要注意的是某些具有 GIF 浏览器功能的软件虽然能够浏览 GIF 动画,但不支持 GIF 中插入文本的功能。

- 作为 GIF 格式图像的浏览器。普通的图像处理和浏览软件只能静止地显示出 GIF 文件中的第一幅图像,而 GIFCON 则可以作为 GIF 文件的实时浏览器使用,即可以按 GIF 文件中的时序关系观看到其中的各个图像构成的简单动画效果。多图像块的 GIF 文件可以在互联网浏览器如 Netscape 和 IE 中实时浏览。但不同的 GIF 浏览器中显示的运动速度可能不同,因此,设计动画时要根据环境调整图像块的延时。

(3) GIFCON 的使用

GIFCON 的主界面由菜单、常用键组、文件窗口和图像块窗口组成,如图 5-3 所示。常用键都包含在各菜单项当中,文件窗口显示当前打开的文件所包含的各个块,各个图像块或文本块是按其在文件中的排列顺序显示,从而构成动画效果。图像窗口显示当前图像块(高亮条指示)的内容。双击高亮条可进入所指块的编辑状态,设置其中的各种参数。

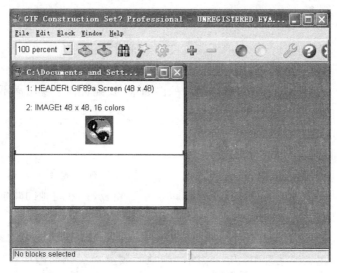

图 5-3　GIF Construction 主界面

GIFCON 的主要功能包括打开、新建、编辑、浏览和保存 GIF 文件。通过 GIFCON 的主界面,可以对 GIF 文件的构成内容和参数进行插入和调整。因此,了解了 GIF 文件的构成,按照图像显示的顺序依次插入各个图像帧,并设置好对应的参数,就可以完成一个 GIF 动画的构成了。下面本书针对老版本用户列出一系列简单操作以供参考。

- 新建 GIF 文件。新建 GIF 文件时,GIFCON 自动把文件头加入到文件中,文件头默认的参数是 640×480 显示窗口、黑色背景、使用全局调色板,但调色板此时还是空的。新建 GIF 文件的过程是把已经编辑处理好的各个图像块按动画显示顺序插入到文件中,并设置好控制参数的过程。

- 编辑已有 GIF 文件。GIFCON 的编辑功能包括各个模块参数的修改,以及模块的复制、删除和移位等操作。"编辑"菜单中提供了常用的编辑命令,用这些命令就可以完成所需要的编辑操作。实际上,用剪贴板也可以很方便地进行图像块的插入。

- 预览 GIF 文件。用"预览"(View)按钮可以浏览多模块的 GIF 文件的动画效果。GIF 窗口将在屏幕上居中,如果 GIF 窗口大于屏幕窗口,则会自动出现滚动条。在浏览时可以用 Esc 键或单击鼠标右键中断浏览。需要注意的是,各个图像块的显示延时应该以 GIF 文件的实际应用为准,例如,在 GIFCON 中浏览 GIF 文件的速度要比在 Netscape 和 IE 中慢得多。

- 保存 GIF 文件。GIF 文件编辑完成后,用"文件"菜单中的"保存"命令可以将其保存到指定目录下的一个 GIF 文件,如果用"另存为…"保存,而且选择了 Write Thumbnail 选项,则保存 GIF 文件的同时还会自动产生一个同名的以 THN 为后缀的文件,该文件是为别的应用程序的兼容而产生的。

"文件"菜单中的 Export 命令将把多模块的 GIF 文件中的所有显示元素都按照原有的显示位置存成一个图像文件,但消隐方式是"被背景取代"的图像块将不被保存。这个命令也会把多图像块的 GIF 文件依次显示一遍以后的显示结果保存为一个文件。

5.2.3 三维动画

三维动画是空间动画,是一种用计算机模拟空间造型和运动的动画形式,是纯粹的计算机技术的产物。三维动画的本质是通过计算机运算和处理,建立三维物体造型,并使该物体在三维空间运动。制作时,物体运动时的诸如滚动、旋转各个视图面不需要画出。三维动画并没有真正的三维视觉效果。

1. 三维动画的概念

(1) 三维动画的主要特点

用三维动画表现内容主题,具有概念清晰、直观性强、视觉效果真实等特点,特别适用于学校教学、科学研究、产品介绍、广告设计以及军事领域,三维动画同时也是多媒体产品中比较常见的媒体形式。

二维动画与三维动画的区别主要在于采用不同的方法获得动画中的景物运动效果。一个旋转的地球,在二维处理中,需要一帧一帧地绘制球面变化的画面,这样的处理难以自动进行。在三维处理中,首先建立一个地球的模型并把地图贴满球面,然后使模型步进旋转,每次步进自动生成一帧动画画面,当然最后得到的动画仍然是二维的活动图像数据。

(2) 三维动画的处理过程

如果说二维动画对应于传统卡通片,那么三维动画就对应于木偶动画。如同木偶动画中需要首先制作木偶、道具和景物一样,三维动画首先要建立角色、实物和景物的三维数据模型。模型建立好了以后,给各个模型"贴上"材料,相当于各个模型有了外观;模型可以在计算机的控制下在三维空间里运动,或远或近、或旋转或移动、或变形或变色等。然后在计算机内部"架上"虚拟的摄像机,调整好镜头,"打上"灯光。最后形成一系列栩栩如生的画面。三维动画之所以被称做计算机生成的动画,是因为参加动画的对象不是简单地由外部输入的,而是根据三维数据在计算机内部生成的,运动轨迹和动作的设计也是在三维空间中考虑的。

(3) 三维动画的关键技术

三维动画已发展了很多年,从最初的三维物体造型,发展到目前的虚拟现实技术,在三维模拟的建立手段、计算方法以及三维真实效果等方面,具备了很高的技术水平。其关键技术包括 5 点:其一是造型建模,由计算机生成一个真实的三维物体;其二是真实感设计,对物体的表面进行表面材质编辑和贴图及着色;其三是动画设计,采用关键帧法、运动路径法和物体变形法等算法使物体活动起来;其四是光线应用,模拟真实世界;其五是后期制作,对运动物体生成图像、制作录像带。

(4) 三维动画的实际应用

人们都知道电影《泰坦尼克》中的大船是三维虚拟出来的;《侏罗纪公园》中那栩栩如生的恐龙也是计算机设计的杰作;《最终幻想》中漂亮的女主角竟然也不过是三维系统中"0"与"1"的排列。的确,三维动画技术在影视、娱乐领域得到了空前的发展与应用,不仅仅如此,三维动画也早已在医学、交通、工程以及工业制造等诸多领域得到应用。其中,包括日常生活中使用的工具产品,例如剃须刀和耐克鞋等,大都是经过设计人员在计算机中绘制出三维模型后,再投入生产的。至于公路上各种飞驰的汽车,几乎没有一个不是在工业三维软件中设计出来的,而车中的 GPS 卫星定位系统,又是通过三维模拟的城市路况显示给司机的。三维设计软件的出现,大大提高了工业生产的效率,拓展了人们的视觉空间。

计算机动画创作软件是设计动画非常得力的工具。计算机动画的目标是使二维及三维图像帧序列连续变化、运动控制自动化及智能化,并融合可视化技术,实现虚拟现实境界。另外,编程动画设计已经在科学可视化技术中得到较好的应用。

2. 三维动画的制作

三维动画的制作主要依靠动画制作软件来完成,典型的三维动画制作软件有三维造型与动画制作软件 3DS MAX、文字三维动画软件 Cool 3D、三维动画制作软件 Maya。其中 3DS MAX 是由美国 Autodesk 公司推出的基于个人计算机的三维造型与动画制作软件,是当今世界上销售量最大的软件之一,它是三维建模、动画及渲染的解决方案。

3DS MAX 的主界面由标题栏、菜单栏、视图、标签面板、命令面板、视图调整控制、动画放映控制、状态栏、提示栏、锁定选择按钮和其他按钮组成,如图 5-4 所示。

一个典型的三维制作过程应包括建模(Modeling)、材质与贴图(Material Mapping)、灯光(Lighting)、动画(Animation)以及渲染(Rendering)。

(1) 建模

建模即建立模型。就像在街面上看到的捏面人,先把一团团的面捏成形态各异的人形,这就是建模,再对人形上色进行装饰美化。建模的灵魂是创意,核心是构成,源泉是美术素养。

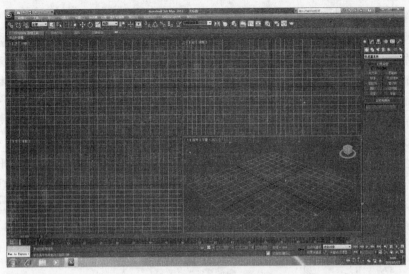

图 5-4　3DS MAX 主界面

如何用 3DS MAX 实现建模呢？例如对桌面建模，如果是方形，则要考虑使用 Box 工具建模，而且要考虑长宽高的比例；如果是圆形，则要考虑使用 Cylinder 工具建模，此时要考虑直径和厚度；如果遇到形状怪异不能用常规方法建模的情况，则要考虑使用 Mesh（网格体）、放样造型，或者用布尔运算实现；如果遇到更复杂的建模情况，则要考虑使用 NURBS 工具、Spline（样条）或者 Patch（面片）实现。

3DS MAX 的建模方式包括 Shape（型）建模、体块建模及复合物体建模等。其中，Shape（型）建模就是使用二维形体开始建立模型，例如直/曲线、多边形和文字等，还包括 Loft（放样）、Shape（型）建模是建立复杂模型的有效手段；体块建模是使用集成体块（Create 面板下的 Stand and /Extended Primitives）建模，现实世界中存在着大量的机械复合体态，例如建筑和零件等，可以将它们分解为一些诸如方块、圆柱和圆锥等基本组成体块，或对其略作修改变化，这种建模方式是 3DS MAX 的强项；复合物体是使用布尔运算，主要是体块之间的 Union（相并）、Intersection（相交）和 Subtraction（相减）操作，可以用于诸如在墙面上挖洞等操作。NURBS 的特性即平滑过渡性，它不会产生陡边或皱纹。因此非常适合于有机物体或 Character（角色）的建模和动画，例如《侏罗纪公园》中的恐龙模型。NURBS 建模不在于精确性，而在于艺术性。

（2）材质与贴图

模型建好后要考虑材质与贴图。好的材质和贴图可以弥补建模的不足。

材质即材料的质地，体现在物体的颜色、透明度、反光度、反光强度、自发光特性以及粗糙程度等特性上。不同的物体所配的材质也不同，如果构建的模型是桌子，则应该考虑用木头来做材质；如果构建的模型是斧头，则应该考虑用钢铁来做材质。依此类推，材质必须跟现实生活中的对象属性结合起来。

贴图是为材质赋予某种图像，使物体表面具有纹理效果。贴图跟材质比较起来要复杂得多。对具体的图像要贴到特定的位置上，三维软件使用了 Map Coordinate（贴图坐标）的概念，一般有 Planar（平面）、Cylindrical（柱体）和 Spherical（球体）贴图等，分别对应于不同的需求。3DS MAX 提供了多种贴图方式,例如 Standard(标准贴图)、Blend(混合贴图)、Composite(复合贴图)、Double Sided(双面贴图)、Matte/Shadow(粗/阴影贴图)、Morpher(形体贴图)、Multir/Sub-Object(多个次物体贴图)、Raytrace(光线追迹贴图)、Shellac(胶状贴图)和 Top/Bottom(顶/底贴图)。3DS MAX 还拥有很多贴图种类,例如:2D Maps(二维贴图)和 3D Maps(三维贴图)等。常用的有 Bitmap(位图贴图)和 Gradient(渐变贴图)等。究竟选择哪一种贴图,关键是看对象物体的表现要求,例如要表现精确的镜面反射,就应该选择 Raytrace(光线追迹贴图);如果要表现物体各个层面的贴图差异,就应该选择 Multi/Sub-Object(多个次物体贴图)。

（3）灯光

三维软件要对现实世界进行模拟,灯光、摄像机、重力、风力是必不可少的,这样可以给动画增加一些影院效果。

三维软件中的灯光一般都有泛光灯(如太阳、蜡烛等四面发射光线的光源)和方向灯(如探照灯、电筒等有照明方向的光源)之分。灯光起着照明场景、投射阴影以及增添氛围的作用。同真实的灯一样,光色、强度和设置衰减等也是可以选择的,同时还能够选择一些真实灯光所没有的特性,如对场景中的物体选择性的影响以及是否投射阴影的控制。计算机中的物体没有反射性(除非使用 Radiosity 辐射度渲染器),因此设置一个恰当的照明环境是个比较复杂的过程。

（4）动画

计算机动画一般使用 Keyframe(关键帧)的概念,即设定动画主要画面(一般是动画中动作或场景变化较大的那一瞬间)为关键帧,而关键帧之间的过渡由计算机来完成,这个过程称为插值。

三维软件大都将动画信息以动画曲线表示。动画曲线的横轴是时间(帧),竖轴是动画值,可以从动画曲线上看出动画设置的快慢急缓、上下跳跃。Track View(轨迹视窗)是 3DS MAX 的动画曲线编辑器。动画的动是一门技术,摄像机就是为动画而专门设计的。

（5）渲染

造型的最终目的是得到静态或是动画效果图,而这些都需要渲染才能完成。渲染本是个绘图用语,在这里是指根据场景设置的,赋予物体材质和贴图,计算明暗程度和阴影,由程序绘出的一幅完整的画面或一段动画。

渲染是由一段称为渲染器的程序完成的,渲染器有 Line-Scan(线扫描方式,例如 3DS MAX 内建的)、Ray-Tracing(光线跟踪方式)及 Radiosity(辐射度渲染方式,例如 Lightscape 渲染软件)等,其渲染质量依次递增,但所需要的时间也相应增加。较好的渲染器有 Softimage 公司的 MetalRay 和 Pixar 公司的 RenderMan(Maya 软件也支持 RenderMan 渲染输出)。

5.2.4 变形动画

变形动画是二维(平面)动画的一种,采用很多帧来记录变形的过程。变形动画不是人为绘制的,它是由变形动画软件(例如 Morph)自动生成的。变形动画常常被用于需要离奇的、魔幻般的艺术效果的场合,例如影视特效制作和广告设计等领域。

1. 变形动画的概念

(1) 变形动画的主要特点

变形指景物的形体变化,它是使一幅图像在1~2秒内逐步变化到另一幅完全不同的图像的处理方法。变形动画是一种复杂的二维图像处理,需要对各像素点颜色、位置作变换。变形的起始图像和结束图像分别为两幅关键帧,从起始形状变化到结束形状的关键在于自动地生成中间形状,即自动生成中间帧。

在变形动画中,首画面和尾画面是两幅尺寸相同、颜色模式一致的图像,事先用图像处理软件加工和处理。制作变形动画时,首先确定变形过程占用的帧数,然后在首画面和尾画面上设置对称的变形参考点,变形动画软件根据这些变形参考点的位置生成过渡过程。变形参考点设置得越多,帧数越多,则变形效果越缓慢、过程越细腻。

(2) 变形动画的处理过程

图像的变形可以采用插值算法来实现。最简单的插值就是对图像的每个像素的颜色值直接进行插值,以实现渐隐渐现效果。但这种技术还不能满足图像变形的要求。由于两幅相差很大的图像之间的对应关系很难直接建立,因此通常采用的方法是首先建立图像与某种特征结构的对应关系,然后通过对特征结构的插值达到对图像本身的变形插值。

变形动画的一般过程如下。

① 关键帧选取。选择两幅结构相似、大小相同的画面作为起始和结束关键帧,这样才能比较容易地实现自然、连续的中间变形过程。制作变形动画素材一般取自于真实素材,例如照片、录像、杂志、印刷品、VCD及DVD等。真实素材的变形往往具有震撼力和戏剧性,是一些广告中常用的方法。

② 设定关键帧特征结构。在起始和结束画面上确定和勾画出各部分(主要轮廓)的结构对应关系,也即从起始画面上的一个点变到结束画面上另一个对应点的位置,这是变形运算所需要的参数。根据需要,点的位置可以任意移动。一种特例是起始帧就是结束帧的背景图,起始帧上所有的对应点都位于画面中心,结束图帧上的点对应于图的前景轮廓。生成的动画效果是结束帧的图像前景逐步地放大,效果很像摄影中的推镜头。

③ 参数设置。包括中间帧的帧数,生成的动画格式和压缩等参数。

④ 动画生成。系统自动地对当前帧上的每个点做向着结束点方向的步进运动,步进长度为移动距离除以中间帧数,以求出下一帧对应点的位置及颜色,并对其他相邻点作插值处理。对全部点处理完后生成一个新的当前帧画面。如此反复,生成所有的中间帧。

在实际的应用中,可以设置连续的多组关键帧,第二组关键帧的起始图像是第一组的结束图像,由此生成从第一幅画面变化到第二幅画面,再变化到第三幅画面甚至更多画面的动画效果。在变形动画完成后,往往需要添加背景、文字和同步声音,形成最终动画产品。这是后期制作要解决的问题,变形动画软件一般不具备后期制作能力,因此还需要其他软件来完成。

2. 变形动画的制作

变形动画的制作是依靠变形动画软件来完成的。WinImage:morph(简称Morph)是由美国Black Belt System公司研制的全球第一套微机变形动画软件。它将原本在工作站上的变形处理成功地在微机上达到了广播级的变形效果,目前已普遍应用于各种广告片、电视和电影之中,成为动画图像处理最有力的助手。

    Morph 可以打开图像文件和动画文件。如果打开的是动画文件,那么只取动画文件的首帧。Morph 制作完成的变形动画可以使用两种基本形式保存:一种是图像文件,用于互联网时,采用 GIF 格式;用于电视广告制作时,采用颜色深度为 24 位的 TGA 格式等。另一种是动画文件,即 FLC 格式,常用于多媒体制作和电脑演示,Animator Pro 软件可以对该格式的变形动画进行进一步的加工和处理。Morph 软件的主要技术指标如表 5-2 所示。

表 5-2　Morph 软件的主要技术指标

项　　目	技 术 指 标
内存容量	32MB 或更大
变形过程使用的最大画面数	9999 帧
允许读入的图像文件格式	BMP、TGA、TIF、PCX、GIF、IFF、IRW、FLM
允许读入的动画文件格式	FLC(读入指定的某个画面)
输出的图像文件格式	BMP、TGA、TIF、PCX、GIF、IFF
输出的动画文件格式	FLC
画面显示模式	RGB 24 位真彩色、256 彩色、256 阶灰度

    Morph 的主界面由菜单栏、工具按钮、首画面窗口、尾画面窗口、中间画面以及影片窗口组成,如图 5-5 所示。其中,菜单栏和工具按钮用于一些编辑操作;首画面窗口和尾画面窗口用于显示变形的起始图像和结束图像,变形过程总是从首画面开始到尾画面结束,除非选择了 Filmstrip→Animation Setting→Reverse 选项,变形过程才会反向进行;中间画面和影片窗口用于显示变形的中间过程和最终结果。

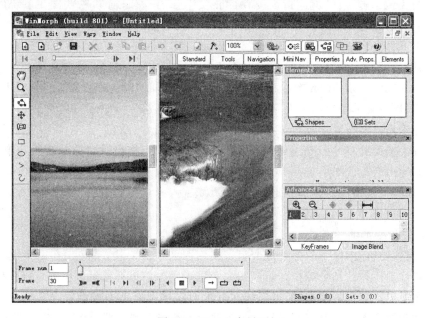

图 5-5　Morph 主界面

Morph 的基本操作包括加工与使用首画面和尾画面、设置动画文件的格式与参数、设备变形的参考点、生成与保存变形动画等。下面针对老版本用户列出一系列简单操作以供参考。

（1）加工与使用首画面和尾画面

首画面和尾画面分别打开后，首画面窗口和尾画面窗口中的图像宽高比例可能与原图稍有出入，这是由于窗口比例与原图比例不一致所致，但是并不影响变形动画的实际画面比例。首画面与尾画面是两个图像文件，可以利用 Photoshop 进行加工和处理。为了使变形动画的效果更为理想，在进行图像处理时，应该遵守以下处理规则。

- 首画面和尾画面的尺寸应该一致，且不宜过大。因为变形动画主要用于演示，一般不作为平面设计作品，所以首画面和尾画面尺寸应该小于或等于标准显示尺寸，例如 800×600 像素或 1024×768 像素。Morph 生成的中间变形过程也采用首画面和尾画面的尺寸。
- 首画面和尾画面最好采用相同的图像文件格式保存，这样有利于避免由于文件格式的差异带来不可预见的后果。
- 参与变形的两个主体的外形轮廓应该比较接近，在画面中的相对位置也应该尽可能一致，这样会使变形的过程更为自然。
- 首画面和尾画面的色调应该保持一致或接近，图像的色调不宜相差甚远，否则变形效果大打折扣。
- 首画面和尾画面的背景不适宜安排色彩丰富的图案，应该一律采用黑色，这样有利于变形动画的后期加工、合成和处理。

（2）设置动画文件的格式与参数

Morph 在生成变形动画的过程中，能以不同的文件格式输出。与其他软件不同，Morph 每生成一帧画面，就向指定的存储介质中输出一帧；而其他软件在系统内部生成一个完整的动画之后才输出。因此，在生成变形动画前，应该设置全部有关输出的参数。选择菜单 File→Output File Type 命令，显示一组文件格式菜单，该菜单分为上下两部分，中间用虚线隔开。上部分列出很多文件格式，大部分是图像文件格式，只有一个 Animator FLIC Animation 命令是动画文件格式；下部分列出几种调色盘供用户选择。根据需要，选择菜单中的一种文件格式，该格式前面显示√标记。

文件输出需要设置的参数包括变形过程使用的帧数、路径名、文件名、输出动画的画面尺寸等。选择菜单 Settings→Sequence Control 命令，将显示对应的参数控制对话框，设置文件输出参数。如果变形动画用于要求比较严格的场合，必须精确设定画面尺寸。例如，如果为电视播放制作的变形动画，则其画面尺寸应该设置为 768×482 像素（NTSC制）、768×512 像素（PAL 制）。

（3）设置变形的参考点

为了将首画面图像中的形状改变为尾画面图像中的形状，就必须在两个图像上标识相似的特性。所加的每个点在首画面图像和尾画面图像上都有一个位置，这就是参考点。变形的参考点是变形的依据，通过鼠标在首画面和尾画面上进行设置。变形参考点的位置不够准确将直接影响变形的最终效果。在设置变形参考点时，应该遵循以下规律。

- 在图像轮廓上设置参考点,并且总是使用鼠标左键在首画面设置变形参考点,在尾画面使用鼠标右键调整变形参考点位置。
- 选择菜单 Point→Save Points 命令,可以将参考点保存在后缀为 MPT 的文件中,下次使用时可以直接装入参考点。
- 为了使变形更加准确和细腻,通常设置很多变形参考点。
- 变形路径不能交叉。即把首画面和尾画面重叠在一起,把首画面的变形参考点与尾画面的对应参考点连接成一条直线,则各对变形参考点的直线不应该互相交叉,否则变形会发生混乱。
- 当需要删除多余的变形参考点时,使用鼠标右键单击首画面中的某个变形参考点,按 Delete 键或单击"删除"工具按钮,该变形参考点和尾画面中对应的变形参考点被删除。

(4) 生成与保存变形动画

Morph 在生成变形动画的过程中自动完成保存,即当生成过程结束,文件也保存完毕。

选择菜单 Generate→Sequence Generate 命令,生成过程开始。如果事先在菜单 Fill→Output File Type 命令中选择了某个图像格式,则 Morph 将把变形动画的各帧转成一组图片序列。利用这组图片,可以进一步制作电视播放用专业录像带或互联网使用的动画。如果事先在菜单 File→Output File Type 命令中选择了 Animator FLIC Animation 子命令,则可以输出动画文件,动画文件可以用在 Authorware 和 Visual Basic 等平台软件中。生成过程自动进行,观察 Morph 主界面的中间画面窗口和影片窗口,其中显示着变形过程的每一个细节。在变形的过程中,需要注意两个问题。

- 如果首画面和尾画面的尺寸过大、或者采用真彩色图片、或者变形参考点的数量过多,则会占用大量计算机内存,生成的速度也会受到影响。如果在生成过程中停顿下来,则是内存容量不足造成的,应该采取相应措施,例如增加内存容量、缩小图像尺寸、真彩色转换成 256 色等。
- 在生成的过程中不要进行任何操作,以免造成变形中断、数据丢失等现象。变形生成过程结束后,打开 Windows 资源管理器查看文件,可以在指定的文件夹中看到一组图像文件。如果感觉变形过程不满意,则可以重新调整变形参考点的分布再生成。新生成的文件会自动覆盖前一次的文件。

5.3　计算机动画处理

网页动画是专门用于互联网上的动画,其动画本身没有什么特别之处,只是文件的格式更适合网络环境而已。其主要应用在网页制作、网络广告、电子贺卡、产品展示和网络游戏等方面,与文字、图片和声音配合在一起,构成了多媒体信息的集合。此外,网页动画还用于电视字幕制作、片头动画、MTV 画面制作以及多媒体光盘等领域。其广泛的适用性使网页动画受到越来越多人的关注和青睐。Flash 是一款目前比较流行的、由 Macromedia 公司开发设计的电影编辑软件,同时也是一种非常优秀的多媒体和动态网页的设计工具。其成品动画可以是矢量动画,也可以是帧动画;可以实现交互功能、附加同步声音,特别适合网络应用,其传输效率和使用效率比较高,动画形态和制作方法也比较灵活。

5.3.1 Flash 编辑环境

Flash 是一个功能较多的平面动画制作软件,动画成品多用于互联网上。Flash 动画用在多媒体产品时,由于某些平台软件不支持 Flash 动画格式,一般需要进行格式转换。Flash 动画与普通动画没有什么两样,只是使用的软件工具不同而已。在制作 Flash 动画时,同样要遵循动画制作规则。例如画面之间的内容必须存在差异、画面表现的动作必须连续、动画节奏的掌握要符合自然规律等。

1. Flash 动画文件格式

(1) FLA 格式

可以重复编辑的源程序格式,可以对动画绘制层、库、时间轴和舞台场景等进行重复编辑和加工。其文件后缀为".FLA"。

(2) SWF 格式

打包后的网页动画格式,它是 Flash 成品动画文件,该格式的动画在互联网上演播,不能进行修改和加工。其文件后缀为".SWF"。

(3) AVI 格式

标准视频文件格式。其文件后缀为".AVI"。

(4) GIF 格式

采用 GIF89a(89a 是版本号)标准的网页动画格式。其文件后缀为".GIF"。

Flash 软件可以制作帧动画和矢量动画。帧动画尽管采用了数据压缩技术,但数据量还是太大,在网络上运行需要占用大量资源。相比之下,矢量动画的数据量很小,网络负担不大,该形式的动画只描述坐标、运算关系公式和运行轨迹。就表现力而言,矢量动画远不如帧动画,在实际运用时,应该在动画的表现力和数据量之间寻求平衡点。

2. Flash 编辑环境

Flash 的主界面如图 5-6 所示。其中包括了菜单栏、工具箱、舞台、时间轴窗口、属性检查器以及库窗口等。

图 5-6　Flash 的主界面

（1）菜单栏

共有 10 个下拉菜单，Flash 的全部功能都可以在这里实现，是 Flash 最重要的组成之一。

（2）工具箱

集中了 Flash 为制作图像效果特制的重要工具。通过鼠标单击、拖曳，以及部分键盘辅助操作，就可以使用这些工具。这些工具按照功能分为 4 大类：编辑类，用于绘制线条、图形和文字等编辑工作；查看类，用于缩放画面和移动画面；颜色类，用于选择作画的颜色，和辅助工具配合可以用渐变色作画；选项类，用于提供辅助工具，精确地设置各类工具的控制参数。

工具箱中部分图像编辑和效果工具如图 5-7 所示。某些工具按钮的右下方有一个黑色小三角标记。使用鼠标左键在这样的工具按钮上单击并停留一会儿，就会弹出另外一些工具按钮。这些按钮由于在功能上具有类似特点或是具有完成相反的功能而被放置在同一个工具按钮组中，以减少工具箱占用的操作空间。

（3）舞台

舞台就是工作区，最主要的动画编辑区。它是创建 Flash 文档时放置图形内容的矩形区域，这些图形内容包括矢量插图、文本框、按钮、导入的位图图形或视频剪辑等。在这里可以直接绘图或者导入外部图形文件进行编辑，再把各个独立的帧合成在一起，以生成电影作品。用 Flash 制作电影就像导演指挥演员演戏一样，舞台就是一个演出的场所。Flash 中还常常遇到一个概念——场景（Scene），也可以称为画面。在 Flash 电影中，舞台只有一个，但场景可以有许多个，在播放过程中可以更换不同的场景。

（4）时间轴窗口

时间轴窗口就像导演手中的剧本，它决定了各个画面的切换以及演员的出场、表演的时间顺序。用它可以调整电影的播放速度，并把不同的图形作品放在不同图层的相应帧里，以安排电影内容播放的顺序。

（5）属性检查器

使用属性检查器可以很容易地访问舞台或时间轴上的当前选定项的最常用属性，从而简化了文档的创建过程。可以在属性检查器中更改对象或文档的属性，而不用访问用于控制这些属性的菜单或面板。根据当前选定的内容，属性检查器可以显示当前文档、文本、元件、形状、位图、视频、组、帧或工具的信息和设置。当选定了两个或多个不同类型的对象时，属

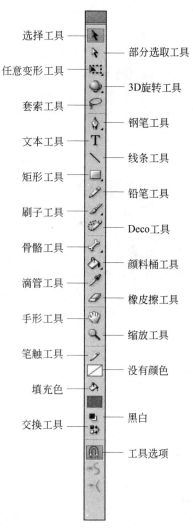

图 5-7　工具箱

选择工具
部分选取工具
任意变形工具
3D 旋转工具
套索工具
钢笔工具
文本工具
线条工具
矩形工具
铅笔工具
刷子工具
Deco 工具
骨骼工具
颜料桶工具
滴管工具
橡皮擦工具
手形工具
缩放工具
笔触工具
没有颜色
填充色
黑白
交换工具
工具选项

性检查器会显示选定对象的总数。

（6）库窗口

库窗口是存储和组织在 Flash 中创建的各种元件的地方，它还用于存储和组织导入的文件，包括位图图形、声音文件和视频剪辑。库窗口可以组织文件夹中的库项目，查看项目在文档中使用的频率，并按类型对项目排序。

5.3.2　Flash 基本操作

Flash 动画有三种类型：逐帧动画、运动模式渐变动画和形状渐变动画。逐帧动画需要绘制每一帧；运动模式渐变动画只需要画出第 1 帧，然后规定运动模式；形状渐变动画需要画出两帧，然后规定形状渐变的模式和帧数。无论采用哪种动画形式，都需要先设置动画制作状态以及使用工具绘制动画。

1. 设置动画制作状态

在制作动画之前，必须按照动画设计要求设置 Flash 的工作状态。例如画面的尺寸、标尺的单位、动画的播放速度等。具体操作步骤如下。

（1）单击 Flash 主界面右侧如图 5-8 所示的属性检查器中"大小"选项右侧的"编辑"按钮，显示如图 5-9 所示的对话框。

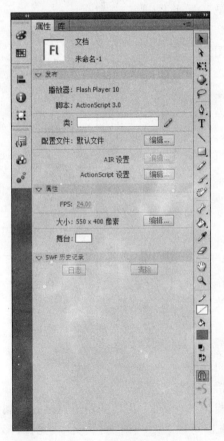

图 5-8　属性检查器　　　　　　　　　图 5-9　"文档设置"对话框

（2）在"尺寸"文本框中分别输入尺寸宽度和高度数值，整部动画片都将按照这个画面尺寸制作。

（3）单击"背景颜色"框右下方的黑色小三角标记，在随后显示出来的调色板中选择一种颜色作为动画窗口的背景颜色。

（4）在"帧频"文本框中，输入每秒播放的帧数（fps），例如 24（一般取值为 12～25）。

（5）在"标尺单位"文本框中，选择一种标尺单位。标尺单位有像素、英寸、厘米和毫米等，例如选择像素。

（6）如果希望在以后 Flash 动画制作中，一直采用刚刚进行的设置，则单击"设为默认值"按钮，保存当前设置。这样，在下次启动 Flash 时，画面尺寸和背景颜色等都采用自己设置的参数。

（7）设置完毕之后，单击"确定"按钮，然后单击"属性"标题栏，关闭该标题栏。

2. 绘制轮廓线

绘制轮廓线包括选择绘制工具、设置轮廓模式、绘制轮廓图形三个步骤。具体操作步骤如下。

（1）选择绘制工具。在 Flash 工具箱中，首先选择"铅笔工具"，然后单击"笔触颜色"框右下方的黑色小三角标记，在随后显示出来的调色板中选择一种铅笔颜色，例如红色。

（2）设置轮廓模式。在 Flash 工具箱底部的"选项"工具中，单击"铅笔模式"框右下方的黑色小三角标记，在随后显示出来的铅笔模式中选择一种。铅笔模式共有伸直、平滑和墨水三种，如图 5-10 所示。

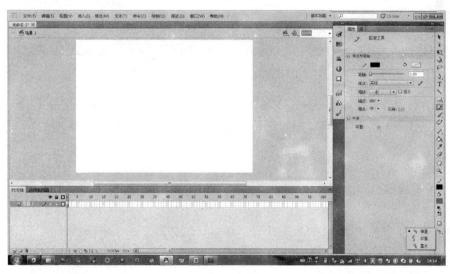

图 5-10　铅笔模式

（3）绘制轮廓图形。选用"伸直"模式画出的图形自动加上直线修饰，不圆滑，有拐点；选用"平滑"模式画出的图形经过自动修饰，变得圆滑；选用"墨水"模式画出的图形不加任何修饰，保持原貌。

3. 填充颜色

在绘制图形时，填充颜色是最常用的手法，常说的上色就是指填充颜色的操作。填充颜色包括选择填充颜色工具、设置封闭空隙模式、填充图形内部颜色三个步骤。具体操作步骤如下。

（1）选择填充颜色工具。在 Flash 工具箱中，先选择"颜料桶工具"，再单击"填充色"框右下方的黑色小三角标记，在随后显示出来的调色板中选择一种填充模式（渐变、单色均可）及颜色，例如渐变红色。

（2）设置封闭空隙模式。在 Flash 工具箱底部的"选项"工具中，单击"空隙大小"框右下方的黑色小三角标记，在随后显示出来的空隙大小模式中选择一种。空隙大小模式共有不封闭空隙、封闭小空隙、封闭中等空隙、封闭大空隙 4 种，如图 5-11 所示。

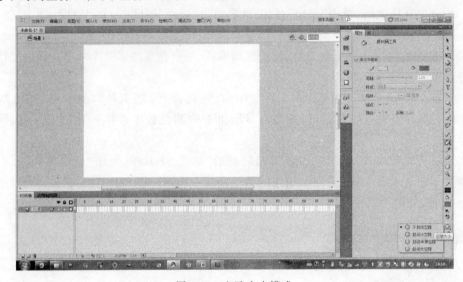

图 5-11　空隙大小模式

（3）填充图形内部颜色。单击图形内部填充颜色，如果选择渐变填充模式，则渐变色从鼠标单击的位置扩散开来；如果在图形内部单击不同的位置，则渐变色的中心位置也随之改变。

4. 画标准图形

Flash 有很多标准图形工具，可以方便地画出圆和方框等规范化的图形。

（1）画圆

在 Flash 工具箱中选择"椭圆工具"后，在"填充色"的调色板中选择某种颜色或设置渐变色，使用鼠标左键在画面上画圆。如果按住 Shift 键并保持住，则画出的是正圆。

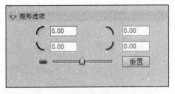

图 5-12　矩形设置对话框

（2）画方框

在 Flash 工具箱中选择"矩形工具"后，在"填充色"的调色板中选择某种颜色或设置渐变色；在 Flash 工具箱底部的"选项"工具中，单击"边角半径设置"按钮，显示如图 5-12 所示的对话框，设置边角半径大小；再使用鼠标左键在画面上画出方框。如果按住 Shift 键并保持住,则画出的是正方形。

5．处理图形

处理图形包括删除图形、移动图形和改变图形形态等。

（1）删除图形

如果要删除某个图形,则先在 Flash 工具箱中选择"选择工具",使用鼠标左键画出一个范围,把需要删除的图形包围在内;再按 Delete 键或选择"编辑"→"清除"命令。

如果要删除某个图形局部,则先在 Flash 工具箱中选择"橡皮擦工具";再在如图 5-13 所示的"选项"工具的"擦除模式"中选择模式,通常采用默认的"标准擦除"模式,在"橡皮擦形状"中选择形状;最后擦除图形。

图 5-13　在"选项"工具的"擦除模式"中选择模式

（2）移动图形

在 Flash 工具箱中选择"选择工具"后,用鼠标左键画出一个范围,把需要移动的图形包围在内;再拖动图形移到新的位置。值得注意的是,在 Flash 中,边框和填充颜色是不同的对象,如果选择"选择工具"后直接拖动图形移动,则将使边框和填充颜色分离。

（3）改变图形形态

在 Flash 工具箱中选择"选择工具",把鼠标对准图形边缘的轮廓线;再用左键拖动轮廓线移动,从而改变了图形的形态。

6．输入文字

有时候需要输入文字,则先在 Flash 工具箱中选择"文本工具",用鼠标左键在画面上画出文本框,输入文本内容;用光标条选中文本,在"属性检查器"的工具栏上分别设置字体、字号、颜色和对齐方式等;如果希望移动文字,则将鼠标对准文本输入框,拖动文字移动;最后单击非文本输入区,结束文字编辑。在结束文字编辑之后,如果再次单击文本,则可以继续修改文字。

7．保存动画

Flash 在保存动画时,可以选择若干种文件。其默认的文件格式是".FLA",该格式的动画文件可以重复编辑;根据使用场合不同,还可以选择 SWF 格式、AVI 格式和 GIF 格式等进行保存。

(1) 保存可编辑的动画文件 FLA

先选择菜单"文件"→"另存为"命令,显示"另存为"对话框;再对该对话框中指定路径,输入文件名,采用默认文件格式 FLA;最后单击"保存"按钮。FLA 格式的文件主要用于编辑和保存,通常在保存 FLA 格式的文件后,还需要保存成品动画文件,以便用于互联网和其他场合。

(2) 保存其他格式的动画文件

先选择菜单"文件"→"导出"→"导出影片"命令,显示"导出影片"对话框。再在该对话框中指定路径,输入文件名,选择保存类型。文件类型包括 SWF 格式,Flash 的成品播放文件,通常用在互联网上;AVI 格式,标准视频文件,通常用在多媒体产品演示软件中;GIF 格式,GIF89a 格式的网页动画文件,通常用在互联网、PowerPoint 演示文稿以及多媒体产品中。最后单击"保存"按钮。

5.3.3 Flash 制作帧动画

在 Flash 中,制作动画主要是对帧进行处理。对帧的处理在时间轴窗口中进行,该窗口如图 5-14 所示。时间轴窗口中的数字标尺表示帧号,帧号下面的方格表示每一帧。时间轴窗口的底部有组按钮和显示信息,用于控制播放状态和显示当前帧、帧速率和时间。在时间轴窗口中,可以对帧进行删除、插入或其他操作。用鼠标右键单击某一帧,显示功能菜单,从中选择需要的功能,例如插入帧、移除帧、插入关键帧以及删除关键帧等。

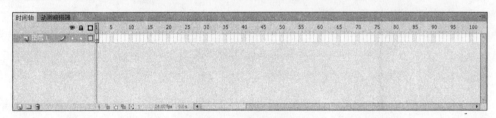

图 5-14 时间轴窗口

动画片中的帧分为关键帧和普通帧。关键帧用于表示动作的转折、关键动作的位置,以及首、尾帧;在时间轴窗口中,关键帧的方格内有"·"标记。普通帧则把关键帧之间的动画连贯起来,主要用于动作的连续发展;在时间轴窗口中,普通帧没有任何标记。帧动画的每帧都是关键帧,由动画制作者逐帧绘制。帧动画可以表现非常复杂和灵活的动作,能够牢牢地控制动画的进程和节奏。但是,帧动画的画面绘制工作量非常大。

1. 制作步骤

制作帧动画的基本步骤是首先绘制第 1 帧的内容;然后增加一个关键帧,修改新增关键帧的内容;接着再增加一个关键帧,修改新增关键帧的内容,如此下去,直到所有关键帧绘制完成为止。具体操作步骤如下。

(1) 绘制关键帧。在 Flash 中的第 1 帧,按照 5.3.2 节中介绍的方法绘制一个图形。

(2) 增加关键帧。选择菜单"插入"→"时间轴"→"关键帧"命令,增加一个新的帧;新增加的帧是第2帧,它是前一帧的复制品;观察时间轴窗口,红色竖线停留在第2帧,表明当前窗口是第2帧。

(3)修改增加帧。在第2帧中修改图形,形成动作的变化。

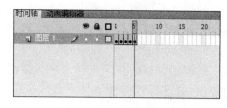

图 5-15　完成后的动画

(4)制作动画帧。进行步骤(2),增加新的帧;进行步骤(3),在新增加的帧上修改;重复进行步骤(2)和步骤(3),直至动画完成。如图 5-15 所示是完成后的动画,共绘制了5帧。

(5)播放动画帧。选择菜单"控制"→"播放"命令,预览动画效果;发现某一帧有问题时,单击时间轴窗口中的帧号,把该帧作为当前帧,继续修改。

2. 增加图层

图层是指动画编辑的物理层,每一层可以是一部动画,也称为动画层,各层独立进行编辑和加工。把多个动画层叠加起来,可以丰富动画的表现力和降低制作动画的难度。动画层的概念与图像处理软件 Photoshop 中的图层概念类似。

启动 Flash 后,新建的动画总是在第1层,如果不进行增加层的操作,该层将是唯一的层。在制作动画时,Flash 在一层内不能同时制作两种模式的动画,动画主体和动画背景的混合难度非常大。为了解决问题,Flash 引入了图层概念,不同的场景单独制作,然后把各层动画合成在一起,就能够轻松得到运动模式相当复杂的动画了。

Flash 的图层主要用于两个以上的动画编辑与合成。例如,要制作一个"跳动的小鸡"的动画,应使跳动的小鸡占有一个图层,而在另一个图层上,绘制背景向后运动的动画。两个图层合成在一起的效果就是小鸡向前跳跃,尽管小鸡在画面上的相对位置并没有改变。

增加新图层的具体操作步骤如下。

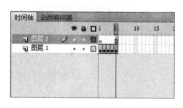

图 5-16　增加一个新的图层

(1)选择菜单"插入"→"时间轴"→"图层"命令,增加一个新的图层,该图层自动命名为"图层2"。其时间轴窗口的形式如图 5-16 所示。

新建图层总是在原有图层的上方。单击时间轴窗口中的某个图层,该图层反显,并显示笔形标记,表示该图层为当前层,全部编辑操作都将在当前层进行。

(2)在新图层中制作另一个帧动画。

(3)需要指定当前层时,单击时间轴窗口左侧的图层,该图层反显,变为当前层。

3. 显示图层

在 Flash 中有多个图层的情况下,如果不能有选择地显示图层,则各图层的动画重叠在一起,是无法进行编辑的。因此需要显示或隐藏某个图层。单击"显示"→"隐藏图层"的圆点标记,该标记变为⊠,被单击的图层隐藏;单击⊠标记,该标记恢复圆点标记,该图层恢复显示。

4. 锁定图层

当某个图层编辑结束后,一般要立刻锁定该图层,禁止一切编辑操作,以免由于操作不慎破坏该图层内容。单击"锁定图层"的圆点标记,该标记变为 ,该图层被锁定,不能进行任何编辑操作;单击 标记,该标记恢复圆点标记,该图层解除锁定。

5. 处理图层

时间轴窗口的左下角有三个图标,如图 5-17 所示。通过这三个图标可以实现对动画的控制,进行新建和删除动画层的操作。如果需要建立新的图层,则单击"插入图层"按

图 5-17　时间轴窗口的左下角三个图标

钮;如果需要建立新的引导线图层,则单击"添加运动引导层"按钮;如果需要以文件夹形式组织图层,则单击"插入图层文件夹"按钮;如果需要删除图层,则先选定图层,再单击"删除图层"按钮。

6. 测试效果

为了使制作完成的动画在互联网上能够正常使用,通常在完成动画后,还需要模拟网络环境进行测试。选择菜单"控制"→"测试影片"命令,显示测试预览窗口。在该窗口中可以观察动画模拟效果。

5.3.4　Flash 制作自动动画

自动动画由 Flash 按照指定的模式完成,常见的自动动画有直线移动、按照自由路径移动以及物体变形等。

1. 直线移动

首先,在第 1 帧中绘制一个图形;然后,把第 1 帧的图形作为原点,再在后面的某一帧建立关键帧,令其作为终点;最后,由 Flash 自动生成图形从原点到终点的移动过程,这就是直线移动的自动动画。具体操作步骤如下。

(1) 在第 1 帧的左下角画一个圆,如图 5-18 所示。

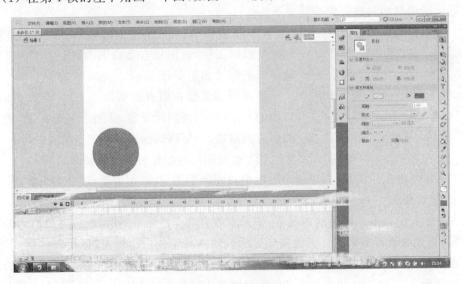

图 5-18　第 1 帧动画

（2）在时间轴窗口中，选择后面的某一帧，例如第 30 帧，此时当前帧变为第 30 帧，圆处于选中状态。

（3）单击 Flash 工具箱中的"选择工具"，然后把圆拖到新的位置，例如右上角，如图 5-19 所示。

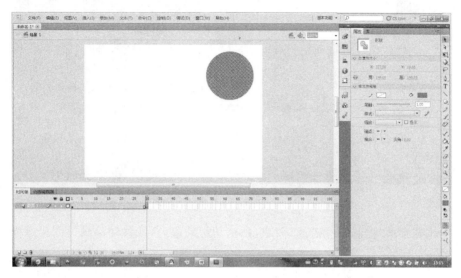

图 5-19　圆被拖到新的位置

（4）在时间轴窗口中，在第 1 帧处单击鼠标右键，在打开的快捷菜单中选择"创建补间形状"命令，如图 5-20 所示。

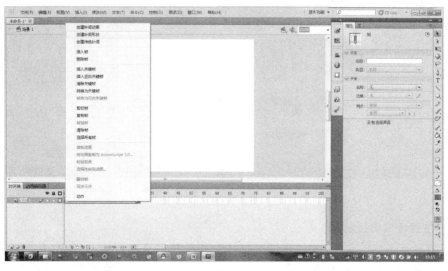

图 5-20　创建补间形状

（5）在时间轴窗口中，窗口状态如图 5-21 所示。可以看出，第 1 帧和第 30 帧有"·"标记，是关键帧，它们之间的帧由 Flash 自动生成，所以没有标记。但有一个方向向右的箭头，表示直线运动从第 1 帧开始，到第 30 帧结束。

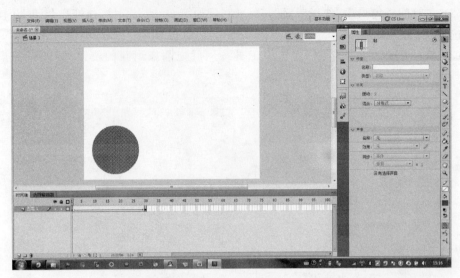

图 5-21　创建补间形状后的结果

（6）选择菜单"控制"→"播放"命令，预览动画效果，直线移动动画的创建过程结束。效果如图 5-22 所示。

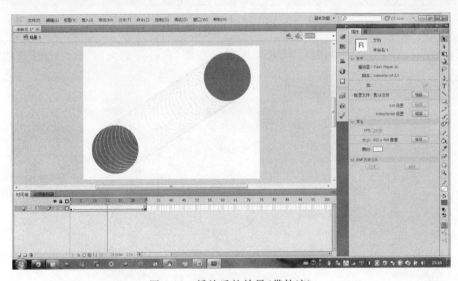

图 5-22　播放后的效果（带轨迹）

2. 按照自由路径移动

稍微复杂一些的动画，其运动模式往往不是单纯的直线运动，而是沿着任意路径灵活运动。制作这种按照自由路径移动的动画，需要使用引导图层。具体操作步骤如下。

（1）在时间轴窗口首帧位置处，单击鼠标右键，在打开的快捷菜单中选择"添加传统运动引导层"命令，如图 5-23 所示。

（2）选择图层 1，单击第 1 帧，在左下角位置处画一个圆，如图 5-24 所示。

图 5-23　添加传统运动引导层

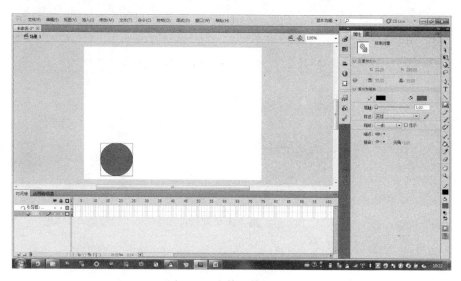

图 5-24　在第 1 帧处画圆

　　(3) 选择第 30 帧,单击鼠标右键,在打开的快捷菜单中选择"插入关键帧"命令,如图 5-25 所示。

　　(4) 插入关键帧后效果如图 5-26 所示。

　　(5) 选择第 1 帧,单击鼠标右键,在打开的快捷菜单中选择"创建传统补间"命令,如图 5-27 所示。

　　(6) 创建传统补间后效果如图 5-28 所示。

　　(7) 单击工具箱中的"铅笔工具",并在工具箱底部的"选项"工具中选择"平滑"效果,然后在画面上画出自由路径,如图 5-29 所示。

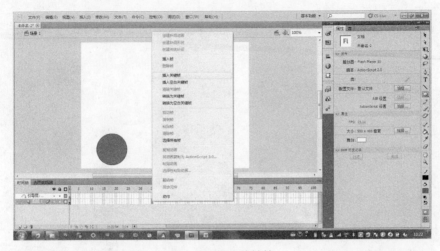

图 5-25　插入关键帧

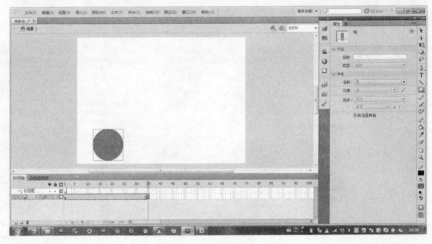

图 5-26　插入关键帧后的效果

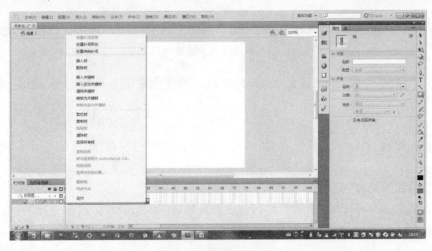

图 5-27　创建传统补间

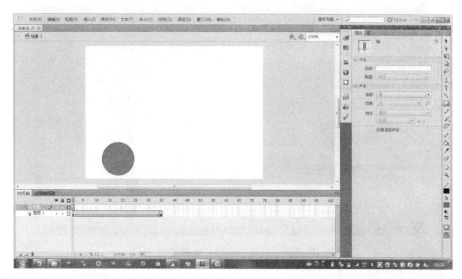

图 5-28　创建传统补间后的效果

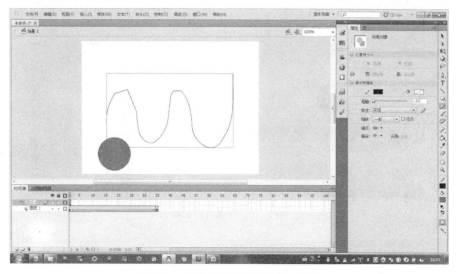

图 5-29　利用铅笔工具画出自由路径

（8）选择"修改"菜单中的"分离"命令，将所绘制的路径线段与圆分离开来，如图 5-30 所示。分离后的效果如图 5-31 所示。

（9）选择引导层，将鼠标指向第 30 帧后，单击鼠标右键，在打开的快捷菜单中选择 "插入帧"命令，如图 5-32 所示。

（10）在时间轴窗口中，选择图层 1，单击第 1 帧作为当前帧，单击工具箱中的"选择工 具"，把圆拖到自由路径的起点，使圆的中心正好在路径上，如图 5-33 所示。

（11）单击工具箱中的"选择工具"，把当前帧（第 1 帧）的圆拖到自由路径的终点，使 圆的中心正好在路径上，如图 5-34 所示。

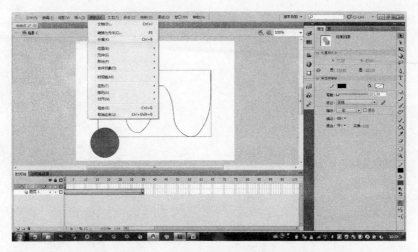

图 5-30　将路径线段与圆分离开来

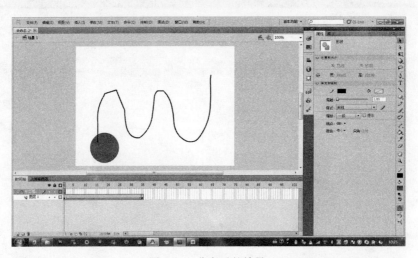

图 5-31　分离后的效果

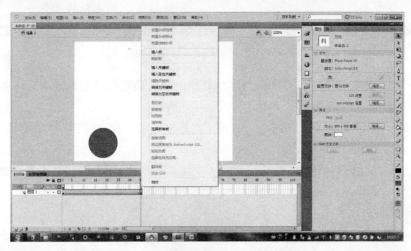

图 5-32　在引导层第 30 帧处插入帧

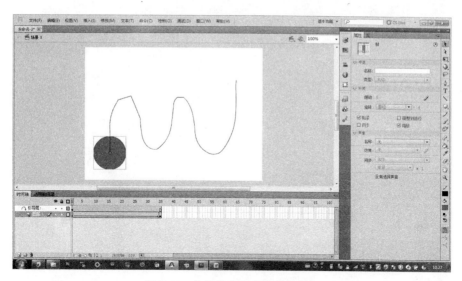

图 5-33　将圆拖到自由路径的起点

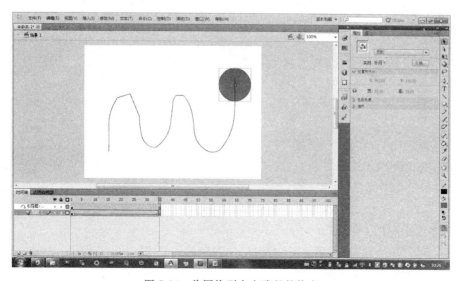

图 5-34　将圆拖到自由路径的终点

（12）选择菜单"控制"→"播放"命令，预览动画效果，圆按照自由路径跳动。其效果如图 5-35 所示。

如果图形没有随着路径移动，则可能有两种原因。其一，图形没有和路径完全重合，此时可以分别单击第 1 帧和第 30 帧，重新调整图形的位置，使图形的中心正好在路径上；其二，没有进行步骤（1），即没有创建动画动作，此时可以补做该步骤，创建动画动作后，再观察动画效果。

3. 物体变形

变形动画是 Flash 动画中比较特殊的一种过程动画。变形动画可以在两个关键帧之间制作出变形的效果，让一种形状随时间变化成另外一种形状；还可以对形状的位置、大

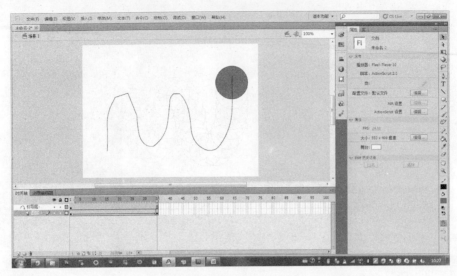

图 5-35　圆按照自由路径移动的效果图(带轨迹)

小和颜色进行渐变。例如,红色的长方形变成蓝色的椭圆、花朵变成石头、女人变成男人等。具体操作步骤如下。

(1) 在 Flash 工具箱中选择"矩形工具",用矩形工具在画面中画出一个没有边框的红色矩形。这是变形动画的第 1 帧。

(2) 右击第 10 帧,在右键菜单中选择"插入空白关键帧"命令或按 F7 键,插入一个空白关键帧。

(3) 单击工具箱中的"椭圆工具",在画面中画出一个没有边框的蓝色小球。

(4) 单击第 1 帧,在属性检查器的"补间"中,设置"变形"动画,选择形状渐变。此时,矩形变椭圆的动画完成。可以选择菜单"控制"→"播放"命令,预览形状渐变动画效果。

(5) 单击工具箱中的"文字工具",在属性检查器中,设置文字格式。例如,在文字格式中选取英文字体为 Webdings,大小为 40,颜色为红色。

(6) 右击第 20 帧,在右键菜单中选择"插入空白关键帧"命令或按 F7 键,插入一个空白关键帧。此时,第 20 帧为当前帧。

(7) 单击工具箱中的"文字工具",先选择文字工具,并在画面上单击;再输入一个字母 v,这时画面中会出现一辆汽车符号(在英文字体中有很多特殊字体,例如 Webdings,它可以产生各类图案)。

(8) 选择工具箱中的"任意变形工具",调整汽车符号到合适的大小,并选择菜单"修改"→"分离"命令,打散(分离)汽车。

(9) 单击第 10 帧,在属性检查器中,设置"变形"动画,选择图形变化。此时,椭圆变汽车的动画完成。可以选择菜单"控制"→"播放"命令,预览图形变化动画效果。

(10) 右击第 40 帧,在右键菜单中选择"插入空白关键帧"命令或按 F7 键,插入一个空白关键帧。此时,第 40 帧为当前帧。

(11) 单击工具箱中的"文字工具",输入"多媒体技术",并设置自己喜欢的颜色。

（12）选择菜单"修改"→"分离"命令，打散文字，重复打散两次。

（13）单击第 20 帧，在属性检查器中，设置"变形"动画，选择图形变化。此时，汽车变文字的动画完成。可以选择菜单"控制"→"播放"命令，预览图形变化后动画效果。

（14）右击第 50 帧，在右键菜单中选择"插入帧"命令或按 F5 键，插入一帧，以延长第 40 帧的效果。可以选择菜单"控制"→"播放"命令，预览图形变化后动画效果。

值得注意的是，因为不能对群组、图符（组件）、字符或者位图图像进行动画变形，所以要将字符打散，有的需要打散两次。

5.3.5　Flash 添加动画声音

一个真正的动画作品，画面和声音是相辅相成的。传统的动画片采用录音棚同期配音的方法，在播放动画片的同时，背景音乐、人物对白和效果声音都同步地录制下来。而 Flash 动画的配音则不同于传统的动画片，通常的做法是首先按照动画的发展和需要，准备好声音素材，例如发声时间的长短、背景音乐和对白的合成、制作特殊效果等；然后再把声音合成到动画中。Flash 允许添加的声音是 MP3 格式的压缩文件和 WAV 格式的波形文件。具体操作步骤如下。

（1）在添加声音之前，打开一部动画片。

（2）选择菜单"文件"→"导入"→"导入到舞台"命令，打开"导入"对话框，从中选择声音文件后，单击"打开"按钮。

（3）单击某一帧，作为声音的开始点。

（4）单击属性检查器"声音"输入框，在其中指定已导入的声音文件，例如 The Swan.mp3。

（5）单击属性检查器的"同步"输入框，在其中指定声音同步的模式，例如"事件"、"开始"、"停止"或者"数据流"。

（6）单击属性检查器的"效果"输入框，在其中指定声音产生的效果，例如"无"、"左声道"、"右声道"、"从左到右淡出"，"从右到左淡出"，"淡入"、"淡出"或者"自定义"。

（7）选择菜单"控制"→"播放"命令，在观看动画效果的同时，可以听到所添加的同步声音。

5.4　习　　题

1. 动画的原理是什么？

2. 视频与动画在本质上有区别吗？

3. 什么是传统动画和计算机动画？什么是全动画和半动画？

4. 什么是实时动画？什么是帧动画？什么是矢量动画？

5. 什么是二维动画？二维动画的处理过程和关键技术是什么？

6. 什么是三维动画？三维动画的处理过程和关键技术是什么？

7. 什么是变形动画？变形动画的处理过程和关键技术是什么？

8. 常用的动画制作软件有哪些？其主要功能是什么？

9. 可以添加声音的 Flash 动画文件格式有哪些？

10. Flash 动画文件格式有哪些？如果希望重新编辑 Flash 动画文件,则应该采用什么文件格式予以保存？

5.5 实　　验

网页动画是专门用于互联网上的动画,其动画本身没有什么特别之处,只是文件的格式更适合网络环境而已。网页动画对于信息的传播、效果的强化、网页的美化起到了非常重要的作用。通过本章实验,使读者了解动画的基本理念及动感的产生原因,认识动画制作软件的基本功能,掌握动画制作的基本技术手段。

1. 实验目的

(1) 了解动画的基本概念,了解计算机动画的基本概念。

(2) 建立动画制作的正确概念,强化动画美学的设计理念。造型和动作设计、结构的布局、画面的调度要符合视觉概率、把握运动节奏。

(3) 了解平面动画制作软件 Flash 的主要功能。

(4) 掌握平面动画制作软件 Flash 的动画制作手段。

2. 实验内容

(1) 创建直线运动动画——淡入的缩放旋转直线运动。包括:

* 创建一个图形符号,并在工作区中改变实例的大小;
* 调整 Alpha(透明度)值,使它变得透明;
* 设置有关旋转运动的选项;
* 将实例拖动到工作区的其他地方,并设置有关直线运动的选项。

(2) 创建按照自由路径运动的动画——沿指定路径运动。包括:

* 创建一个图形符号;
* 创建一个引导层,用来绘制运动路径;
* 在起始的关键帧处将符号实例移动到所绘制的运动路径的一个端点上;
* 在结束的关键帧处将符号实例移动到所绘制的运动路径的另一个端点上;
* 按照自由路径运动方法创建相应动画。

(3) 创建变形动画。包括:

* 创建一个对象而不必将它转换为符号;
* 在另一个关键帧处改变它的形状或者重新绘制一个图形;
* 设置有关变形动画的选项。

(4) 创建按钮。包括:

* 创建一个按钮符号,在按钮符号编辑区绘制一个按钮;
* 根据需要在"鼠标经过"帧和"鼠标按下"帧处改变它的外形,并配上不同的声音。

(5) 制作一个沿着自由路径移动的动画作品。包括:

* 设置画面尺寸的宽度和高度为"400",背景颜色为白色,帧频为 12fps;
* 绘制、填色和制作,共制作 8 个关键帧;

- 延长动画时间,直到满足要添加的声音文件长度为止;
- 添加声音文件;
- 播放与调整;
- 保存可编辑动画文件;
- 保存网页动画及其他格式文件。

3. 实验要求

(1) 独立完成 5 个实验内容。

(2) 提交使用动画制作软件 Flash 制作的一个沿着自由路径移动的动画作品。

(3) 写出实验报告,包括实验名称、实验目的、实验步骤和实验思考。

第6章 视频获取与处理

电视的实现不仅扩大和延伸了人们的视野,而且以其形象、生动和及时等优点提高了信息传播的质量和效率。在当今社会,信息与电视是不可分割的。多媒体的概念虽然与电视的概念不同,但在其综合文、图、声和像等作为信息传播媒体这一点上是基本相同的。不同的是电视中没有交互性,传播的信号是模拟信号而不是数字信号。利用多媒体计算机和网络的数字化、大容量、交互性以及快速处理能力,对视频信号进行采集、处理、传播和存储是多媒体技术不断追求的目标。可以说视频是多媒体的一种重要媒体,也是多媒体技术研究的重要内容。

6.1 视频基本概念

视频(Video)是连续变化的影像,是多媒体技术最复杂的处理对象。视频通常是指实际场景的动态演示,例如电影、电视和摄像资料等。视频带有同期音频,画面的信息量非常大,表现的场景也非常复杂,常常采用专门的硬件及软件对其进行获取、加工和处理。

6.1.1 彩色电视的彩色原理

电视是采用电子学方法来传送和显示活动景物或静止图像的设备。在电视系统中,视频信号是连接系统中各部分的纽带,其标准和要求也就是系统各部分的技术目标和要求。电视的发展前景是数字彩色电视,数字视频系统的基础是模拟视频系统,而彩色电视又是在黑白电视的基础上发展起来的。

1. 彩色电视的三基色信号

把红、绿、蓝三种单色按照不同比例混合,就可以准确地出现任何其他波长的色光,这就是彩色电视的原理。所谓三基色,就是红(Red)、绿(Green)、蓝(Blue)。三基色原理归纳为以下三点。

(1)分解。绝大多数的彩色光都能够分解为互相独立的红、绿、蓝三种基色光。

(2)混合。用互相独立的红、绿、蓝三种基色光以不同的比例混合,可以模拟出自然界中绝大多数的彩色。

(3)相互独立性。在三基色中的任何两种颜色都不能产生第三种颜色。

根据三基色原理可以实现彩色电视的传送。

2. 彩色三要素

彩色三要素有亮度、色调、色饱和度。人眼对任何颜色光引起的视觉反应都可以用亮度、色调和色饱和度三个参数表示,通常把彩色的亮度、色调和色饱和度称为彩色三要素。

(1)色调。表示颜色的种类,取决于该种颜色的主要波长。

(2)色饱和度。表示该色的深浅(浓淡)的程度,按该种颜色混入白光的比例来表示。

完全没有混入白光的单色光的饱和度为 100%,混入白光使饱和度降低,使颜色变淡,但色调并不改变(因为基本色不变)。混入白光应该理解成,在基本色中混入反射白光的物质。在彩色电视技术中,常把色调和饱和度统称为色度。

(3) 亮度。反射光明暗的强度称为亮度,它表示不同照度下,反射出来的光量有多少。

3. 亮度信号

由于在光电转换中,光信号(YRGB)与电信号(E_Y、E_R、E_G、E_B)是成正比的线性关系,所以亮度信号 E_Y 也可以由 E_R、E_G、E_B 按亮度方程的规律合成,即 E_Y 是 RGB 的线性组合:$E_Y = 0.229E_R + 0.587E_G + 0.114E_B$。

当满幅度 $E_R = E_G = E_B = 1V$ 时,$E_Y = $ 满幅度 1V 为白色光的亮度电平;

当 $1V > E_R = E_G = E_B > 0V, 1V > E_Y > 0V$ 为灰色的亮度电平;

当 $E_R = E_G = E_B = 0$ 时,$E_Y = 0$ 为黑色的亮度电平;

当 $E_R \neq E_G \neq E_B$ 时,E_Y 对应各种颜色的亮度电平。

4. 色差信号与色差方程

色度信号可以在三基色信号 E_R、E_G、E_B 中任选两个作为调制信号。但是为了进一步改善兼容性,为了使色度信号中不含有亮度信息,现行的三大彩色电视制式都是选用两个色差作为调制信号。

(1) 色差信号

色差信号就是基色信号与亮度信号之差,即 $E_R - E_Y$、$E_G - E_Y$ 和 $E_B - E_Y$,通常分别记作 E_{R-Y}、E_{G-Y} 和 E_{B-Y}。由于 E_{G-Y} 的幅值比 E_{R-Y} 和 E_{B-Y} 的幅值都小,在传送的过程中容易受杂波干扰,因此为了提高信噪比,三大电视制式都选用 E_{R-Y} 和 E_{B-Y} 来传送色度。

(2) 色差方程

色差信号的产生是由三基色信号的线性组合,如式(6-1)和式(6-2)所示。

$$\begin{aligned} E_{R-Y} &= E_R - E_Y \\ &= E_R - (0.30E_R + 0.59E_G + 0.11E_B) \\ &= 0.70E_R - 0.59E_G - 0.11E_B \end{aligned} \tag{6-1}$$

$$\begin{aligned} E_{B-Y} &= E_B - E_Y \\ &= E_B - (0.30E_R + 0.59E_G + 0.11E_B) \\ &= -0.30E_R - 0.59E_G + 0.89E_B \end{aligned} \tag{6-2}$$

6.1.2 电视的扫描原理

传送电视图像时,将每幅图像分解成很多像素,按一个一个像素、一行一行的方式顺序传送或接收称为扫描。也就是将二维图像变成一维的像素串,或者将一维像素串变换为原图像的过程。扫描一般由水平扫描和垂直扫描构成,水平扫描是指扫描点从画面左侧匀速向右移动,也叫做行扫描;垂直扫描是指水平扫描线,按均匀间隔在垂直方向上移动,也叫做场扫描。

在电视系统中,摄像机通过摄像管的电子束或 CCD 的自由扫描系统,将按空间位置分布的图像分解成与像素对应的时间信号。而电视接收机或电视监视器则以与摄像端完全相同的电子束扫描方式,将电视图像在显示器屏幕上显示出来。

1. 隔行扫描

将一帧图像分为两场(从上至下为一场)进行扫描的方式称为隔行扫描,第一场先扫描 1、3、5、7 等奇数行,第二场再扫描 2、4、6、8 等偶数行,普通电视机一般都采用隔行扫描。电视隔行扫描原理如图 6-1 所示。

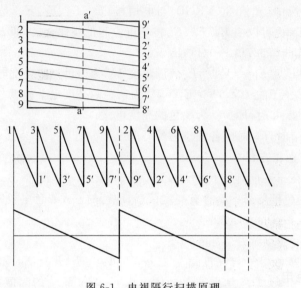

图 6-1　电视隔行扫描原理

2. 逐行扫描

将各扫描行按照次序扫描的方式称为逐行扫描,即一行紧跟一行的扫描方式,计算机显示器一般都采用逐行扫描。计算机逐行扫描原理如图 6-2 所示。

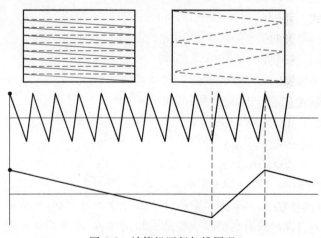

图 6-2　计算机逐行扫描原理

3．相关概念

（1）帧

动态图像由不断变化的静态图像形成，电视信号用光栅扫描的方式在显示器上显像。快速扫描线从顶部开始，一行一行向下扫描，直至显示器的最底部，然后回扫（返回到顶部的起点）。在这个过程中，扫描线所经过的地方显像，形成了一幅图像，这样形成的一幅图像称为一帧。每一幅静态的图像称为帧（Frame）。

（2）帧频、场频和行频

每秒钟扫描的图像帧数称为帧频（Frame Frequency），其单位为 f/s。每秒钟扫描的场数称为场频（Field Frequency）。由于普通电视采用隔行扫描方式，即将一帧图像分成两次传递，传一次为一场，因此场频是帧频的二倍。每秒钟扫描的行数称为行频（Line Frequency）。

（3）分解率

电视的分解率也就是清晰度，包括垂直与水平两个方向。水平分解力就是水平扫描线所能分辨出的点数。垂直分解力就是垂直扫描的行数。在相同尺寸的扫描范围内，水平分解力越大，说明能分辨出的点数越多，即点的尺寸越小。垂直方向上也同样，垂直分解力越大，扫描线越多，则显示的图像就越清晰。我国的电视画面传输率是每秒 25 帧、50 场。宽高比就是扫描行的长度与图像在垂直方向上的所有扫描行所跨过的距离之比。电视显示器为 4∶3，高清晰电视（HDTV）为 16∶9。

6.1.3　彩色电视的制式

实现电视的特定方式称为电视制式。在黑白和彩色电视的发展过程中，分别出现过许多种不同的制式，其区分主要在于帧频、分辨率、信号带宽，以及载频、颜色空间的转换。国际上通常采用三种兼容制彩色电视制式，即 NTSC 制式、PAL 制式和 SECAM 制式。

1．NTSC 制式

NTSC（National Television System Committee）制式是由美国国家电视标准委员会于 1952 年指定的彩色电视广播标准，它采用正交平衡调幅的技术方式，因此也被称为正交平衡调幅制。美国、加拿大等大部分西半球国家以及日本、韩国、菲律宾、中国的台湾地区等均采用这种制式。

2．PAL 制式

PAL（Phase-Alternative Line）制式是原西德于 1962 年制定的彩色电视广播标准，它采用逐行倒相正交平衡调幅的技术方法，因此也被称为逐行倒相正交平衡调制。它克服了 NTSC 制式相位敏感造成色彩失真的缺点。欧洲国家，以及新加坡、澳大利亚、新西兰、中国内地及中国香港地区均采用这种制式。PAL 制式中根据不同的参数细节，又可以进一步划分为 G、I、D 等制式，其中 PAL-D 制是我国内地采用的制式。

3．SECAM 制式

SECAM（Sequentiel Couleur Memoire）制式是法国于 1956 年提出并于 1966 年制定的彩色电视广播标准，它采用顺序传送彩色信号与存储恢复彩色信号制，因此也被称为顺序传送彩色与存储制。它克服了 NTSC 制式相位失真的缺点,采用时间分隔法来传送两个色差信号。使用 SECAM 制的国家主要集中在法国、东欧和中东一带。

三种制式的主要参数如表 6-1 所示。

表 6-1　不同电视制式的技术指标

电视制式 主要参数	NTSC	PAL	SECAM
帧频/(f/s)	30	25	25
扫描线	525	625	625
亮度带宽/MHz	4.2	6.0	6.0
色度带宽/MHz	1.3(1),0.6(Q)	1.3(U),1.3(V)	>1.0(U),>1.0(V)
声音载波/MHz	4.5	6.5	6.5
扫描频率/Hz	60	50	50
扫描方式	隔行扫描	隔行扫描	隔行扫描
颜色空间	YIQ	YUV	YUV
使用范围	美国、日本等	欧洲、中国等	法国、东欧等

6.1.4　彩色电视的信号

在视频图像的传送中,是将一帧图像的每一个像素按从左到右,从上到下的顺序逐点扫描传送的。在每一时间点上,电子束只打在屏幕的一个像素点上。全屏效果是通过人眼的视觉惰性和荧光粉的余晖产生的。

1. RGB 信号

这是一种分量式输入方式,由于视频采集卡没有对输入信号作任何处理,RGB 三路信号输入后直接用三个模/数(A/D)转换器转换成数字信号,所以对图像的损失最少,能获得高质量的彩色数字图像。如果信号源采用 RGB 摄像机,则采用具有 RGB 输入的采集卡就可以形成一套高质量的彩色图像处理系统。当然,RGB 摄像机的价格远高于普通摄像机。RGB 信号源还可能来自于医疗设备、计算机 VGA 输出等。

2. YUV 信号

把信号分为亮度和色度信号,分三路输入视频采集卡。其中:$Y=(R+G+B)/3$,$U=R-Y,V=B-Y$。Y 就是黑白(或者称灰度)电视信号,U 和 V 是彩色信号。

(1) 黑白与彩色电视信号的兼容概念

黑白与彩色电视的兼容是指电视台发射一种彩色电视信号,黑白和彩色电视都能正常工作。黑白电视只传送一个反映景物亮度的电信号,而彩色电视除了传送亮度信号以外还要传送色度信号。

(2) 彩色与黑白电视信号的兼容实现

彩色与黑白电视信号的兼容实现有三个步骤。

① 用 YUV 空间表示法使亮度和色度信号分开传送,使黑白电视和彩色电视能够分

别重现黑白和彩色图像,同时还可以利用人眼对颜色的不敏感性压缩色度信号带宽。我国规定的亮度信号带宽为 6MHz,而色度信号 U、V 的带宽分别仅为 1.3MHz。由于亮度信号具有很清晰的图像细节,它完全可以补偿色度信号缺少高频分量的缺陷。

② 采用频谱交错的方法,使彩色电视信号的频带宽度与黑白电视信号的频带带宽相同,解决信号频带的兼容问题。

③ 除了新设置的色度同步信号以外,采用与黑白电视信号完全一致的行、场扫描以及消隐、同步等控制信号。色度的同步信号是叠加在行消隐脉冲之上的,这样可以保证彩色电视与黑白电视的扫描和同步完全一致。

3. 复合视频信号

包含亮度、色度信号和所有定时信号的单一信号称为复合视频信号(Composite Video Signal)。这种信号进入采集卡后首先将彩色信号用滤波器从全电视信号中取出来,再用解码器把灰度信号和彩色信号解码成 R、G、B 信号。彩色视频信号的解码有两种方式。

(1) 彩色全电视信号用模拟解码器分解成 R、G、B 模拟信号,用三个 A/D 作模数转换形成数字信号。

(2) 彩色全电视信号输入后,先用一个模/数(A/D)作模数转换,形成数字的全电视信号,再在数字域对彩色信号作同步分离、彩色分离和解码,分解成 RGB 信号。模拟解码动态范围大,所获得的图像透亮;数字解码后的彩色准确,由于解码是在数字域中进行的,动态范围有限,图像看起来没有模拟式透亮。

4. 分量信号

每个基色分量作为独立的电视信号称为分量信号(Component Signal)。每个基色既可以用 R、G、B 表示,也可以用亮度和色度信号表示,例如 Y、I、Q 或 Y、U、V。分量信号可以获得非常好的图像质量,但它需要三个分量信号很好地同步,而且需要三倍的带宽。

视频中采用亮度信号和色度信号表示彩色的优点有两个。

(1) 亮度信号和色度信号是独立的。即色度信号仅包含色度信息,而不包含亮度信息;亮度信号仅包含亮度信息,而不含色度信息。因此,彩色电视和黑白电视可以同时接收彩色电视信号,并且在黑白电视接收机中亮度信号可以直接使用,不必做任何处理。

(2) 可以利用人眼对亮度较为敏感,而对色度相对不够敏感的视觉特性,降低色度信号的采样频率,使色度的带宽明显低于亮度信号的带宽,而又不明显影响重现彩色图像的观看。

5. 分离电视信号

亮度和色差分离的电视信号称为分离电视信号(Separate Video-VHS,S-Video),是分量模拟电视信号和复合模拟电视信号的一种折中方案。

使用 S-Video 的优点有两个。

(1) 减少亮度信号和色度信号之间的交叉干扰。不需要使用梳状滤波器来分离亮度信号和色度信号,这样可以提高亮度信号的带宽。

（2）复合电视信号把亮度信号和色度信号复合在一起，即使用一条信号电缆线传输。而 S-Video 信号则是使用单独的两条信号电缆线，一条用于亮度信号，另一条用于色度信号。这两个信号称为 Y/C 信号。与复合视频信号相比，S-Video 可以更好地重现色彩。

6. 电视信号标准的发展

电视信号标准的进一步发展主要体现在两个方面。

（1）高清晰度电视（High revolution Digital Television，HDTV）。其宽高比是 16∶9，水平分辨率为 1250 线。

（2）数字化方向。数字化的电视系统将替代现在使用的模拟电视系统。真正的数字化电视要求电视信号完全数字化，即从电视台送出的信号就是数字信号（0 或 1），具有信号干扰小、可以方便地和现在的网络系统（例如局域网或互联网）相连接、服务和内容可扩充等特点。

6.2　数字化视频

视频是由一幅幅单独的画面（称为帧）序列组成，这些画面以一定的速率，即帧率（计算单位：fps，即每秒钟显示的帧数目），连续地射在屏幕上，使观察者具有图像连续运动的感觉。这是利用人眼的视觉暂留原理，人眼看到的影像在消失以后视网膜上会有一个短暂的延迟，当这个图像没有在视网膜上消失以前有新的图像显示，就使得人们感觉不到图像的不连续性。典型的帧率从 24fps 到 30fps，这样的视频图像看起来是平滑和连续的。

6.2.1　数字化视频的概念

普通视频，例如标准的 NTSC 制式和 PAL 制式的视频信号都是模拟的，而计算机只能处理和显示数字信号，因此在计算机能够使用 NTSC 制式和 PAL 制式信号之前，必须进行数字化，并经过模数转换和颜色空间变换等过程。模拟视频的数字化包括不少技术问题，例如，电视信号具有不同的制式且采用复合的 YUV 信号方式，而计算机工作在 RGB 颜色空间；电视机是隔行扫描方式，而计算机显示器大多采用逐行扫描方式；电视图像的分辨率与显示器的分辨率也不尽相同等。因此，模拟视频数字化主要包括颜色空间的转换、光栅扫描的转换及分辨率的统一。

1. 数字电视的特点

数字视频与模拟视频相比，其主要特点如下。

（1）可以无失真地进行无限次复制，而模拟视频信号每转录一次，就会有一次误差积累，产生信号失真。

（2）可以长时间地存放而不会降低视频的质量，而模拟视频长时间存放后视频质量会降低。

（3）可以对数字视频进行非线性编辑，并可以增加特技效果等，而模拟视频不能进行非线性编辑。

(4) 数据量大,在存储与传输的过程中必须进行压缩编码。

2. 模拟电视数字化方法

模拟电视数字化的方法有两种。

(1) 复合数字化。这种方式是首先采用一个高速的模/数(A/D)转换器对全彩色电视信号进行数字化,然后在数字域中分离亮度和色度,以获得 YUV 分量或 YIQ 分量,最后再转换成 RGB 分量。

(2) 分量数字化。模拟视频一般采用数字化的方式,首先把复合视频信号中的亮度和色度分离,得到 YUV 或 YIQ 分量,然后用三个模/数(A/D)转换器对三个分量分别进行数字化,最后再转换成 RGB 空间。

一般把视频数字化的过程称为捕捉。将模拟视频信号数字化并转换为计算机图形信号的多媒体卡称为视频捕捉卡。

6.2.2 数字化视频的获取

电视图像既是空间函数,也是时间函数,而且又是隔行扫描方式,所以其采样方式比静态图像的采样方式要复杂得多。分量采样时采到的是隔行样本点,要把隔行样本组合成逐行样本,然后再进行样本点的量化、YUV 颜色空间到 RGB 颜色空间的转换等,最后才能得到数字化视频数据。

1. 数字化视频采样格式

根据电视信号的特征,亮度信号带宽是色度信号带宽的两倍。因此,数字化时可以采用幅色采样法,即对色度分量的采样率低于对亮度分量的采样率。如果采用 Y∶U∶V 表示 YUV 三个分量的采样比例,数字化视频的采样格式有 4∶1∶1、4∶2∶2 和 4∶4∶4 三种。

(1) Y∶U∶V＝4∶1∶1 格式

这种方式是在每 4 个连续的采样点上,取 4 个亮度 Y 的样本值,而色差 U、V 分别取其第一点的样本值,一共 6 个样本。显然这种方式的采样比例与全电视信号中的亮度、色度的带宽比例相同,数据量较小。

(2) Y∶U∶V＝4∶2∶2 格式

这种方式是在每 4 个连续的采样点上,取 4 个亮度 Y 的样本值,而色差 U、V 分别取其第一点和第三点的样本值,一共 8 个样本。这种方式能给信号灯的转换留有一定余量,效果更好一些。这是通常所采用的方式。

(3) Y∶U∶V＝4∶4∶4 格式

这种方式中,对每个采样点,亮度 Y、色差 U、V 各取一个样本。显然这种方式对于原本就具有较高质量的信号源(例如 S-Video 源),可以保证其颜色质量,但信息量大。这种格式也用在 RGB 分量的采样上。

数字化视频的采样格式如表 6-2 所示。

表 6-2　电视信号采样格式

样本格式＼像素		P₀	P₁	P₂	P₃	P₄	P₅	P₆	P₇	P₈	...
4:1:1	Y	•	•	•	•	•	•	•	•	...	...
	U	•	×	×	×	•	×	×	×	...	...
	V	•	×	×	×	•	×	×	×	...	...
4:2:2	Y	•	•	•	•	•	•	•	•	...	...
	U	•	×	•	×	•	×	•	×	...	...
	V	•	×	•	×	•	×	•	×	...	...
4:4:4	Y	•	•	•	•	•	•	•	•	...	...
	U	•	•	•	•	•	•	•	•	...	...
	V	•	•	•	•	•	•	•	•	...	...
4:4:4	R	•	•	•	•	•	•	•	•	...	...
	G	•	•	•	•	•	•	•	•	...	...
	B	•	•	•	•	•	•	•	•	...	...

如果对色度信号使用的采样频率比对亮度信号使用的采样频率低,则这种采样称为图像子采样(Subsampling)。可以说,在彩色图像压缩技术中,最简单的图像压缩技术就要算图像子采样了。这种压缩方法是根据人的视觉系统所具有的两条特性,其一是人眼对色度信号的敏感程度比对亮度信号的敏感程度低,利用这个特性可以把图像中表达颜色的信号去掉一些而使人察觉不出来;其二是人眼对图像细节的分辨能力有一定的限度,利用这个特性可以把图像中的高频信号去掉而使人察觉不出来。图像子采样就是利用了人的视觉系统这两个特性来压缩彩色图像信号的。

2. 数字化视频标准

为了在 PAL、NTSC 和 SECAM 电视制式之间确定共同的数字化参数,国际无线电咨询委员会(Consultative Committee of International Radio,CCIR)制定了演播室质量的数字电视编码标准,称为 CCIR601 标准(在美国称为 DI 标准)。在该标准中,规定了彩色电视图像转换成数字化视频时使用的采样频率、采样结构以及颜色空间转换等。

(1) 采样频率

为了保证信号的同步,采样频率必须是电视信号行频的倍数。CCIR 为 NTSC、PAL和 SECAM 制式制定了共同的电视图像采样标准: $f_s = 13.5\text{MHz}$。此采样频率正好是PAL、SECAM 制式行频的 864 倍,NTSC 制式行频的 858 倍,因此可以保证采样时钟与行同步信号同步。对于 4:2:2 的采样格式,亮度信号用 f_s 频率采样,两个色差信号分别用 $f_s/2 = 6.75\text{MHz}$ 的频率采样。

(2) 分辨率

根据采样频率可算出,对于 PAL 和 SECAM 制式,每一扫描行采样 864 个样本点;对于 NTSC 制式,则每一行扫描采样 858 个样本点。由于电视信号中每一行都包括一定的同步信号和回扫信号,因此有效的图像信号样本点并没有那么多,CCIR 规定对所有的制式,每一行的有效样本点数为 720 点。由于不同制式每帧的有效行数不同,因此实际计算机显示数字化视频时,通常采用如表 6-3 所示的参数。

表 6-3　计算机显示数字化视频的参数

电视制式	分辨率	帧率
NTSC	640×480	30
PAL、SECAM	768×576	25

（3）数据率

CCIR 规定,每个样本点都按照 8 位数字化,也就是有 256 个等级。但实际上亮度信号占 220 级,色差信号占 225 级,其他位作同步、编码等控制用。如果按 f_s 的采样率 4∶2∶2 的格式采样,则每个像素点数字化后的数据率为:

$$13.5(MHz) \times 8(b) + 2 \times 6.75(MHz) \times 8(b) = 216Mb/s$$

同样可以算出:如果按 4∶4∶4 的方式采样,则数据率为 324Mb/s。如果按照 216Mb/s 的数据率计算,一般 10s 的数字视频则需要占用 270MB 的存储空间,一张 680MB 容量的光盘只能记录约 25s 的数字视频数据信息。即使目前高倍速的光驱,其数据率也远远达不到 216Mb/s 的传输要求,那么视频数据将无法实时回放。这种未压缩的数字视频数据量对于目前的计算机和网络来说无论是存储或传输都是不现实的。因此,在多媒体中应用数字视频的关键问题是数字视频的压缩技术。

3. 视频序列的 SMPTE 表示

通常用时间码来识别和记录视频数据流中的每一帧,从一段视频的起始帧到终止帧,期间的每一帧都有一个唯一的时间码地址。根据动画和电视工程师协会（Society of Motion Picture and Television Engineers,SMPTE）使用的时间码标准,其格式是"小时:分钟:秒:帧"或者"hours:minutes:seconds:frames"。例如,一段 PAL 制式的时间标记为"00:02:31:15"的视频片段,其播放时间为 2 分钟 31 秒 15 帧,如果以每秒25帧的速率播放,则播放时间为 2 分钟 31.6 秒。

由于电影、录像和电视工业中使用的帧率的不同,因此各有对应的 SMPTE 标准。由于技术的原因,NTSC 制式实际使用的帧率是 29.97fps 而不是 30fps,因此在时间码与实际播放时间之间有 0.1% 的误差。为了解决这个误差问题,设计出丢帧（Drop-Frame）格式,即在播放时每分钟要丢 2 帧（实际上是有两帧不显示而不是从文件中删除）,这样可以保证时间码与实际播放时间的一致。与丢帧对应的是不丢帧（Nondrop-Frame）格式,它忽略时间码与实际播放帧之间的误差。

4. 数据量与视频质量

在模拟电视转换成为数字电视节目的过程中,需要进行模拟信号到数字信号的转换。对于转换后的数字视频信号,其数据量需要按每秒钟或者每分钟来计算。未经压缩的数字视频数据量可以按照式(6-3)所示进行计算。

$$数字视频数据量＝分辨率×图像深度/8×帧率 \tag{6-3}$$

【例 6-1】 分辨率为 800×600 的显示器,量化位数为 24 位真彩色,以每秒 25 帧计算,计算 1 秒钟的视频文件大小。

解:1 秒钟的视频文件大小＝800×600×24/8×25＝36 000 000B＝34.33MB

如表 6-4 所示给出了在几种分辨率与量化等级下,每帧图像以帧率为 25f/s 播放时视频信号所拥有的数据量。

表 6-4 分辨率、图像深度与视频数据量的关系

分辨率	图像深度/b	视频数据量/(MB/s)
640×480	8	7.32
	16	14.65
	24	21.97
800×600	8	11.44
	16	22.89
	24	34.33
1024×768	8	18.75
	16	37.50
	24	56.25

由此可见,如果不对数字视频进行压缩,那么将一段模拟电视节目转换为数字视频后得到的文件大小将是天文数字。由于数字视频中包含声音信息,因此在对数字视频进行压缩的同时,也要对其中的声音信息进行编码和压缩。完整的数字视频压缩格式应当包括对影像和伴音的协调处理。

在计算机上将压缩后的数字视频播放出来,仍然要保持原来模拟电视的分辨率、颜色和播放速度,这个过程称为解压缩或数字视频解码。通常,数字视频压缩所需要的时间大于解压缩所需要的时间,采用的是不对称压缩解码。

6.2.3 数字化视频的压缩

数字视频产生的文件很大,而且视频的捕捉和回放要求很高的数字传输速率,在采用工具编辑文件时自动使用某种压缩算法缩小文件的大小,在回放时,通过解压缩尽可能再现原来的视频图像。

1. 视频压缩目标

数字视频压缩的目标是在尽可能保证视觉效果的前提下减少视频数据率。视频压缩比一般是指压缩后的数据量与压缩前的数据量之比。从理论上说,数字视频的最小压缩比表示它所能够达到的最高图像质量,最大压缩比表示在一定硬盘容量下它所能够记录素材的最长时间。所以,要想获得高品质的数字视频而又同时要求存储量小是不可能的。由于视频是连续的静态图像,其压缩编码算法与静态图像的压缩编码算法有某些共同之

处,但是运动的视频还有其自身的特性,因此在压缩时应该考虑其运动特性才能达到高压缩比的目标。

2. 视频压缩方式

（1）无损压缩和有损压缩

无损压缩（Lossless Compression），即压缩前和解压缩后的数据完全一致。无损压缩是利用数据的统计冗余进行压缩,可以完全恢复原始数据而不引起任何失真,但压缩率是受到数据统计冗余度的理论限制,一般为 2：1 到 5：1。这类方法广泛应用于文件数据、程序和特殊应用场合的图像数据（例如指纹图像、医学图像等）的压缩。由于压缩比的限制,仅使用无损压缩方法是不可能解决图像和数字视频的存储和传输的所有问题。经常使用的无损压缩方法有香农（Shannon-Fano）编码、哈夫曼（Huffman）编码、游程（Run-Length）编码、算术（Arithmetic）编码和 LZW（Lempel-Ziv-Welch）编码等。

有损压缩（Loss Compression）。意味着解压缩后的数据与压缩前的数据不一致。有损压缩是利用了人类对图像或声波中的某些频率成分不敏感的特性,允许压缩过程中损失一定的信息。虽然不能完全恢复原始数据,但所损失的部分对理解原始图像的影响非常小,却换来了大得多的压缩比。几乎所有高压缩比的算法都采用了有损压缩,这样才能达到低数据率的目标。这类方法被广泛应用于语言、图像和视频数据的压缩。有损压缩丢失的数据与压缩比有关,压缩比越大,则丢失的数据越多,解压缩后的效果越差。此外,某些有损压缩算法采用多次重复压缩的方法,这样还会引起额外的数据丢失。

（2）帧内压缩和帧间压缩

帧内压缩（Intraframe Compression），也称为空间压缩（Spatial Compression）。当压缩一帧图像时,仅考虑本帧的数据而不考虑相邻帧之间的冗余信息,这实际上与静态图像压缩类似。由于帧内压缩时各个帧之间没有相互关系,所以压缩后的视频数据仍以帧为单位进行编辑。帧内压缩一般达不到很高的压缩比。

帧间压缩（Interframe Compression）是基于许多视频或动画的连续前后两帧具有很大相关性,或者说前后两帧信息变化很小的特点,即连续的视频其相邻帧之间具有冗余信息。根据这一特性,压缩相邻帧之间的冗余信息就可以进一步提高压缩量,减小压缩比。帧间压缩也称为时间压缩（Temporal Compression），它通过比较时间轴上不同帧之间的数据进行压缩,因此可以减少时间轴方向的冗余信息。帧差值（Frame Differencing）算法是一种典型的时间压缩法,它通过比较本帧与相邻帧之间的差异,仅记录本帧与其相邻帧的差值,这样可以大大减少数据量。

3. 视频编码方法

（1）对称编码

对称（Symmetric）是数据压缩编码的一个关键特征。对称意味着压缩和解压缩占用相同的计算处理能力和时间,对称的压缩编码算法适合于实时压缩和传送视频,例如视频会议等应用。

（2）不对称编码

不对称（Asymmetric）也称非对称,意味着压缩时需要花费大量的计算处理能力和时间,而解压缩时则能够较好地实时回放,即以不同的速度进行压缩和解压缩。一般地说,压缩一段视频的时间比回放(解压缩)该视频的时间要多得多。例如,压缩一段三分钟的视频片断可能需要 10 多分钟的时间,而该片断实时回放只有 3 分钟。在电子出版及其他多媒体应用中,可以把视频预先压缩处理好,然后再播放,因此可以采用不对称编码。

4. 视频播放方式

(1) 全运动播放

全运动(Full Motion)意味着以每秒 30 帧的速度刷新页面,这样快的速度不会产生闪烁和不连贯。一般情况下,要在 MPC 上实时播放全运动、真彩色视频,必须使用附加硬件。

(2) 全屏幕播放

全屏幕(Full Screen)含义为显示的图像充满整个屏幕(因此与显示分辨率有关),而不是只在屏幕的一个小窗口内显示。例如对于中分辨率 VGA,全屏幕意味着 800×600。

6.2.4 数字视频文件格式

视频文件可以分成两大类,其一是视频文件,例如日常生活中接触较多的 VCD、多媒体 CD 光盘中的动画等。影像文件不仅包含了大量图像信息,同时还容纳大量音频信息,所以文件数据量较大。其二是流式视频文件,这是随着互联网的发展而诞生的后起之秀,例如在线实况转播。目前的网络带宽不能满足视频数据的实时传输和实时播放,于是一种新型的流式视频格式应运而生了。这种流式视频采用一种边传边播的方法,即先从服务器上下载一部分视频文件,形成视频流缓冲区后实时播放,同时继续下载,为接下来的播放做好准备。这种边传边播的方法避免了用户必须等待整个文件从互联网上全部下载完毕才能观看的缺点。

1. AVI 格式

AVI(Audio Video Interleaved)是音频视频交错的英文缩写,是由 Microsoft 公司于 1992 年开发的一种数字音频与视频文件格式,原先仅仅用于微软的视窗视频操作环境(Microsoft Video For Windows,VFW),现在已被大多数操作系统直接支持。AVI 格式允许视频和音频交错在一起同步播放,支持 256 色和游程压缩编码,其优点是图像质量好,可以跨多个平台使用;其缺点是体积过于庞大,而且没有限定压缩标准,即 AVI 格式不具有兼容性,不同压缩标准生成的 AVI 文件,必须使用相应的解压缩算法才能将之播放出来。最普遍的现象就是高版本 Windows 媒体播放器播放不了采用早期编码编辑的 AVI 格式视频,而此版本 Windows 媒体播放器又播放不了采用最新编码编辑的 AVI 格式视频,所以在进行一些 AVI 格式的视频播放时常会出现由于视频编码问题而造成的视频不能播放或即使能够播放,但存在不能调节播放进度或播放时只有声音没有图像等一些莫名其妙的问题。如果在进行 AVI 格式的视频播放时遇到了这些问题,则可以通过下载相应的解码器来解决。AVI 格式是目前视频文件的主流,主要应用在多媒体光盘上,一般用来保存电视和电影等各种影像信息,有时也用于在互联网上供用户欣赏新影片的精彩片段。

2. MPEG 格式

MPEG(Moving Picturesque Experts Group)是运动图像专家组的英文缩写,是运动图像压缩算法的国际标准,家里常看的 VCD、SVCD 和 DVD 就是这种格式。它采用了有损和不对称的压缩方法以减少运动图像中的冗余信息,主要利用了具有运动补偿的帧间压缩编码技术减小时间冗余度,利用了离散余弦变换(Discrete Cosine Transform,DCT)技术减小图像的空间冗余度,利用了熵编码减小信息表示方面的统计冗余度。这几种技术的综合运用大大增强了压缩性能。MPEG 格式在三方面优于其他压缩/解压缩方案。其一,具有很好的兼容性;其二,能够比其他算法提供更高的压缩比,最高可以达到 200∶1;其三,在提供高压缩比的同时,数据的损失很小。目前 MPEG 格式有三个压缩标准:MPEG-1、MPEG-2 和 MPEG-4。另外,MPEG-7 和 MPEG-21 标准仍处于研发阶段。

(1) MPEG-1 标准

制定于 1992 年,它是针对 1.5MB/s 以下数据传输率的数字存储媒体运动图像及其伴音编码而设计的国际标准,也就是通常所见到的 VCD 制作格式。使用 MPEG-1 的压缩算法,可以把一部 120 分钟长的电影压缩到 1.2GB 左右。这种视频格式的文件扩展名包括".MPG"、".MLV"、".MPE"、".MPEG"及 VCD 光盘中的".DAT"文件等。

(2) MPEG-2 标准

制定于 1994 年,它是针对高级工业标准的图像质量以及更高的传输率而设计的国际标准。这种格式主要应用在 DVD/SVCD 的制作方面,同时也用在高清晰电视(HDTV)和一些高要求的视频编辑和处理上。使用 MPEG-2 压缩算法,可以把一部 120 分钟长的电影压缩到 4~8GB。这种视频格式的文件扩展名包括".MPG"、".MPE"、".MPEG"、".M2V"及 DCD 光盘中的".VOB"文件等。

(3) MPEG-4 标准

制定于 1998 年,它是针对播放流式媒体的高质量视频而专门设计的国际标准。这种格式可以利用很窄的带宽,通过帧重建技术压缩和传输数据,以求使用少量的数据来获取最佳的图像质量。目前,MPEG-4 最有吸引力的地方在于它是能够保存接近于 DVD 画质的小体积的视频文件。另外,这种文件格式还包含了以前 MPEG 压缩标准所不具备的比特率的可伸缩性、动画精度和交互性,甚至版权保护等一些特殊功能。这种视频格式的文件扩展名包括".ASF"、".MOV"和 DivX AVI 等。

3. DivX 格式

这是由 MPEG-4 衍生出的另一种视频编码(压缩)标准,也就是通常所说的 DVDrip 格式。它在采用 MPEG-4 压缩算法的同时又综合了 MPEG-4 与 MP3 各方面的技术,即使用 DivX 压缩技术对 DVD 盘片的视频图像进行高质量压缩,同时用 MP3 或 AC3 对音频进行压缩,然后再将视频与音频合成并加上相应的外挂字幕文件而形成的视频格式。该格式的画质直逼 DVD 并且体积只有 DVD 的数分之一。这种编码对机器的要求也不高,所以 DivX 视频编码技术可以说是一种对 DVD 造成威胁最大的新生视频压缩格式。这种视频格式的文件扩展名是".M4V"。

4. Microsoft 流式视频格式

Microsoft 流式视频格式主要有 ASF 格式和 WMV 格式两种,是一种在互联网上实时传输多媒体数据的技术标准。用户可以直接使用 Windows Media Player 对其进行播放。

(1) ASF(Advanced Streaming Format)

该格式使用了 MPEG-4 的压缩算法,所以压缩率和图像质量都很不错。若不考虑在网上传输，只选择最好的质量来压缩文件，则其生成的视频文件质量优于 VCD；若考虑在网上即时观赏视频流，则其图像质量比 VCD 差一些。但比同是视频流格式的 RM 格式要好。ASF 格式的主要优点包括本地或网络回放、可扩充的媒体类型、部件下载以及扩展性等。这种视频格式的文件扩展名是".ASF"。

（2）WMV（Windows Media Video）

该格式是一种采用独立编码方式且可以直接在网上实时观看视频节目的文件压缩格式。在同等视频质量下，WMV 格式的体积非常小，因此很适合在网上播放和传输。同样是 2 个小时的 HDTV 节目，使用 MPEG-2 最多只能压缩至 30GB，而使用 WMV 这样的高压缩率编码器，在画质丝毫不降的前提下可以压缩到 15GB 以下。WMV 格式的主要优点包括本地或网络回放、可扩充的媒体类型、部件下载、流的优先级化、多语言支持、环境独立性、丰富的流间关系以及扩展性等。这种视频格式的文件扩展名是".WMV"。

5. RealVideo 流式视频格式

RealVideo 是由 RealNetworks 公司开发的一种新型的、高压缩比的流式视频格式，它包含在 RealNetworks 公司制定的音频视频压缩规范 RealMedia 中，主要用来在低速率的广域网上实时传输活动视频影像，可以根据网络数据传输率的不同采用不同的压缩比率，从而实现影像数据的实时传送和实时播放。RealVideo 除了可以以普通的视频文件形式播放之外，还可以与 RealServer 服务器相配合，在数据传输过程中边下载边播放视频影像。RealVideo 的定位是牺牲画面质量来换取可连续观看性，存在颜色还原不准确的问题，因此不太适合专业的场合，但出色的压缩效率和支持流式播放的特征，使其广泛应用在网络和娱乐场合。

（1）RM（Real Media）

RM 格式的主要特点是用户使用 RealPlayer 或 RealOne Player 播放器可以在不下载音频/视频内容的条件下实现在线播放。另外，作为目前主流网络视频格式，RM 格式还可以通过其 Real Server 服务器将其他格式的视频转换成 RM 视频，并由 RealServer 服务器负责对外发布和播放。RM 格式和 ASF 格式可以说各有千秋，通常 RM 格式的视频更柔和一些，而 ASF 格式的视频则相对清晰一些。这种视频格式的文件扩展名是".RM"。

（2）RMVB（Real Media Variable Bit Rate）

RMVB 格式比原先的 RM 多了 VB 两个字母，在这里 VB 是可变比特率（Variable Bit Rate）的英文缩写。RMVB 是一种由 RM 视频格式升级延伸出的新视频格式，它的先进之处在于 RMVB 视频格式打破了原先 RM 格式那种平均压缩采样的方式，在保证平均压缩比的基础上合理利用比特率资源，即静止和动作场面少的画面场景采用较低的编码速率，这样可以留出更多的带宽空间，而这些带宽会在出现快速运动的画面场景时被利用。在保证了静止画面质量的前提下，大幅度地提高了运动图像的画面质量，从而图像质量和文件大小之间就达到了微妙的平衡。另外，相对于 DVDrip 格式，RMVB 视频也有着比较明显的优势，一部大小为 700MB 左右的 DVD 影片，如果将其转录成同样视听品质的 RMVB 格式文件，则其数据量最多也就 400MB 左右。不仅如此，这种视频格式还具有内置字幕和不需要外挂插件支持等独特优点。如果想播放这种视频格式的文件，则可以使用 RealOne Player 2.0 或 RealPlayer 8.0 或 RealVideo 9.0 以上版本的解码器形式进行播放。这种视频格式的文件扩展名是".RMVB"。

6. QuickTime 流式视频格式

QuickTime 是 Apple 公司开发的一种音频、视频文件格式,用于存储音频和视频,现在它被包括 Apple Mac OS、Microsoft Windows 95/98/NT/2003/XP/Vista,甚至 Windows 7 在内的所有主流计算机平台支持。QuickTime 文件格式支持 25 位彩色,支持领先的集成压缩技术,提供 150 多种视频效果,并配有提供了 200 多种 MIDI 兼容音响和设备的声音装置。新版的 QuickTime 进一步扩展了原有功能,包含了基于互联网应用的关键特性,能够通过互联网提供实时的数字化信息流、工作流与文件回放功能。为了适应这一网络多媒体应用,QuickTime 为多种流行的浏览器软件提供了相应的 QuickTime Viewer 插件,能够在浏览器中实现多媒体数据的实时回放。该插件的"快速启动"功能可以令用户几乎在发出请求的同时便可以收看到第一帧视频画面,而且还可以在视频数据下载的同时就开始播放视频图像,不需要等到全部下载完毕再进行欣赏。

此外,QuickTime 还提供了自动速率选择功能,当用户通过调用插件来播放 QuickTime 多媒体文件时,能够自己选择不同的连接速率下载并播放影像;当然,不同的速率对应着不同的图像质量。QuickTime 还采用了一种称为 QuickTime VR(Virtual Reality)的虚拟显示技术,用户只需要通过鼠标或键盘,就可以观察到某一地点周围 360° 的景象,或者从空间任何角度观察某一物体。

QuickTime 无论是在本地播放还是作为视频流式在网上传播,都是一种优良的视频编码格式,其画面效果优于 AVI 格式。QuickTime 以其领先的多媒体技术和跨平台特性、较小的存储空间要求、技术细节的独立性,以及系统的高度开放性,得到业界的广泛认可,目前已经成为数字媒体软件技术领域的事实上的工业标准。当选择 QuickTime 作为保存类型时,视频文件将保存为".MOV"。

6.3 视 频 卡

视频卡是一种专门用于对视频信号进行实时处理的设备,又叫视频信号处理器,视频卡插在计算机主机板的扩展槽内,通过配套的驱动软件和视频处理应用软件进行工作,对视频信号(激光视盘机、录像机、摄像机等设备的输出信号)进行数字化转换和编辑,以及保存数字化文件。

6.3.1 视频卡的概念

视频卡是一种统称,其种类很多,主要分为视频捕获卡、视频叠加卡、电视接收卡、电视编码卡、视频压缩/解压缩卡、字幕卡等。这些视频卡往往用于实现多媒体计算机额外的视频功能。

1. 视频卡的功能

视频卡是一种对实时视频图像进行数字化、冻结、存储和输出处理的工具。其主要功能包括如下几种。

(1)全活动数字图像的显示、抓取和录制,支持 Microsoft Video for Windows。

（2）可以从录像机、摄像机、激光视盘和电视等视频源中抓取定格，存储输出图像。

（3）近似真彩色 YUV 格式图像缓冲区，并可以将缓冲区映射到高端内存。

（4）可以按照比例缩放、剪切、移动和扫描视频图像。

（5）色度、饱和度、亮度、对比度及 R、G、B 三色比例可调。

（6）可以使用软件选择端口地址。

（7）具有若干个可用软件相互切换的视频输入源，以其中一个做活动显示。

2. 视频卡的特性

视频卡的主要特点如下。

（1）视频输入源。可以通过软件从三个复合视频信号输入口中选择视频源，且支持 NTSC 制式、PAL 制式或 SECAM 制式。

（2）窗口叠加。窗口定位及定位尺寸精确到单个像素；通过图形色键（256 键）将 VGA 图形和视频叠加。

（3）屏幕色键控制。亮度和彩色信号屏蔽。

（4）图像获取支持。支持 JPEG、PCX、TIFF、BMP、MMP、GIF 及 TARGA 文件格式；640×480 分辨率（VGA）；支持两百万种真色彩。

（5）图像处理。活动及静止图像比例缩放；视频图像的定格、存取及载入；图像的剪辑和改变尺寸；色调、饱和度、亮度和对比度的控制。

3. 视频卡的分类

视频卡的主要分类如下。

（1）视频捕获卡

其作用是从活动视频中实时或非实时捕获静态或短时间的动态图像。捕获内容一般以 AVI 视频图像文件格式存储到硬盘中，以便后期编辑。主要用于从电视节目、录像带中提取一幅静止画面或一段动态视频存储起来供编辑或演示使用。

（2）视频叠加卡

其作用是通过一个视频输入接口把标准的视频信号输入，并与计算机本身的视频信号进行叠加，当然，也可以进行一些特技效果处理，最后将综合处理的信号送显示器输出。与视频捕获卡不同，视频叠加卡既可以播放全屏幕的动态视频图像，也可以捕获视频图像。不过捕获动态视频图像的能力较差。

（3）电视接收卡

其作用是将标准的电视信号转换为计算机的 VGA 信号，然后在计算机屏幕上显示。主要用于接收包括 PAL 制式和 NTSC 制式的电视信号，实现在计算机上观看电视节目。

（4）电视编码卡

其作用是将计算机屏幕上的信号转换为电视信号，实现电视上观看计算机屏幕上的画面，同时可以在 PAL 和 NTSC 两种制式之间作出选择后，将信号转录到录像上。这类卡的输出端一般接到大屏幕电视机的视频输入端上。

（5）压缩/解压卡

其作用是将视频信号中的数据进行压缩和解压。视频数据量很大，这样的存储容量是目前计算机所没有的。通过数据压缩，把重复数据去掉，可以减少存储量，便于存储。

图像在重放时要进行解压以便重现图像,解压方法和压缩方法相反。压缩/解压卡的优点就是不需要占用计算机资源,使较低配置的计算机也可以得到高质量的视频文件。VCD盘中的图像都采用 MPEG-1 标准压缩。

(6) 字幕卡

其作用是通过硬件实时对视频信号的字幕叠加,例如平时所看电视的台标和飞字等;而电视节目中的字幕,例如对白和片名等,这些一般都由非编软件制作完成,并不需要字幕卡的介入(在没有非编系统之前才由字幕卡完成)。字幕卡一般不能单独使用,需要借助字幕软件才能工作,字幕的特技效果主要由字幕软件来完成。

6.3.2 视频捕获卡

数字视频的来源主要有三种,一种是利用计算机生成的动画,如把 FLC 或 GIF 动画格式转换成 AVI 等视频格式;另一种是把静态图像或图形文件序列组合成视频文件序列;最后一种,也是最主要的一种是通过视频捕获卡把模拟视频转换成数字视频,并按数字视频文件的格式保存下来。视频捕获卡(Video Capture Card)又称视频采集卡。

1. 基本分类

(1) 按功能分类

视频捕获卡按照其功能可以分为静态捕获和动态捕获两种。

静态影像捕获卡,其功能是从影像信号中捕捉单帧图像信息,存盘格式可以是不经压缩的 BMP 文件,也可以指定为其他的压缩格式。由于它获取的只是静态画面,因此不带声音信息。适用于影像数据库、桌面排版、影像处理、演示和教育培训等场合。

动态视频捕获卡,其功能是可以对每秒 30 帧的 NTSC 制式或每秒 25 帧的 PAL 制式进行捕获,即同时提取电视信号中的视频和音频信息。由于模拟视频输入端提供不间断的信息源,视频捕获卡如果处理能力不够,会出现丢帧现象。捕获卡都是把获取的视频序列先进行压缩处理,然后再存入硬盘,即视频序列的获取和压缩是在一起完成的,免除了再次进行压缩处理的不便。一般的视频捕获卡采用帧内压缩算法把数字化的视频存储成 AVI 文件,高档一些的视频捕获卡还能直接把采集到的数字视频数据实时压缩成 MPEG-1 格式的文件。

(2) 按用途分类

视频捕获卡按照其用途可以分为广播级、专业级和民用级。其区别主要是采集的图像指标不同。

广播级视频捕获卡。其最高捕获分辨率一般为 768×576(均方根值)PAL 制式,或 720×576(CCIR-601 值)PAL 制式 25 帧每秒,或 640×480/720×480NTSC 制式 30 帧每秒,最小压缩比一般在 4∶1 以内。这一类产品的特点是捕获的图像分辨率高、视频信噪比高,缺点是视频文件庞大,每分钟数据量至少为 200MB,广播级模拟信号捕获卡都带分量输入输出接口,用来连接 BetaCam 摄/录像机(广播级录像机的型号之一,由 Sony 公司制定并生产),此类设备是视频捕获卡中最高档的,用于电视台制作节目。

专业级视频捕获卡。其级别比广播级视频捕获卡的性能稍微低一些,分辨率两者是相同的,但压缩比稍微大一些,其最小压缩比一般在 6∶1 以内,输入输出接口为 AV(Audio Video)复合端子与 SV(Separate Video)端子,此类产品适用于广告公司、多媒体公司制作节目及多媒体软件。

民用级视频捕获卡。其动态分辨率一般最大为 384×288 PAL 制式 25 帧每秒。另外,有一类视频捕获卡是比较特殊的,这就是 VCD 制作卡,从用途上来说它是应该算在专业级,而从图像指标上来说只能算民用级产品。

2. 主要功能

视频捕获卡是将模拟摄像机、录像机、激光视盘机或电视机输出的视频信号等输出的视频数据或者视频音频的混合数据输入计算机,并转换成计算机可辨别的数字数据,存储在计算机中,成为可编辑处理的视频数据文件。

在计算机上通过视频采集卡可以接收来自视频输入端的模拟视频信号,对该信号进行采集、量化成数字信号,然后压缩编码成数字视频。大多数视频捕获卡都具备硬件压缩的功能,在捕获视频信号时首先在卡上对视频信号进行压缩,然后再通过 PCI(Peripheral Component Interconnect)接口把压缩的视频数据传送到主机上。一般的个人计算机视频捕获卡采用帧内压缩的算法把数字化的视频存储成 AVI 文件,高档一些的视频采集卡还能直接把采集到的数字视频数据实时压缩成 MPEG-1 格式的文件。

由于模拟视频输入端可以提供不间断的信息源,视频捕获卡要捕获模拟视频序列中的每帧图像,并在采集下一帧图像之前把这些数据传入个人计算机系统。因此,实现实时捕获的关键是每一帧所需要的处理时间。如果每帧视频图像的处理时间超过相邻两帧之间的相隔时间,则会出现数据的丢失,即丢帧现象。视频捕获卡都是把获取的视频序列先进行压缩处理,然后再存入硬盘,即视频序列的获取和压缩是在一起完成的,免除了再次进行压缩处理的不便。不同档次的捕获卡具有不同质量的采集压缩性能。

3. 工作原理

输入的视频信号经 A/D 转换形成了数字视频信号,然后被解码为 Y、U、V 信号;此信号经视窗控制器缩放、裁剪后存入帧缓存;帧缓存中的信号经颜色空间变换形成 R、G、B 信号,此时计算机中的 VGA 信号也经 VGA 适配卡通过颜色查找表找出对应的 R、G、B 信号,两路信号相互叠加,并经 D/A 变换后送到显示器显示。如图 6-3 所示给出了视频捕获卡的基本结构。

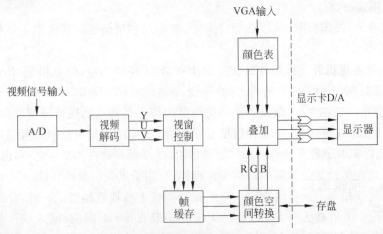

图 6-3　视频捕获卡的基本结构

视频捕获卡不但能够把视频图像以不同的视频窗口大小显示在计算机的显示器上，而且还能提供许多特殊效果，例如冻结、淡出、旋转、镜像以及透明色(即允许选择一个变成透明的颜色)处理。

6.3.3 电视接收卡

电视接收卡(TV-VGA Card)的作用就是通过计算机来看电视。此外还可以把录像带通过 AV 接口转换成为 MPEG 格式，刻录成 VCD/DVD。电视卡中带有高频头，可以将计算机变成一台全频道、多制式的彩色电视机，收看不同频道的电视节目。

1. 工作原理

视频信号直接输入或电视信号由高频头接收后经视频解码后变成 YUV 信号；经缓冲器将隔行扫描的信号变成逐行扫描；VGA 信号与解码后的 YUV 信号经视窗控制器叠加后变成数字的 RGB 信号，视窗控制器还具有视频压缩功能；经 D/A 转换到计算机显示器上显示。如图 6-4 所示给出了电视卡的基本结构。

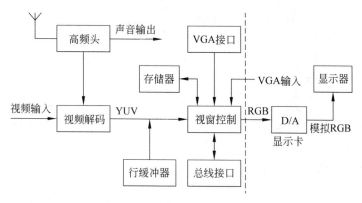

图 6-4 电视卡的基本结构

2. 相关操作

(1) 采集

就是指电视机等设备的音视频的模拟信号录入到计算机等设备里去，一般保存的文件格式为 AVI。图像质量损失较小，但文件特别大。

(2) 压缩

就是指把电视机等设备的音视频信号录入到计算机等设备里去，同时压缩保存(叫做硬压)。随后通过软件压缩保存，叫做软压。图像质量损失根据压缩格式、输入格式等变化。

(3) 编辑

就是把电视机等设备的音视频信号录入到计算机等设备里去，对保存在计算机里的影音文件进行添加字幕声音或进行特效加工。

6.3.4 电视编码卡

电视编码卡(VGA-TV Card)的作用就是把计算机显示器上显示的所有内容转换为模拟视频信号，并输出到电视机或录像机上。

1. 工作原理

MPC 主机的 VGA 输出与电视编码卡的 VGA 输入端口(VGA In)相连;电视编码卡的 VGA 输出(VGA Out)与 MPC 显示器相连,即计算机显示器通过电视编码卡与 MPC 主机相连。根据电视编码卡的 VGA 输入、输出端口的连通性,无论电视编码卡是否工作,显示器都能正常显示主机的显示信息。电视编码卡把其 VGA 输入端接收到的信号转换成模拟视频信号,并通过其复合视频输出端送往录像机的复合视频输入端(Video In)。录像机的音频输入(Audio In)取自于 MPC 声卡的音频输出。通过这种连接关系,录像机可以记录 MPC 的显示内容和伴音。录像机还可以与电视机通过射频(Radio Frequency,RF)端口(或者通过复合视频和音频端口)连接,以监视和显示获取的视频信号。如图 6-5 所示给出了电视编码卡与 MPC 及其他外设的连接。

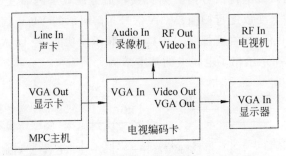

图 6-5　电视编码卡与 MPC 及其他外设的连接

2. 主要性能

外置式电视编码卡是通过端口与计算机及其他外设相连,不需要预先占用系统中断地址,但需额外的稳压电源供电。

(1) VGA 输入

电视编码卡的输入信号取自于计算机的 VGA 显示输出端。它支持的显示模式与显示卡和转换的制式有关。

(2) 输出制式

电视编码卡通过制式选择开关,可以选择 NTSC 或 PAL 制式输出。

(3) 模拟输出

电视编码卡能提供复合视频 Video 输出、二分量 S-Video 输出、三分量 RGB 输出。需要注意的是,电视编码卡只能转换显示的信号,因此输出的模拟视频信号都不包括伴音,输出和记录伴音必须通过 MPC 声卡输出。

(4) 输出色彩调整

电视编码卡通过亮度和对比度调整旋钮,可以调整输出模拟视频信号的亮度和对比度,以达到最佳效果。

(5) VGA 输出

由于电视编码卡要占用计算机主机的 VGA 输出端口,因此它还提供 VGA 输出端口以便与计算机的显示器连接。

(6) 电源

外置式设备需要电源的供电才能正常工作,进行数据转换。TV Coder 配有 9V、500mA

的稳压电源以提供工作用电。

6.4　数字视频处理

　　一般的数字视频影像处理需要借助专门的计算机软件来进行。在用于个人计算机的数字视频处理软件中,比较典型的软件是 Premiere,它是由美国 Adobe Systems Inc 开发的一套功能强大的非线性编辑软件,运行在 Windows 98/2000/NT 以及 Windows XP 环境中,它实现了视频、音频素材编辑合成的特技处理的桌面化,有电影制作大师之称。使用 Premiere 软件对数字视频进行处理,是一种低成本、高效率的处理手段,生成的视频产品能够满足一般场合的需要。

6.4.1　Premiere 编辑环境

　　Premiere 对数字视频具有强大的编辑功能,包括编辑和组接各种视频片段;对视频片断进行特技处理;在两段视频片断之间增加过渡效果;在视频片断之上叠加字幕、图标和其他视频效果;给视频配音,并对视频片断进行编辑,调整音频与视频的同步;改变视频特性参数,例如图像深度、视频帧率和音频采样率等;设置音频、视频编码及压缩参数;编译生成 AVI 或 MOV 格式的数字视频文件;转换成 NTSC 或 PAL 制式的兼容颜色,以便把生成的 AVI 或 MOV 文件转换成模拟视频信号,通过录像机记录在磁带上或显示在电视上等。

1. 线性编辑与非线性编辑

　　有许多应用程序都具有编辑数字视频文件的功能,一般被称为数字视频编辑器或简称为视频编辑器。在多媒体应用和电子出版应用中,Adobe 公司开发的 Premiere 是视频编辑软件中功能较强的一种,它把数字视频的非线性编辑和制作引入到个人计算机系统中。

　　(1) 线性编辑

　　传统的线性编辑是录像机通过机械运动使用磁头将视频信号顺序记录在磁带上,编辑时也必须顺序寻找所需要的视频画面。用传统的线性编辑方法在插入与原画面时间不等的画面,或删除节目中某些片段时都要重编,而且每编一次视频质量都有所下降。

　　(2) 非线性编辑

　　非线性编辑用硬盘而非磁带作为存储介质,记录数字化的视音频信号;由于硬盘可以满足在任意一帧画面的随机读取和存储,从而实现视音频编辑的非线性。非线性编辑系统将传统的电视节目后期制作系统中的切换机、数字特技、录像机、录音机、编辑机、调音台、字幕机以及图形创作系统等设备集成于一台计算机内。对于能够编辑数字视频数据的软件也称为非线性编辑软件。

　　(3) 非线性编辑的特点

　　非线性视频编辑是对数字视频文件的编辑和处理,可以随时、随地、多次反复地编辑和处理,并且任意地剪辑、修改、复制或调动画面前后顺序,都不会引起画面质量的下降。非线性编辑系统设备小型化,功能集成度高,与其他非线性编辑系统或普通个人计算机易于联网形成网络资源的共享。专业级的非线性编辑系统处理速度高,对数据的压缩小,因此视频和伴音的质量很高。此外,高处理速度还使得专业级的特技处理功能更强。

2. Premiere 编辑界面

Premiere 集众多剪辑剪裁、特技应用、场景切换、字幕叠加和配音配乐等功能于一身，支持多种素材和输入、输出文件格式，制作费用低廉。Premiere 操作非常简单，作品却是精美绝伦，已被广泛应用于电视节目，特别是广告的编辑制作。

Premiere 是一个英文版软件，为了便于操作，有人开发了汉化程序，使得该软件的主界面和相关提示显示中文（不同的汉化可能导致中文显示略有差异），可以方便地对视频文件进行多种编辑处理。启动 Premiere 后进入如图 6-6 所示的主界面。主界面内主要由菜单和具有不同功能的子窗口组成。

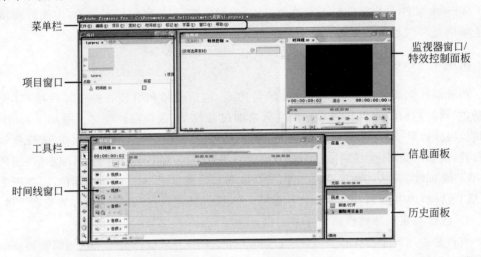

图 6-6　Premiere 的主界面

（1）菜单

菜单共有 7 个下拉菜单，Premiere 的全部功能都可以在这里实现，是 Premiere 最重要的组成之一，除了一般软件常见的"文件"、"编辑"和"帮助"菜单外，Premiere 特有的菜单还包括"工程"菜单，用于工程窗口的控制和管理；"素材"菜单，用于剪辑的编辑和控制管理；"时间线"菜单，用于时间线窗口的控制管理；"窗口"菜单，用于打开除了工程、素材和时间线以外的其他子窗口及其设置。

（2）子窗口

子窗口共有 6 个，主要包括：

① 工程窗口。用于存放、组织、管理与视频编辑有关的素材。只有输入到此窗口的片段素材，才可以在制作时使用。此窗口中的片段素材包括缩略图、名称、注解、标签以及引用状态等属性，窗口中的素材只是此文件的一个指针而不是文件本身。

② 监视器窗口，包括两个视窗及相应的工具。一个是原材视窗，用于编辑和播放单独的原始素材；另一个是工程视窗，用于时间线窗口的节目的预演。

③ 时间线窗口，是编辑素材、并使其按时间排列的主编辑窗口。窗口的横轴是时间轴，标有时间刻度，所有的视频、音频素材均在该窗口中进行编辑和处理。最长的节目编辑时间为 3 个小时。它包含工作区域、视频轨道、音频轨道、转换轨道和工具条等部分，视

频、音频轨道分别为99条,其中每个音频轨道分左右声道。

④ 特技/信息/导航窗口,包含三个选项卡。其中,"特技"选项卡排列着各种过渡转换模式,可以从中选取需要的模式实现特技效果;"信息"选项卡用于显示剪辑、过渡以及其他有关信息;"导航"选项卡是时间线窗口的辅助工具,提供快速、简便的编辑工具。

⑤ 视频/音频/历史窗口,包含三个选项卡。其中,"视频"和"音频"选项卡和Photoshop类似,提供了各种视频及声音滤镜,特别是视频滤镜能够产生动态的扭曲、模糊、风吹和幻影灯等特技,这些变化增加了影片的吸引力。

⑥ 效果控制/命令窗口,包含两个选项卡。其中,"命令"选项卡提供了一个预设命令及快捷键列表,用户可以根据自己的需要和爱好修改此列表,例如可以创建一套自定义按键以便快速完成菜单命令。

6.4.2 Premiere 基本操作

确定视频剧本和准备素材数据文件后,在 Premiere 中把各种不同的素材片断组接、编辑、处理并最后生成一个 AVI 或 MOV 格式文件,其基本操作是使用菜单命令、鼠标或键盘命令,以及子窗口中的各种控制按钮和对话选项配合完成的。在操作工作中,可以对中间或者最后的视频进行部分或全部的预览,以便检查编辑处理效果。

1. 创建一个新项目

(1) 启动 Adobe Premiere Pro,此时出现如图 6-7 所示的项目窗口选项。

图 6-7　项目窗口选项

(2) 单击"新建项目"图标按钮,打开"新建项目"对话框,如图 6-8 所示。

(3) 根据需要选择合适的设置并为文件命名,创建一个新的编辑项目,单击"确定"按钮即可进入 Premiere Pro 的编辑界面。

2. 导入和管理素材

在 Premiere Pro 中,当新建了一个项目后,在项目窗口中就会出现一个空白的时间线(Sequence)片段素材文件夹,我们可以导入 Premiere Pro 所支持的以下文件类型。

静态图像文件:JPEG、PSD、BMP、TIF、PCX、AI 等。

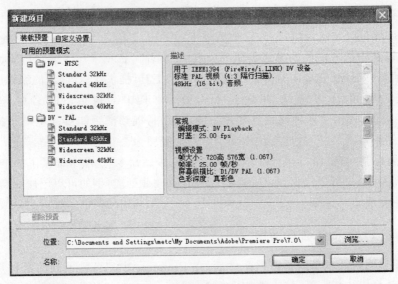

图 6-8 "新建项目"对话框

动画及序列图片文件：TGA、BMP、AI、PSD、GIF、FLI、FLC、TIP、FLM、PIC 等。

视频格式文件：AVI、MOV、MPEG、M2V、DV、WMA、WMV、ASF 等。

音频格式文件：MP3、WAV、AIF、SDI 等。

在项目窗口中导入素材的方法很简单，主要有下面几种。

(1) 选择菜单命令"文件"→"导入"(快捷键为 Ctrl＋I)。

(2) 在项目窗口中的空白处双击鼠标。

(3) 在项目窗口中的空白处单击鼠标右键，在弹出的菜单中选取"导入"命令。

采用以上三种方法都会弹出"输入"对话框(如图 6-9 所示)，选择所需的文件后单击"打开"按钮即可。

图 6-9 "输入"对话框

如果需要导入包括若干素材的文件夹，只需要单击"输入"对话框右下角的"输入文件夹"按钮就可以了。

Premiere Pro有文件夹（Bin）管理功能，每个文件夹（Bin）可以存放不同类型的素材。方法是单击项目窗口下方的按钮，或者是在项目窗口的空白处右击鼠标，在弹出的快捷菜单中选择"新建文件夹"命令，这样就创建了一个文件夹（Bin）。新建的文件夹自动按文件01、文件02的排序方式出现，如图6-10所示。如果要给新建立的文件夹（Bin）命名，可以在文件夹上右击鼠标，在弹出的快捷菜单中选择"重命名"命令，就可以输入新的名称了。

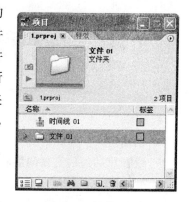

图6-10　新建文件夹

3. 编辑素材

（1）设置入点（In）和出点（Out）

双击项目窗口中的素材，这样就会在监视器的素材窗口中打开它。此时使用播放按钮或鼠标将时间线标尺定位到需要的开始帧所在的位置，然后单击按钮（或按快捷键I），这样就确定了素材的入点；再将画面定位到需要的结束帧所在位置，单击按钮（或按快捷键O），这样就确定了素材的出点。

对于已经导入时间线窗口轨道中的素材，先将时间线标尺移动到所需素材画面入点位置，选择工具栏中的按钮，将鼠标移动到素材开始端，当光标变为三角形状后向右拖动鼠标到时间线标尺所在位置，这样就完成了素材的入点设置；同样，将时间线标尺移动到所需素材画面出点位置后，将鼠标移动到素材结束端，当光标变为三角形状后向左拖动鼠标到时间线标尺所在位置，这样就完成了素材的出点设置。

（2）复制和粘贴素材

在Premiere Pro中，编辑素材常常会用到复制和粘贴命令。选择"编辑"菜单，可以看到，在下拉菜单中有"粘贴"、"粘贴插入"和"粘贴属性"等几种粘贴方式。

- 粘贴。这种方式是直接在时间线标尺处粘贴素材，当后边有其他素材时，所粘贴的素材会覆盖后边相应长度的素材，而时间线窗口中素材总长度不变，如图6-11和图6-12所示。

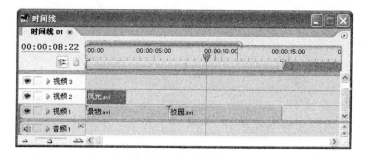

图6-11　使用粘贴命令前

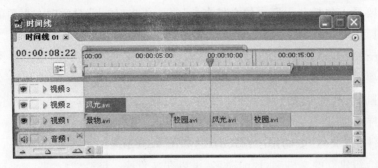

图 6-12　使用粘贴命令后

- 粘贴插入。这种方式所粘贴的素材不会覆盖后边相应长度的素材,而是插入时间线标尺后边的素材向后移动以让出位置,时间线窗口中整个素材的长度会发生改变,如图 6-13 所示。

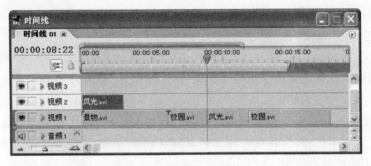

图 6-13　粘贴插入的效果

- 粘贴属性。执行该粘贴命令时,可以将所复制的属性粘贴到新的对象上。例如,对素材 1 设置了运动效果,选择并执行拷贝操作,然后选择素材 2 执行"粘贴属性"命令,那么,在素材 1 上设置的运动效果在素材 2 上也有效。

(3) 分开和关联素材

在时间线窗口中导入一段带有视频和音频的素材,选中该素材并拖动它,会发现视频和音频始终是作为一个整体在移动的,如图 6-14 所示。这说明,它的视频和音频之间是相关的。

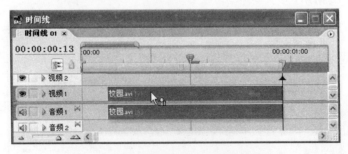

图 6-14　分开视频和音频前的移动效果

在编辑过程中,有时需要把导入素材的视频和音频分开,或者把原本不相干的视频和音频关联在一起,这时就需要进行分开和关联操作。

如果要进行分开操作,可选中素材,然后选择菜单命令"素材"→"解除音视频链接"。此时再拖动其中的视频和音频素材,会发现它们是可以单独移动的,如图 6-15 所示。

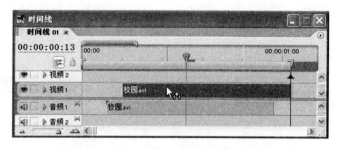

图 6-15　分开视频和音频后的移动效果

（4）素材的长度和速率设置

- 改变静态图片的长度。可以选择"编辑"→"参数选择"→"静止图像"菜单命令,在打开的"参数"对话框中进行设置,如图 6-16 所示。

对于已经导入到时间线窗口中的图片,可以在时间线窗口中选中它,然后右击鼠标,在弹出的菜单中选择"速度/持续时间"命令,在打开的"速度/持续时间"对话框中进行设置其"持续时间"操作,如图 6-17 所示。

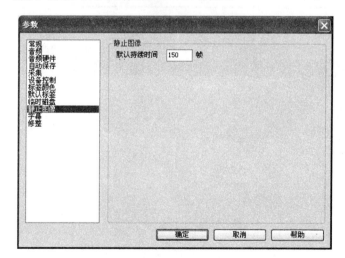

图 6-16　"参数"对话框

图 6-17　"速度/持续时间"对话框

- 改变素材的持续时间。在时间线窗口的工具栏中单击"选择"工具,并将鼠标移动到素材的两端,当鼠标指针变为小手的形状时,拖动鼠标就可以改变素材的持续时间。
- 改变视频和音频素材的长度和速率。在项目窗口或时间线窗口中选择素材后右击鼠标,选择"速度/持续时间"命令,在打开的"速度/持续时间"对话框中进行设置。如果只需要改变其中一项,可以单击链接图标使它断开。在对话框中,选中"倒放速度"复选框,会使素材反向播放;选中"保持音频"复选框,可以保持音频属性。

(5) 编辑音频素材

- 设置音频参数。选择菜单命令"项目"→"项目设置"→"常规"或"项目"→"项目设置"→"默认时间线",在打开的"项目设置"对话框中,可以对音频的相关参数进行设置,如图 6-18 和图 6-19 所示。

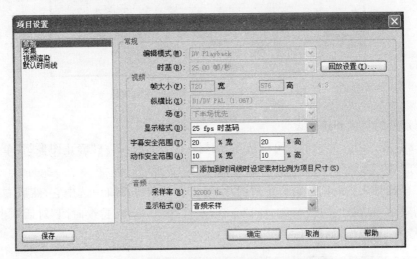

图 6-18 "项目设置"对话框中"常规"项的设置

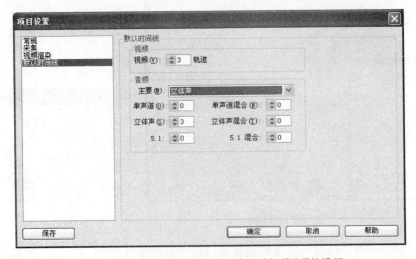

图 6-19 "项目设置"对话框中"默认时间线"项的设置

- 设置音频的增益效果。音频的增益即音频的音量高低。当一段视频文件配有多个音频素材时,通常需要平衡这些音频素材的增益来提高配音的质量。

设置音频的增益效果,可以在时间线窗口中的音频素材上右击鼠标,在弹出的快捷菜单中选择"音频增益"菜单命令,此时会打开"素材增益"对话框,输入相应的数值即可,如图 6-20 所示。

4. 添加视频转场

Premiere Pro 共提供了多达 73 种视频转场效果,它们被分类保存在 10 个文件夹中,如图 6-21 所示。

图 6-20 "素材增益"对话框

图 6-21 Premiere Pro 提供的 10 类视频转场效果

添加视频转场效果的步骤如下。

(1) 单击项目窗口中的"特效"选项卡,单击"视频转场"文件夹前面的展开图标,将会展开一个视频转场的分类文件夹列表;通过单击某一类文件夹左侧的展开图标,即可打开当前文件夹下的所有转场。

(2) 选中所需的转场,将它拖放到时间线窗口中两个视频素材相交的位置,在添加了转场的素材起始端或末尾端就会出现一段转场标记,转场就添加到素材上了,如图 6-22 所示。要删除不需要的视频转场,只需在转场标记上单击鼠标,然后直接按键盘上的 Delete 键即可。

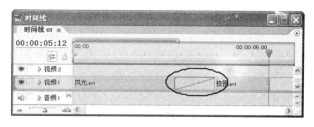

图 6-22 为素材添加视频转场后出现的转场标记

5. 添加视频特效

视频特效一般是为了使视频画面达到某种特殊效果,从而更好地表现作品的主题。有时也用于修补影像素材中的某些缺陷。Premiere Pro 中的视频特效被分类保存在 15 个文件夹中,如图 6-23 所示。

（1）怎样添加视频特效

在 Premiere Pro 中，添加视频特效的步骤如下。

首先，打开视频特效中的文件夹，选择所需要的视频特效，如图 6-24 所示。

然后将它拖放到时间线窗口中的素材上，添加了视频特效的素材上出现了一条线，表示添加成功，如图 6-25 所示。

图 6-24　选择视频特效

图 6-23　Premiere Pro 提供的 15 类视频特效效果

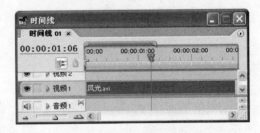

图 6-25　给素材添加视频特效后的效果

如果要将不需要的特效删除，只需在时间线窗口中选中素材，然后在监视器窗口的"特效控制"面板中，选中要删除的视频特效项，直接按 Delete 键即可。

（2）添加关键帧并改变视频特效

以给素材的某一部分添加"高斯模糊"视频特效为例。

首先，在项目窗口的"特效"选项卡中，选择"视频特效"→"模糊锐化"→"高斯模糊"，并将其拖放到时间线窗口中的素材上。

然后，打开监视器窗口下的"特效控制"面板，设置添加的"高斯模糊"视频特效的参数。将时间线标尺拖动到要添加关键帧的起始位置，单击 Blurriness 左边的"动画开关"图标，就会在右边的时间线标尺上添加第一个关键帧，这时将其 Blurriness 数值设为 0.0，如图 6-26 所示。

再将时间线标尺拖动到下一个要添加关键帧的位置，单击"添加"→"删除关键帧"按钮，又会在右边的时间线标尺上添加一个新的关键帧，这时将其 Blurriness 数值设为 25.0，如图 6-27 所示。

添加好关键帧后，就可以单击监视器窗口中的播放按钮进行预览效果了。

如果要删除不需要的关键帧，可以选中关键帧图标，然后直接按 Delete 键；也可单击

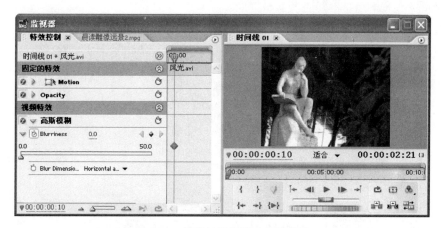

图 6-26　给素材添加第一个关键帧

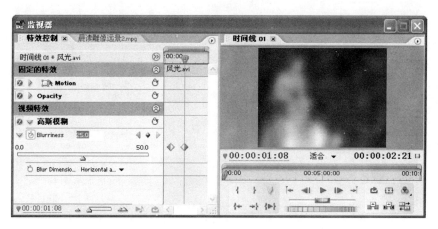

图 6-27　给素材添加第二个关键帧并设置参数

Blurriness 左边的"动画开关"图标,此时会弹出一个"警告"对话框,如图 6-28 所示,单击
"确定"按钮即可删除素材上的所有关键帧。

6. 制作运动视频

（1）制作运动视频

以画面从左边进入右边退出为例,制作运动视频的步骤如下。

图 6-28　"警告"对话框

在时间线窗口中选中要制作运动视频的素材,
单击监视器窗口中的"特效控制"选项卡,选中 Motion 选项并展开设置面板,这时会发现
右边预览窗口中的画面周围出现了一个可控制的方框,如图 6-29 所示。

为了清楚地看到方框的移动轨迹,可以调节预览窗口的缩放级别（如 10%）。将鼠标
指针移动到控制方框内,拖动方框并移出显示窗口,这时候素材在窗口中已经看不见了,
Position（位置）的数值也发生了变化。将时间线标尺移动到素材开始处,单击 Position 前
面的按钮,在此处添加一个路径控制点（关键帧）,如图 6-30 所示。

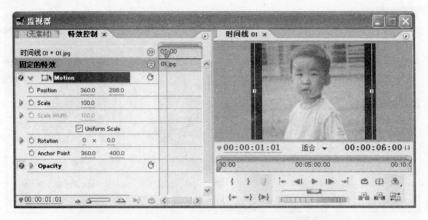

图 6-29 选中 Motion 选项后画面出现了可控制方框

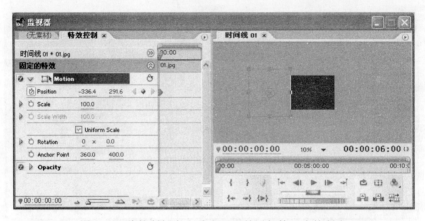

图 6-30 将控制框向左移出画面并添加第一个控制点

将时间线标尺移动到素材末尾处,然后将预览窗口中的控制方框向右拖动并移出显示窗口,这时在左边窗口中发现此处自动添加了一个关键帧,Position 的参数也发生了变化,并且预览窗口中出现了一条直线路径,如图 6-31 所示。

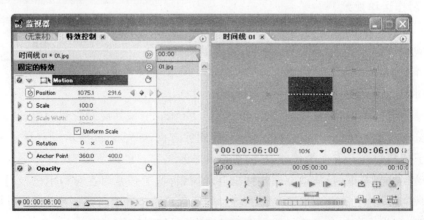

图 6-31 将控制框向右移出画面并添加另一个控制点

运动可以适用于包括静态图片和字幕在内的所有视频素材,并且可以通过添加控制点给一段素材的某一部分设置运动效果。

(2) 改变运动速度

在监视器窗口的"特效控制"面板中,可以通过改变两个运动控制点之间的距离来改变素材的运动速度。距离远,运动速度慢;距离近,运动速度快。

(3) 运动视频的缩放变形及旋转

与添加其他关键帧类似,添加运动视频的缩放变形和旋转效果,要在各个控制点对素材 Scale 和 Rotation 参数进行设置。需要注意的是,如图 6-32 所示,当 Uniform Scale(尺寸一致)复选框被勾选时,Scale Width(宽度尺寸)选项是不可用的,这时只能对素材调节其 Scale 数值以进行缩放设置。如果取消对 Uniform Scale 复选框的勾选,则 Scale Width 和 Scale Height 两项都变为可设置状态了,如图 6-33 所示。

图 6-32　选 Uniform Scale
复选框被勾选时

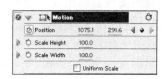

图 6-33　取消对 Uniform Scale
复选框的勾选时

7. 添加字幕

选择菜单命令"文件"→"新建"→"字幕",可以打开"Adobe 字幕设计"窗口进行字幕的制作,如图 6-34 所示。可以看出,"Adobe 字幕设计"窗口共由 6 个功能区组成。

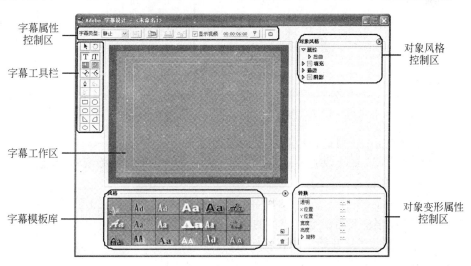

图 6-34　"Adobe 字幕设计"窗口

字幕属性控制区:用于选择字幕的运动类型、设置字幕的模板、显示样本帧等。

字幕工具栏:用来创建和编辑各种字幕文本、绘制基本几何图形以及定义文本的样式。

对象风格控制区:用来设置字幕对象的大小、字体、颜色等相关属性。

字幕工作区：文本的输入及整个对象的显示区域。

字幕模板库：选择或自定义文本样式。

对象变形属性控制区：对整个字幕的位置、长度比以及角度参数进行调整。

（1）创建文本

打开"Adobe 字幕设计"窗口后，选择文字工具，移动光标到字幕显示区域，拖曳鼠标画出一个矩形虚线框，或者直接单击显示区，就会出现跳动的光标，此时便可输入需要的文字。

单击左边工具栏中的选择工具按钮，退出文字输入状态。选中输入的文字，在右边的对象风格控制区中可进行"字体"、"字体大小"、"填充"等设置。

如果需要修改所输入的文字，只需要再次单击文字工具按钮返回到输入状态即可实现修改。

选择菜单命令"文件"→"保存"，保存设置好的字幕，字幕文件（扩展名为 prtl）就会作为一个独立的文件自动出现在项目窗口中，如图 6-35 所示。我们可以像处理其他视频、音频素材一样对它进行编辑处理。

（2）滚动字幕

创建纵向滚动字幕，要在"字幕设计"窗口左上角的"字幕类型"下拉列表中选择"上滚"；创建横向滚动字幕，则要选择"左飞"。然后再单击其右侧按钮，打开 Roll/Crawl Options 对话框进行设置，如图 6-36 所示。

图 6-35　字幕文件自动出现在项目窗口中

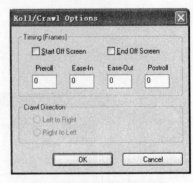

图 6-36　设置滚动字幕参数

Roll/Crawl Options 对话框中各选项的含义如下。

Start Off Screen：未勾选此复选框时，字幕从创建的位置处开始滚动，勾选此复选框时，字幕从屏幕外开始滚动。

End Off Screen：勾选此复选框时，字幕滚动到屏幕外结束。

Preroll：设置字幕开始滚动前停留的帧数。

Ease-In：设置字幕从开始滚动到开始匀速运动的帧数。

Ease-Out：设置字幕从匀速运动结束到滚动结束的帧数。

Postroll：设置字幕滚动停止后停留的帧数。

Crawl Direction：只有创建横向滚动字幕时才可用。选中 Left to Right 单选按钮时，字幕从左到右滚动；选中 Right to Left 单选按钮时，字幕从右到左滚动。

8. 预演影片效果

预演是指在时间线窗口中编辑完成的素材节目在没有最终输出为影片文件格式之前

所看到的编辑效果。在 Premiere Pro 中,预演功能已经大大加强,真正实现了实时预览。

要预览制作的某个效果时,可以直接在时间线窗口中拖动时间线标尺,这样在监视器窗口中就会出现刚才制作的画面效果。另外,还可以通过单击监视器窗口的播放按钮实时预览编辑后的效果。

9. 输出电影

完成节目的编辑工作后,选择菜单命令"文件"→"输出"→"影片",将打开"输出影片"对话框,如图 6-37 所示。

图 6-37 "输出影片"对话框

设置好输出影片的路径和文件名后,单击对话框右下角的"设置"按钮,将弹出一个新的"输出电影设置"对话框,如图 6-38 所示。

图 6-38 "输出电影设置"对话框

设置好各项参数后，单击"确定"按钮，回到"输出电影"对话框，再单击右下角的"保存"按钮就可以输出作品了。

6.5 习　　题

1. 什么是隔行扫描和逐行扫描？电视机和计算机的显示器各使用什么扫描方式？

2. PAL 制彩色电视、NTSC 制彩色电视、计算机图像显示分别使用什么颜色模型？

3. 世界上主要的彩色电视制式是什么？

4. 用 YUV/YIQ 模型表示彩色图像的优点是什么？为什么黑白电视机可看彩色电视？

5. 什么是复合电视信号、分量信号、分离电视信号？模拟电视数字化方法是什么？

6. 彩色图像采用的理论根据是什么？图像子采样是在哪个颜色空间进行的？

7. 数字化视频为什么要压缩？压缩方法是什么？编码方法是什么？

8. 用自己的语言说明视频捕获卡的工作原理。

9. 如果一幅 YUV 彩色图像的分辨率为 720×576，则采用 4：2：2 和 4：1：1 子采样格式采样时的样本数是多少？

10. 如果显示分辨率为 1024×768，真彩色，则一帧图像的数据量是多少？如果以每秒 25 帧的速度播放这种视频图像时，则 1 秒钟的视频信息需要占据多少存储空间？

6.6 实　　验

最能吸引人们眼球的媒体是什么，无疑是影视！是让人着迷的电影魔术！过去要编辑影视特技，只能由拥有昂贵设备的专业人去进行。随着计算机技术的迅速发展，数字电影也已逐步进入我们的视野。如今，只要在计算机上装有视频处理软件，一切都变得不再困难。通过本章实验，使读者了解数字视频的基本概念，认识视频处理软件的基本功能，掌握视频处理的基本技术手段。

1. 实验目的

（1）了解视频影像的特点和处理规律。

（2）了解视频处理软件 Premiere 的主要功能及常用窗口的主要作用。

（3）掌握视频处理软件 Premiere 的基本处理手段。

（4）熟悉视频编辑的过程和要求，掌握视频编辑的一些技巧，为制作的节目增加效果。

2. 实验内容

（1）简单处理视频影像。包括：

* 删除片段、连接片段；

* 保存视频文件；

* 视频后期配音。

（2）作品一。把选择的若干视频文件剪辑，组接到一个 AVI 文件中。包括：

* 确定主题，并围绕主题从网络中或光盘中选择视频素材；

- 根据一定的逻辑关系和自由创意,选择其中的若干段复制到本机自己的目录下;
- 组接的 AVI 文件内容要连贯,反应创作意图;播放效果要流畅、自然,长度≤30s;
- 至少采用两种过滤效果;
- 至少采用一种剪辑的特技处理;
- 根据创意设计视频的字幕,并叠加在适当的位置;
- 为组接的视频配伴音或语音;
- 组接的视频尺寸约 320×240;
- 在剪辑中选择一帧复制到压缩参数设置对话框的样本窗口。按 16 速光驱的回放条件设置压缩参数,调整压缩算法和压缩质量,观察样本窗口的变化情况,选择一组最佳的压缩参数并记录下来;
- 保存编译组接的视频文件最终形成可演示的 AVI 文件,文件容量一般超过 5MB。

(3) 作品二。四年一次的奥运会令人如痴如梦,这样经典的盛世,不把它们保留下来将会多么遗憾,如果有心将这些赛事镜头制作成集锦,则无论是自己留作纪念,或是把它赠给朋友,都非常具有收藏价值。制作奥运回顾的视频集锦作品。包括:
- 制作字幕:制作电影片名,例如"回顾奥运";添加电影片名;
- 添加图片及影片剪辑过渡:选择奥运精彩瞬间的图片及视频剪辑;
- 合成音效:获取音频、合成音频、制作音频;
- 保存编译组接的视频文件最终形成可演示的 AVI 文件。

3. 实验要求

(1) 独立完成三个实验内容。

(2) 提交使用视频处理软件 Premiere 处理视频后的实验结果。包括:

作品一。组接若干视频文件剪辑的 AVI 文件;

作品二。制作奥运回顾的视频集锦的 AVI 文件。

(3) 写出实验报告,包括实验名称、实验目的、实验步骤和实验思考。

第7章　音频获取与处理

声音是人们用来传递信息最方便、最熟悉的方式。在多媒体系统中,声音是指人耳能够识别的音频信息,它与人类听觉和社会文化艺术有着密切的联系,同时更涉及声波的物理传播特点和电声信号处理技术。早期的计算机不能发出声音,后来利用计算机的扬声器能够发出一点音效。目前,多媒体技术的发展使计算机处理音频信息已经达到较成熟的阶段。

7.1　声音的基本概念

声音是较早引入计算机系统的多媒体信息之一。从早期利用计算机的内置喇叭发声,发展到现在利用音频卡在网上实现可视电话,声音一直是多媒体计算机中重要的媒体信息。声音拉近了计算机与人的距离,是实现人机自然交流的重要方式之一。

7.1.1　声音信号的特征

声音(Sound)是由于空气振动而引起耳膜的振动,由人耳所感知的信息。从本质上说,空气的振动就产生了声波。声波如图 7-1 所示。

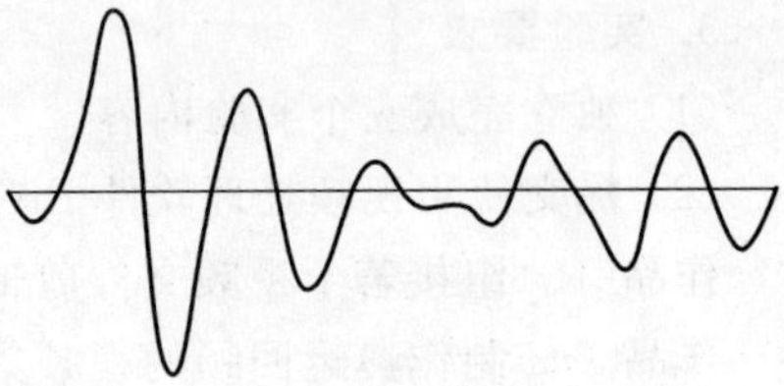

声音有如下特征。

- 声音是通过空气传播的一种连续的波。
- 声音的强弱体现在声波的压力大小。
- 声音信号是随时间变化的连续模拟信号。
- 声波具有普通波特性:反射(Reflection)、折射(Refraction)和衍射(Diffraction)。
- 人的听觉器官能感知的频率:$20\sim20\,000\mathrm{Hz}$。
- 人的发音器官发出的声音频率:$80\sim3400\mathrm{Hz}$。
- 人的听觉器官能感知的声音幅度:$0\sim120\mathrm{dB}$。

图 7-1　声波示意图

1. 声音的分类

根据声波的特征,可以把声音信息分为规则声音和不规则声音。其中,规则声音又可以分为语音、音乐和音效。声音信息分类如表 7-1 所示。

表 7-1　声音信息分类

分　类		注　释
不规则声音		一般指不携带信息的噪音
规则声音	语音	是指具有语言内涵和人类约定俗成的特殊媒体
	音乐	是指规范的符号化了的声音
	音效	是指人类熟悉的其他声音,如动物发声、机器产生的声音、自然界的风雨雷电等

规则声音是一种连续变化的模拟信号,可以用一条连续的曲线来表示,称为声波。模拟信号的曲线无论多复杂,在任一时刻 t_0 都可以分解成一系列正弦波的线性叠加,如式(7-1)所示。

$$f(t_0) = \sum_{n=0}^{n=\infty} A_n \sin(n\omega_0 t + \varphi_n) \tag{7-1}$$

其中, ω_0 是频率; A_n 是幅度; φ_n 是相位。这就是声波或正弦波的三个重要参数,决定了声音信号的特征,如图 7-2 所示。

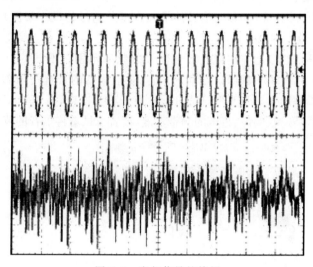

图 7-2 音频信号的特征

声音信号 $f(t_0)$ 是一种周期性的复合信号,它的特征就是其中许多单一信号,即正弦波信号 $A_n \sin(n\omega_0 t + \varphi_n)$ 的特征,即幅度 A_n、频率 ω_0 和相位 φ_n 的特征决定了音频信息的特性。

2. 声音的三要素

声音的三个要素是音调、音色和音强。

(1) 基频与音调

频率是指信号每秒钟变化的次数。人对声音频率的感觉表现为音调的高低,在音乐中称为音高。音调正是由式(7-1)中的频率 ω_0 所决定的。音乐中音阶的划分就是在频率的对数坐标($20 \times \log$)上取等分而得的,如表 7-2 所示。

表 7-2 音阶与频率的对应关系

音阶	C	D	E	F	G	A	B
简谱符号	1	2	3	4	5	6	7
频率/Hz	261	293	330	349	392	440	494
频率(对数)	48.3	49.3	50.3	50.8	51.8	52.8	53.8

(2) 谐波与音色

式(7-1)中的 $n \times \omega_0$ 称为 ω_0 的高次谐波分量,也称为泛音。音色是由混入基音的泛音所决定的,高次谐波越丰富,音色就越有明亮感和穿透力。不同的谐波具有不同的幅值 A_n 和相位偏移 φ_n,由此产生各种音色效果。

（3）幅度与音强

人耳对于声音细节的分辨只有在强度适中时才最灵敏。人的听觉响应与强度成对数关系。一般的人只能察觉出 3dB 的音强变化,再细分则没有太多意义。常用音量来描述音强,以分贝(dB=20log)为单位。在处理音频信号时,绝对强度可以放大,但其相对强度更有意义,一般用动态范围定义,如式(7-2)所示。

$$动态范围 = 20 \times \log(信号的最大强度 / 信号的最小强度)(dB) \qquad (7-2)$$

（4）音宽与频带

频带宽度(简称带宽)是描述组成复合信号的频率范围。不同的声音有不同的带宽,人耳只能听到频率在 20Hz～20kHz 之间的声音,一般语音的带宽是 300Hz～3kHz(包含在人耳能听到的频率范围内)。频率低于 20Hz 的声音称为次声,高于 20kHz 的声音是超声。如图 7-3 所示标出了音频、次声、超声的频带宽度(读者可试着将语音的范围标在图上)。

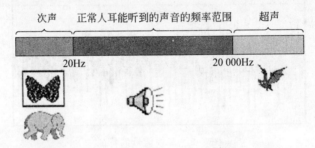

图 7-3　音频、次声、超声的频带宽度

7.1.2　声音信号的指标

声音信号的指标包括频带宽度、动态范围、信噪比和主观度量法 4 项。

1. 频带宽度

声音信号的频带宽度越宽,所包含的声音信号分量就越丰富、音质越好。例如,调幅广播(AM)的声音比电话语音的声音好,调频广播(FM)的声音比调幅广播的声音好,CD-DA 的声音比调频广播声音好,尽管 CD-DA 的频带宽度已超出人耳的可听域,但正是因为这一点,把人们的感觉和听觉充分调动起来,才产生了极佳的声音效果。如图 7-4 所示列出了常见的声源及其频带宽度。

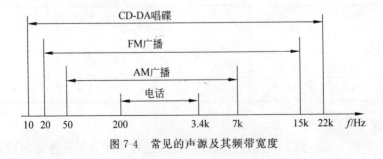

图 7-4　常见的声源及其频带宽度

2. 动态范围

动态范围越大,信号强度的相对变化范围越大,则音响效果越好。如表 7-3 所示列出了常见的声源及其动态范围。

表 7-3　常见的声源及其动态范围

音质效果	AM 广播	FM 广播	数字电话	CD-DA
动态范围/DB	40	60	50	100

3. 信噪比

信噪比(Signal to Noise Ratio,SNR)是有用信号与噪音之比的简称。噪音可以分为环境噪音和设备噪音。信噪比越大,声音质量越好,如式(7-3)所示。

$$SNR = \frac{有用信号的平均功率}{噪声的平均功率} \tag{7-3}$$

4. 主观度量法

人的感觉机理对声音的度量最有决定意义。感觉上的、主观上的测试是评价声音质量不可缺少的部分。当然,可靠的主观度量值是较难获得的。

7.2　数字化音频

由于声音信号是一种连续变化的模拟信号,而计算机只能处理和记录二进制的数字信号,因此,由自然声源而得的声音信号必须经过一定的变化和处理,变成二进制数据后才能送到计算机进行再编辑和存储。

7.2.1　数字化音频的概念

把时间和幅度连续的模拟信号转换成离散的数字信号,称为数字化。连续时间的离散化通过采样(Sampling)完成,一般采用均匀采样(Uniform Sampling);连续幅度的离散化通过量化(Quantization)完成,可以采用线性量化,或非线性量化。

数字化音频就是通过采样和量化,对模拟量表示的声音信号进行编码(Coding)后转换成由许多二进制数 1 和 0 组成的数字音频文件。采样和量化所使用的主要硬件是模拟到数字的转换器(A/D 或 Analog to Digital Conversion,ADC)。当数字音频回放时,再由数字到模拟的转换器(D/A 或 Digital to Analog Conversion,DAC)将数字声音信号转换成原始的模拟信号。如图 7-5 所示给出了对连续的模拟声音进行离散的数字化音频处理过程。

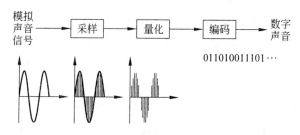

图 7-5　对连续的模拟声音进行离散的数字化音频处理过程

如果要从数字音频信号中重构原始声音信号,那么存在三个问题。

(1) 采样频率:每秒钟采集多少个声音样本?

(2) 量化精度:每个声音样本的比特数应该是多少?

(3) 编码方式:采用什么格式记录数字数据,以及采用什么算法压缩数字数据?

7.2.2 数字化音频的获取

数字化音频获取的三个过程是:采样,在时间轴上对信号数字化;量化,在幅度轴上对信号数字化;编码,按一定格式记录采样和量化后的数字数据。

1. 采样

采样是把时间上连续的模拟信号变成离散的有限个样值的信号。其原理如图 7-6 所示。

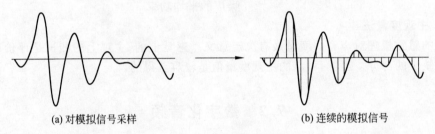

(a) 对模拟信号采样　　　　　　　　　　(b) 连续的模拟信号

图 7-6　采样原理

采样频率的选择应该遵循奈奎斯特采样理论(Nyquist Sampling Theory),即如果对某一模拟信号进行采样,则采样后可以还原的最高信号频率只有采样频率的一半;或者说只要采样频率高于输入信号最高频率的两倍,就能够从采样信号系列重构原始信号。这叫做无损数字化(Lossless-Digitiza-tion)。

采样定律如式(7-4)所示

$$f_s > 2f \quad \text{或者} \quad T_s < T/2 \tag{7-4}$$

其中,f 为被采样信号的最高频率。

根据奈奎斯特采样理论,CD 激光唱盘采样频率为 44.1kHz,可以记录的最高音频就为 22.05kHz,这样的音质与原始声音相差无几,也就是常说的超级高保真音质;电话话音信号频率约为 3.4kHz,采样频率就选为 8kHz。

常用的采样频率分别为 44.1kHz、22.05kHz、11.025kHz 和 8kHz。

2. 量化

量化是在幅度轴上把连续值的模拟信号变成为离散值的数字信号,在时间轴上已经变为离散的样值脉冲,在幅度轴上仍会在动态范围内有连续值,可能出现任意幅度,即在幅度轴上仍是模拟信号的性质,因此还必须用有限电平等级来代替实际量值。量化决定了模拟信号数字化以后的动态范围。

设模拟信号整个动态变化范围为 A,共分为 M 个量化等级;每个量化等级为 ΔA,则有 $\Delta A = A/M$。量化等级用二进制的位数 n 表示,它与十进制数 M 之间的关系为 $M = 2^n$ 或 $n = \log_2 M$,通常称为量化位数。例如对于 8 位量化,相应的十进制量化等级为

$M=2^8=256$。量化的过程就是把采样后信号的电平归并到有限个电平等级上,并以一个相应的数据来表示。其原理如图 7-7 所示。

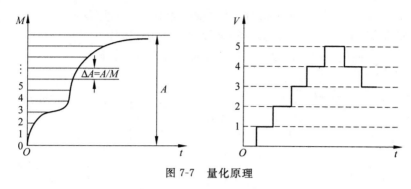

图 7-7　量化原理

按归并方式可以分为只舍不入方式和舍入方式两种。

（1）只舍不入方式

又称截尾方式。当采样信号电平处在两个量化等级之间时,将其归并到下面的量化等级上,而把超过的部分舍去。

（2）舍入方式

又称四舍五入方式。当采样信号电平超过某一个量化等级一半时,归并到上一个量化等级;低于该量化等级一半时,则归并到下一个量化等级。不言而喻,在只舍不入方式中,量化后的电平与采样信号实际电平之间的最大偏差（量化误差）为一个量化等级 ΔA;而在四舍五入方式中,误差为 $\dfrac{\Delta A}{2}$。由于四舍五入方式的量化误差小,因此通常选用这种方式,由于计算机是按照字节进行运算的,因此一般的量化位数为 8 位和 16 位。量化位数越高,信号的动态范围越大,数字化后的音频信号就越可能接近原始信号,但所需要的存储空间也就越大。

当量化位数为 1 时,其动态范围 $=20\times\log(2^1)=6\mathrm{dB}$。当量化位数为 8 时,其动态范围 $=20\times\log(2^8)=48\mathrm{dB}$。当量化位数为 16 时,其动态范围 $=20\times\log(2^{16})=96\mathrm{dB}$。表 7-4 给出了不同量化位数的动态范围及应用。

表 7-4　不同量化位数的动态范围及应用

量化位数/b	精度	动态范围/dB	应　用
8	1/256	48	数字电话
16	1/65 536	96	CD-DA

3. 编码

音频模拟信号经过采样与量化之后,为把数字化音频存入计算机,需对其编码,即用二进制数表示每个采样的量化值,完成整个模数转换过程。编码的作用有两个,其一是采用一定的格式来记录数字数据;其二是采用一定的算法来压缩数字数据以减少存储空间和提高传输效率。

一种最方便简单的编码方法是脉冲编码调制（Pulse Code Modulation，PCM）编码,这是一种最通用的无压缩编码。特点是保真度高、解码速度快,但编码后的数据量大。CD-DA 就是采用的这种编码方式。例如,如图 7-8 所示显示了一个正弦波模拟信号被采样和量化后进行 4 位 PCM。很清楚看出样本为 9、11、12、13、14、14、15、15、15、14、…,将它们以二进制编码,就得到一组数字 1001、1011、1100、1101、1110、1110、1111、1111、1111、1110、…,这些被编码后的数字化信号就可以被 CPU 处理。

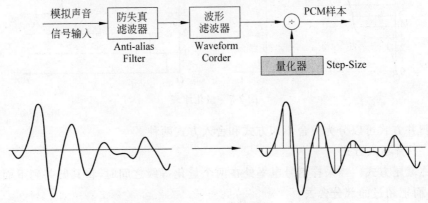

图 7-8　一个正弦波模拟信号被采样和量化后进行 4 位 PCM

衡量一种编码方法的性能有两个主要指标,码流速率和量化噪音。

所谓码流速率,指的是音频信号编码以后每秒钟产生的数据流量,以 kbps(每秒千比特)为单位表示,也可以表示为 kb/s。例如对普通模拟话音用 8kHz 的频率采样并以 8 位量化和编码,所形成的音频数字信号的码率便是 64kb/s。

所谓量化噪音,也就是由量化失真而引起的噪音。这一指标通常表示为量化后的音频信号噪音比,简称信噪比。每增加 1 位量化精度,信噪比即提高 6dB。例如在高保真音响系统中,要求信噪比大于 90dB,则量化精度必须在 16 位以上。

4. 数据量与声音质量

数据率定义为每秒的比特数(b/s 或 bps),它与信息在计算机中的实时传输有直接关系;其数据量定义为每秒的字节数(B/s),它与计算机的存储空间有直接关系。

未经压缩的数字音频数据量可以按照式(7-5)进行计算。

$$数据量(B/s)=采样频率(Hz)×(量化位数(b)/8)×声道数 \qquad (7-5)$$

由此可以计算出无压缩时不同的采样指标与容量和效果的关系,如表 7-5 所示。

表 7-5　无压缩时不同的采样指标与容量和效果的关系

质量	采样频率/kHz	量化位数/b	声道数	数据量/(kB/s)	频带宽度/Hz
电话	8.000	8	1	8	200～3400
AM	11.025	8	1	11.025	50～7000
FM	22.050	16	2	88.2	20～15 000
CD	44.100	16	2	176.4	10～22 000

为了减少数据率,同时又获得较好的音频质量,采样数字音频数据时,采样指标的选择应该注意如下三个方面的问题。

(1) 音频信号源的质量:过高的采样指标用于低质音频信号源并不能提高数字音频的质量,反而是浪费。

(2) 数字音频的实际应用要求:应用时对数字音频的传输,存储要求(即数据量)的要求。

(3) 采集时信噪比的要求:数字音频的播放效果并不一定与采集指标成正比,采集时信噪比的优劣对采集的效果有很大的关系。

7.2.3 数字音频文件格式

要在计算机内播放或是处理数字音频文件,即要对声音文件进行数/模转换,此过程同样由采样和量化构成。人耳所能听到的声音,其频率范围是 20Hz～20kHz,音频的最大带宽是 20kHz,因此采样频率应该介于 40Hz～50kHz 之间,而且对每个样本需要更多的量化位数。音频数字化的标准是每个样本 16 位、96dB 的信噪比,采用线性脉冲编码调制 PCM 编码,每一个量化步长都具有相等的长度。在数字音频文件格式的制定中,正是采用这一标准。常见的数字音频文件格式及特点如下。

1. CD 格式

CD 是当今世界上音质最好的音频格式,其文件后缀为“.CDA”。“.CDA”文件是标准的激光盘文件,其采样频率是 44.1kHz,数据量是 88.2kB/s,量化位数是 16 位。因为 CD 音轨是近似无损的,所以它的声音基本上是忠于原声的,可以让人感受到天籁之音。CD 光盘既可以在 CD 唱机中播放,也能够用计算机里的各种播放软件来重放。一个 CD 音频文件是一个“.CDA”文件,这只是一个索引信息,并不是真正包含声音信息,所以不论 CD 音乐的长短,在计算机上看到的“.CDA”文件都是 44 字节长。但是不能直接地复制 CD 格式的“.CDA”文件到硬盘上播放,需要使用像 EAC 这样的转化软件把 CD 格式的文件转换成 WAV 格式。

2. WAV 格式

WAV 是 Microsoft 公司开发的一种声音文件格式,其文件后缀为“.WAV”。该格式符合 RIFF(Resource Interchange File Format)文件规范,用于保存 Windows 平台的音频信息资源,被 Windows 平台及其应用程序广泛支持。WAV 格式支持多种压缩算法,支持多种量化位数、采样频率和声道。标准的 WAV 格式和 CD 格式一样,采样频率是 44.1kHz,数据量是 88.2kB/s,量化位数是 16 位,其声音文件质量和 CD 相差无几,也是目前计算机上广为流行的声音文件格式。但其文件尺寸较大,多用于存储简短的声音片段。

3. AIFF 格式

AIFF 是音频交换文件格式(Audio Interchange File Format)的英文缩写,是 Apple 公司开发的一种声音文件格式,其文件后缀为“.AIF”。该格式被 Macintosh 平台及其应用程序所支持。AIFF 格式支持多种压缩算法,支持 44.1kHz 采样频率及 16 位量化位数的立体声,和 WAV 格式非常相像。但由于它是 Apple 计算机上的格式,因此在个人计算机平台上并没有得到很大的流行。不过由于 Apple 计算机多用于多媒体制作出版行业，因此几乎所有的音频编辑软件和播放软件都支持 AIFF 格式。

4. Audio 格式

Audio 是 UNIX 操作系统下的一种常见音频格式，起源于 Sun 公司的 Solaris 系统，其文件后缀为".AU"。该格式本身也支持多种压缩方式，但文件结构灵活性不如 AIFF 和 WAV 格式。它的最大问题是它本身所依附的平台不是面向广大消费者的。虽然许多播放器和音频编辑软件对该格式都提供了读/写支持，但因为这个文件格式对目前许多新出现的音频技术都无法提供支持，因此起不到类似于 WAV 和 AIFF 格式那种通用性音频存储平台的作用。目前可能唯一必须使用 Audio 格式来保存音频文件的就是 Java 平台。

5. MP3 格式

MPEG 是运动图像专家组（Moving Picture Experts Group）的英文缩写，代表运动图像压缩标准，这里的音频文件格式指的是 MPEG 标准中的音频部分，即 MPEG 音频层（MPEG Audio Layer）。MPEG 音频文件的压缩是一种有损压缩，根据压缩质量和编码复杂程度的不同可以分为三层（MPEG Audio Layer1/2/3），分别对应后缀为".MP1"、".MP2"、".MP3"三种声音文件。

MPEG 音频编码具有很高的压缩率，MP1 格式和 MP2 格式的压缩率分别为 4∶1 和 6∶1~8∶1，而 MP3 格式的压缩率则高达 10∶1~12∶1，即 1min CD 音质的音乐，未经压缩需要 10MB 存储空间，而经过 MP3 格式压缩编码后只有 1MB 左右，同时其音质基本保持不失真。因此，目前使用最多的是 MP3 格式。MP3 格式压缩音乐的采样频率有很多种，可以使用 64kb/s 或更低的数据率节省空间，也可以使用 320kb/s 的标准达到极高的音质。

6. MIDI 格式

MIDI 是乐器数字接口（Musical Instrument Digital Interface）的英文缩写，是数字音乐/电子合成乐器的统一国际标准，其文件后缀为".MID"。该格式定义了计算机音乐程序、合成器及其他电子设备交换音乐信号的方式，还规定了不同厂家的电子乐器与计算机连接的电缆和硬件及设备之间数据传输的协议，可以用于为不同的乐器创建数字声音，可以模拟大提琴、小提琴和钢琴等常见乐器。在 MIDI 文件中，只包含产生某种声音的指令，这些指令包括使用什么 MIDI 设备的音色、声音的强弱、声音持续多长时间等，计算机将这些命令发送给声卡，声卡再按照指令将声音合成出来。MIDI 声音在重放时可以有不同的效果，这取决于音乐合成器的质量。相对于保存真实采样数据的声音文件，MIDI 文件显得更加紧凑，其文件尺寸通常比声音文件小得多，一个 MIDI 文件每存 1min 的音乐只用大约 5~10KB。

7. WMA 格式

WMA（Windows Media Audio）格式是 Microsoft 公司推出的一种流式文件，音质要强于 MP3 格式，更远胜于 RealAudio 格式，其文件后缀为".WMA"。该格式是以减少数据流量但保持音质的方法来达到比 MP3 压缩率更高的目的，WMA 格式的压缩率一般可以达到 1∶18 左右，因此文件体积更小。该格式的另一个优点是内容提供商可以通过

DRM(Digital Rights Management)方案,例如 Windows Media Rights Manager 7,加入防复制保护。这种内置了版权保护技术可以限制播放时间和播放次数甚至于播放的机器等,此外,该格式还支持音频流(Stream)技术,适合在网络上在线播放;不用像 MP3 那样需要安装额外的播放器,而 Windows 操作系统和 Windows Media Player 7.0 更是增加了直接把 CD 光盘转换为 WMA 声音格式的功能。在 Windows XP 中,WMA 是默认的编码格式。WMA 格式在录制时还可以对音质进行调节。同一格式,音质好得可以与 CD 媲美,压缩率较高的可以用于网络广播。

8. RealAudio 格式

RealAudio 是 Real Networks 公司开发的一类网络实时传输格式,其文件后缀为".RA"。这是一种新型的以流技术为主导思想的格式,其特点就是可以边浏览边下载数据,而不是在下载完毕后才可以播放。尤其是在网速比较慢的情况下,仍然可以较为流畅地传输数据,因此 RealAudio 格式主要适用于网络上的在线音乐欣赏。RealAudio 格式允许用户根据不同的网络带宽选择不同传输速率的文件,并且首次下载一部分数据到客户端,在用户程序解释播放的同时继续下载接下来的数据。它使用户在较短的时间内即可得到回应。现在的 RealAudio 文件格式主要有 RA(RealAudio)、RM(RealMedia, RealAudio G2)和 RMX(RealAudio Secured)三种,这些文件的共同性在于随着网络带宽的不同而改变声音的质量,在保证大多数人听到流畅声音的前提下,令带宽较为宽敞的听众获得较好的音质。近来,随着网络带宽的普遍改善,Real Networks 公司正在推出用于网络广播的、达到 CD 音质的格式。

9. OGG Vobis 格式

OGG Vobis 是一种新的音频压缩格式,其文件后缀为".OGG"。该格式类似于 MP3 等现有的音乐格式,但有一点不同,它是完全免费、开放和没有专利限制的。OGG Vobis 最出众的特点就是支持多声道,随着它的流行,以后用随身听来听 DTS 编码的多声道作品将不会是梦想。众所周知,MP3 是有损压缩格式,因此压缩后的数据与标准的 CD 音乐相比是有损失的;OGG Vobis 也是有损压缩格式,但是通过使用更加先进的声学模型来减少损失,因此同样位速率编码的 OGG Vobis 与 MP3 相比听起来更好一些。现在创建的 OGG Vobis 文件可以在未来的任何播放器上播放,因此,这种文件格式可以不断地进行大小和音质的改良,而不影响旧有的编码器或播放器,使它很有可能成为一个流行的趋势。

10. AAC 格式

AAC(Advanced Audio Coding)格式采用的高级音频编码技术是 Dolby 实验室为音乐提供的技术,其文件后缀为".AAC"。该格式最大能容纳 48 通道的音轨,采样频率达到 96kHz。该格式最早出现于 1997 年,是基于 MPEG-2 的音频编码技术。由 Fraunhofer ⅡS、Dolby、Apple、AT&T 和 Sony 等公司共同开发,以取代 MP3 格式。2000 年,MPEG-4 标准出台,AAC 重新整合了其特性,因此现在又称为 MPEG-4 AAC,即 M4A。AAC 作为一种高压缩比的音频压缩算法,通常压缩比为 18:1,远远超过了 Dolby AC-3 和 MP3 等较老的音频压缩算法。AAC 格式在 96kb/s 码率的表现超过了 128kb/s 的 MP3 音频。AAC 格式另一个引人注目的地方就是它的多声道特性,它支持 1~48 个全音域音轨和

15 个低频音轨。

11. APE 格式

APE 是新一代的无损音频格式,其文件后缀为".APE"。APE 格式的本质是一种无损压缩音频格式。庞大的 WAV 音频文件可以通过 Monkey's Audio 这个软件进行"瘦身"压缩为 APE 音频文件。很多时候它被用作网络音频文件传输,其原因是被压缩后的 APE 文件容量要比 WAV 源文件小一半多,可以节约传输所用的时间。更重要的是,通过 Monkey's Audio 解压缩还原以后得到的 WAV 文件可以做到与压缩前的源文件完全一致。所以 APE 被誉为无损音频压缩格式,Monkey's Audio 被誉为无损音频压缩软件。

12. FLAC 格式

FLAC(Free Lossless Audio Codec)是一个非常成熟的无损压缩格式,其文件后缀为".FLAC"。该格式兼容了几乎所有的操作系统平台,不同于其他的有损压缩编码,例如 MP3 及 AAC 格式,该格式不会破坏任何原有的音频信息,还可以还原音乐光盘音质。FLAC 格式和编码/解码的实现方式不受任何已知专利的限制,对公众完全开放,是世界上第一个完全开放和免费的无损音频压缩格式。由于 FLAC 格式提供了免费的解码范列,而且解码的复杂程度低,所以 FLAC 是目前唯一获得硬件支持的无损压缩编码。

7.3　音乐合成与 MIDI

电子合成音乐 MIDI 是乐器数字接口的缩写,泛指数字音乐的国际标准,它是音乐与计算机结合的产物。MIDI 不是把音乐的波形进行数字化采样、量化和编码,而是将数字式电子乐器的弹奏过程记录下来,例如按了哪一个键、力度多大、时间多长等。当需要播放这首乐曲时,计算机根据记录的乐谱指令,通过音乐合成器生成音乐声波,经放大后由扬声器播出。

7.3.1　音乐基础知识

乐音和噪音的主要区别在于它们是否有周期性。乐音包含基频和这个基频整数倍的谐波谱;而噪音则无固定基频,也无规律可言。

乐音包括必备的三要素,音高、音色、响度和时值。

(1)音高

音高是指声波的基频,基频越低,给人的感觉越低沉。

(2)音色

音色是指具有固定音高和相同谐波的乐音。不同的乐器具有不同的声波频谱,乐器的音色由其自身的结构特点决定。音色由声音的频谱决定,各阶谐波的比例不同,随时间衰减的程度不同,音色也就不同。例如人们能够分辨具有相同音高的钢琴和小提琴声音,正是因为它们的音色不同。小号的声音之所以具有极强的穿透力和明亮感,是因为小号声音中高次谐波非常丰富。各种乐器的声色是由其自身结构特点决定的。使用计算机模拟具有强烈真实感的旋律,音色的变化是非常重要的。

212

（3）响度和时值

响度是对声音强度的衡量，它是听判乐音的基础。人耳对于声音细节的分辨能力与响度有着直接的关系，只有在响度适中时，人耳辨音才最灵敏。时值具有明显的相对性，一个音只有在包含了比它更短的音的旋律中才会显得长。时值的变化导致旋律的行进，或平缓、均匀，或跳跃、颠簸，以表达不同的情感。

7.3.2　音乐合成

标准的多媒体计算机通过内部的合成器或通过外接到计算机 MIDI 端口的外部合成器播放 MIDI 文件。合成器的类型目前有两种，一种是 1976 年出现的频率调制（Frequency Modulation，FM）合成，另一种就是 1984 年开发的波表（Wavetable）合成。

1. 调频（FM）合成原理

FM 合成方式是由波形的组合而产生的。它是使高频振荡波的频率按调制信号规律变化的一种调制方式。采用不同调制波频率和调制指数，就可以方便地合成具有不同频谱分布的波形，再现某些乐器的音色。而且可以创造丰富多彩，真实乐器不具备的音色。

FM 音乐系统结构如图 7-9 所示。微机通过总线传输必要的数据，由 FM 合成芯片将它们变成相应的音高、音色和响度的数字音频信号，经数/模转换变成相应的模拟量，再经功率放大得到音响输出。常用的 FM 合成芯片为 YM3812，能够在软件控制下产生变化极为丰富的各种音色。

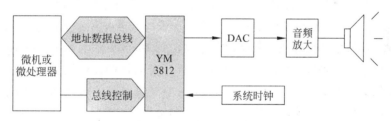

图 7-9　FM 音乐系统结构

FM 合成的主要优点是简单易行、成本低，不需要大容量存储器的支持即可模拟出各种各样的声音。FM 合成的原理是根据傅里叶级数来的，即任何一种波动信号都可以被分解为若干个频率不同的正弦波，因此一种乐器的声音可以由多个正弦波来合成。FM 合成器所要做的事情就是利用若干个正弦波合成某种乐器的声音。那么所谓的若干个正弦波究竟是多少个呢？理论上有无限多组波形，可以模拟任何声音。但由于 FM 合成器的内部结构比较复杂，其内部包含有诸多信号发生器、振荡器和运算器等逻辑部件。受成本限制，目前最好的 FM 合成器也只能提供 4 个正弦波来合成声音，而且复音数只有 24 个，不能准确地模拟真正乐器的音色，尤其对大多数打击乐器的合成，产生的音质很差。所以 FM 合成在发出 General MINI（通用 MIDI 标准）中的乐器声时，其真实效果较差。

2. 波表合成原理

波表的英文名称为 Wavetable，从字面翻译就是波形表格的意思。它是采用一种称为波表查找的技术来产生 MIDI 音乐，具体方式是将声音的数字化样本存储在固定的区域，然后根据 MIDI 命令取出相应的样本将它还原并回放。例如，采用真实乐器的数字录制技术,把大提琴、小提琴、钢琴和鼓等各种实际乐器的数字化声音存储在只读存储器ROM中(而FM则是用波形进行模拟的),在产生MIDI音乐时再从存储的波表中找出进行合成。所以当接口卡发出钢琴的声音时,波表发出的是真正的钢琴声,而FM则是用波形模拟合成的。

在高档声卡中波表合成结构如图7-10所示。ROM是只读存储器的简称,对于波表合成器,自然界的声音被录音后作为数字信号样本存放在ROM中,现在较高级的声卡一般均使用波表合成技术。

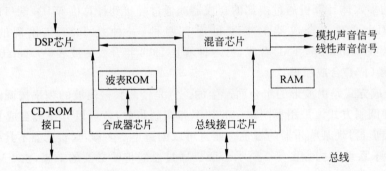

图 7-10　高档声卡中波表合成结构图

波表与FM的最大区别就在于FM通过对简单正弦波的线性控制来模仿音乐乐器和特殊效果,而波表采用真实的声音样本进行回放,因此采用波表合成的MIDI音乐听上去更接近自然、更具真实感,而FM合成的MIDI音乐则多带有人工合成的色彩。虽然波表合成的原理可以简单地描述成对真实声音样本的回放,但实际上其中有很多细节却是极其复杂的过程。总之,波表合成的本质是对采样声音的调制。对采样声音进行调制的过程是动态地改变音频信号的某个参数的过程,这些参数包括音量(振幅调制或震音)、音高(调制或颤音)以及滤波器截止频率。调制的作用是实时地控制参数,使声音产生变化,因此不需添加更多的样本也能得到丰富的声音效果,以起到节省内存的目的。由于需要额外的存储器存储音色库,因此成本比FM高。

7.3.3　MIDI

MIDI是用在音乐合成器、电子乐器以及计算机之间交换音乐信息的一种标准协议。可以认为它是一种乐器和计算机之间通话的语言。MIDI产生声音的方法与声音波形采样输入的方法有很大不同。它不是将模拟信号进行数字编码,而是把MIDI音乐设备上产生的每个动作记录下来。例如,在电子键盘上演奏,MIDI文件记录的不是实际乐器发出的声音,而是记录弹奏时弹的是第几个键、按键按了多长时间等,把这些记录的参数叫做指令,MIDI文件就是记录这些指令。就是因为这个原因,相同时间长度的MIDI音乐文件一般都比波形文件(.WAV)小得多。

1. MIDI 术语

(1) MIDI 指令或消息

MIDI指令是对乐谱的数字描述,也称做消息(Message)。MIDI就是乐谱的数字描述。乐谱由音符序列、定时和合成音色的乐器定义组成,当一组 MIDI 消息通过音乐合成芯片演奏时,合成器解释这些字符,并产生音乐。正如前述,当按键盘时,MIDI 设备记录按了哪个键以及按键的时间,这些就是指令。MIDI 装置之间靠这个接口传递消息。

（2）MIDI 文件

MIDI 文件是记录存储 MIDI 信息的标准文件格式,MIDI 文件包括音符、定时以及通道选择指示信息。音符包括有关键字(音符的键位)、通道号、音高(低、中、高音)、音长(节拍)、音量、速度以及乐器的配置等。

（3）通道

MIDI 文件中含有几种乐器的组合音乐,各种乐器由于其音色的不同,于是有不同的波形,波形经过各自的通道(Channel)送到合成器,合成器按照音色和音调的要求合成,再把这些波形都混在一起生成最终的声音。合成器的通道是一个独立的信息传输路线,将单个物理通道(可以理解为数据传输电缆)分为 16 个逻辑通道,每个通道相当一个逻辑上的合成器,可以充当一种乐器。MIDI 可以为 16 个通道提供数据,每个通道访问一个独立的逻辑合成器。

（4）音序器

音序器(Sequencer)是指为 MIDI 作曲而设计的计算机软件或电子装置,用来记录、播放和编辑 MIDI 音乐数据。音序器有硬件形式的,也有软件形式的。硬件的音序器是一种非常复杂的设备,价格昂贵,现在已经被大多数软件音序器取代,Cake Walk 就是一款流行的音序器软件。

（5）合成器

合成器(Instrument)是一种电子设备,通常装在声音卡上。合成器把以数字形式表示的声音转换回原来的模拟信号波形,再送到喇叭,产生音乐效果,它的核心是合成芯片。合成器的播放效果很丰富,并且其特点体现在弹奏的是一种乐器,而播放的却是另一种乐器的声音,并且几种不同乐器的声音经合成器合成后可同时播放。目前合成器芯片产生声音手段主要有 FM 合成和波表合成两种。

（6）乐器

不是特指某一架电子乐器,而是指合成器可以根据指令合成出许多不同音色的声音,例如钢琴、鼓和中提琴的声音。能产生特定声音的合成器,不同的合成器,乐器音色也不同,声音的质量也不同。

（7）复音

复音(Puyphong)是指合成器同时支持的最多音符数,也是指一次演奏多个音符的能力。早期的合成器是单音调的,即一次只能合成演奏一个音,任凭在键盘上按多少键它只能演奏一个音。一个 24 音符复调合成器是指它最多能一次合成 24 个音符,直观地看相当于一下子在钢琴上按 24 个键。

（8）音色

音色(Timbre)是指声音的音质,取决于声音频率的组成。

（9）音轨

音轨(Track)是一种用通道把 MIDI 数据分割成单独组、并行组的文件概念。音序器像磁带记录声音那样将接收到的 MIDI 文件记录在文件的不同位置,这些位置就称做音轨。通常,每个通道是一个单独的音轨。

(10) 合成音色映射器

合成音色映射器(Patch Apper)是一种软件。为了适应 Microsoft MIDI 合成音色,分配表规定合成音色编号。

(11) 通道映射

通道映射把发送装置的 MIDI 通道号变换成适当的接收装置的通道号。

(12) MIDI 键盘

MIDI 键盘(Keyboard)是用于 MIDI 音乐乐曲演奏创作的,MIDI 键盘本身并不发出声音,当触动键盘上的按键时,它发出按键信息,所产生的仅仅是 MIDI 音乐消息,从而由音序器录制生成 MIDI 文件。这些数据可以进一步加工,也可以和其他的 MIDI 数据合并,经编辑后的 MIDI 文件就可送合成器播放。

2. MIDI 系统结构

MIDI 系统结构如图 7-11 所示。

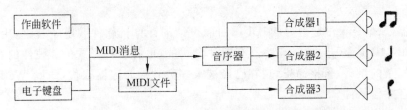

图 7-11　MIDI 系统结构

其中,"作曲软件"和"电子键盘"是输入设备,作曲家通过软件或在键盘上弹奏便将音乐转化为"MIDI 文件",这里的 MIDI 文件其实就是消息或者说指令的集合;然后通过"音序器"把这些指令记录下来,再将指令送到几个合成器一起播放(图中是 3 个)。合成器可以设置为不同的逻辑通道,例如"合成器 1"设置成萨克斯,"合成器 2"设置成小提琴,"合成器 3"设置为钢琴,这样,一起播放像一支管弦乐团在演奏。

3. MIDI 标准

MIDI 标准规格由两部分组成,其一是电子乐器和计算机之间的连接电缆和硬件;其二是乐器之间数据传送的通信约定。主要内容如下。

* MIDI 电子乐器:能产生特定声音的合成器,其数据传送符合 MIDI 通信约定。
* MIDI 消息或指令:乐谱的一种记录格式,相当于乐谱语言。
* MIDI 接口:MIDI 硬件通信协议。
* MIDI 通道:共 16 个通道,每种通道对应一种逻辑的合成器。
* MIDI 文件:由控制数据和乐谱信息数据构成。
* 音序器:用来记录、编辑和播放 MIDI 文件的软件。

4. MIDI 互联

MIDI 标准规定了乐器之间的物理连接方式,要求必须带有 MIDI 端口,并对连接两个电子乐器的 MIDI 电缆及传输电信号作了规定。

MIDI 接口具有三种输入输出端口,分别是 MIDI In、MIDI Out 和 MIDI Thru。每种端口有特定的用处,例如发送、接受或在 MIDI 设备间转发 MIDI 消息。这种设计允许同时控制所连接的多个 MIDI 装置。各端口的功能简述如下。

(1) MIDI In(输入口)。接受由其他 MIDI 设备发出的消息,例如电子键盘、安装在计算机中的 MIDI 适配卡等。

(2) MIDI Out(输出口)。把设备产生的原始消息发送出去,例如把 MIDI 消息送到其他乐器上。

(3) MIDI Thru(出发口)。通过该端口,把在 MIDI In 端口接到的消息不作任何改动直接送到其他 MIDI 乐器上。

5. MIDI 音乐产生过程

MIDI 电子乐器通过 MIDI 接口与计算机相连,计算机就可以通过音序器软件来采集 MIDI 电子乐器发出的一系列指令,这一系列指令可以记录到以“. MID”为扩展名的 MIDI 文件中。在计算机上,音序器可以对 MIDI 文件进行编辑和修改;将 MIDI 指令送往音乐合成器,由合成器将 MIDI 指令符号进行解释并产生波形,产生波形的方式有两种,FM 合成和波表合成;最后送往扬声器播放出来。如图 7-12 所示给出了 MIDI 音乐产生过程。

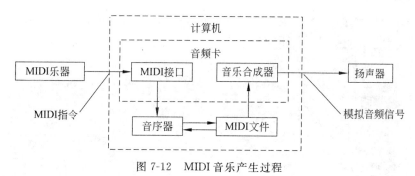

图 7-12 MIDI 音乐产生过程

6. WAV 文件和 MIDI 文件的比较

WAV 文件和 MIDI 文件是目前计算机上最常用的两种音频数据文件,它们各有不同的特点和用途,如表 7-6 所示。在多媒体应用中,一般 WAV 文件存放的是解说词,而 MIDI 文件存放的是背景音乐。

表 7-6 WAV 文件和 MIDI 文件的比较

比 较 项	WAV 文件	MIDI 文件
文件内容	数字音频数据	MIDI 指令
音源	Mic、磁带、CD 唱盘、音响	MIDI 乐器
效果	与编码指标有关	与声卡质量有关
适用度	不易编辑,声源不限,数据量大且与音质成正比	易编辑,声源受限,数据量很小
乐曲长度	34s(44.1kHz,16 位立体声)	34s
文件容量	5.7MB	4KB

7.4 数字音频处理

在多媒体制作领域中,音频是不可缺少的部分。音频素材制作包括音频的录制、编辑及优化等基本操作。在 Windows 系统自带的录音机软件中可以做一些简单的录音、剪切和混合等操作,但这远远不能满足实际的需要。在音频编辑领域有很多专业软件,其专业水准的编辑功能和简易的操作,可以制作出同样专业而美妙的音乐。Cool Edit 就是一个优秀的音频编辑软件,该软件具有高品质的音乐采样能力,最高采样频率可以达到 192kHz,最高分辨率可以达到 32 位,支持 22 种音乐文件格式,其完整的声音与音效的处理为用户提供了最完整的音乐解决方案。

7.4.1 Cool Edit 编辑环境

Cool Edit 是一款功能强大,集录音、混音和编辑于一体的多轨数字音频编辑软件,可以运行于 Windows 平台下,能够高质量地完成录音、编辑和合成等多种任务。只要拥有它和一台配备了声卡的计算机,也就等于同时拥有了一台多轨数码录音机、一台音乐编辑机和一台专业合成器。其主界面如图 7-13 所示。

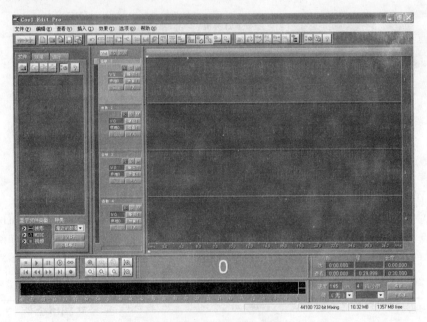

图 7-13 Cool Edit 的主界面

(1) 菜单栏。Cool Edit 的全部功能都可以在这里实现。下面介绍部分菜单的功能。

- File(文件)菜单。包含了常用的新建、打开、关闭、存储和另存为等文件操作命令。其中的 Open Append 命令是将打开的音频文件接在已经打开的文件尾部,使两个音频文件拼接成一个大的音频波形文件。
- Edit(编辑)菜单。除了包含了一些常用的复制、粘贴、删除和格式转换等命令之外,还包含了与波形操作有关的命令。

- View(视图)菜单。包含了一些常用的开关项、波形显示、频谱显示和音量显示等命令。
- Transform(变换)菜单。包含了在编辑处理音频时要用到的反向、颠倒、相位、动态、延时、混响、滤波(均衡)、降噪、失真和变调等大部分的功能。
- Generate(生成器)菜单。其中的命令会自动生成一些静音、噪音的效果。
- Favorites(收藏)菜单。其中的命令可以收藏一些自己喜欢的内容。

（2）工具栏为用户提供常用操作按钮,例如复制、粘贴以及波形的转换等,比用编辑菜单便捷、方便。

（3）编辑界面用来提供左、右两个声道的波形显示,可以在上面直接对打开的声音文件进行各种编辑操作,以达到预期的效果。

（4）播放区包括播放、循环播放、前进、倒退、快进、快退、暂停和停止等按钮。

（5）放大、缩小操作区用来进行波形的水平放大、水平缩小操作及波形的垂直放大、垂直缩小操作。

（6）进度显示区用来显示在工作区选中点的起始时间以及播放时的进度。

（7）声音强度显示区用来显示播放时左、右两个声道的声音强度。

7.4.2　Cool Edit 基本操作

Cool Edit 是一款功能强大的音乐编辑软件,其基本操作包括录制声音、编辑声音、添加音效以及创建 MP3 文件等。由于现在部分读者仍喜欢使用 Cool Edit 英文版本,故本教材中虽然使用 Cool Edit 中文版本为界面,但在讲解具体应用时,会采用中英两种方式,来介绍在操作过程中使用的菜单和命令。

1. 录制声音

（1）准备工作

先要明确需要录入何种音源,是话筒、录音机、CD 播放器、还是其他音源,是一种还是多种。确定之后,将这些设备与声卡连接好。再将录音电平调到适当水准,此操作直接决定录音质量,具体操作步骤如下。

在 Cool Edit 主界面中,执行菜单 Options(选项)→Windows Mixer(混音器)命令,弹出 Master Volume(音量调整)对话框,即"录音控制"面板,如图 7-14 所示。

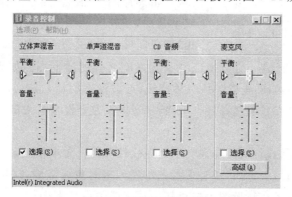

图 7-14　"录音控制"面板

① 执行菜单"选项"→"属性"命令，在弹出的"属性"对话框中选中"录音"单选按钮；在"显示下列音量控制"列表框中选择要使用的音源（例如 CD 音频），如图 7-15 所示。不用的音源不要选，以减少噪声。

② 单击"确定"按钮，弹出"录音控制"面板，调整滑块位置（如图 7-16 所示），以试录时电平指示有一格为红色为准，这样的录音效果较好。

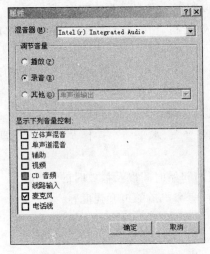

图 7-15 "属性"对话框

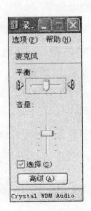

图 7-16 "录音控制"面板

(2) 开始录音

录音电平调试好之后，正式开始录音，具体操作步骤如下。

① 在 Cool Edit 主界面中执行菜单，File（文件）→New（新建）命令，在显示的 New waveform（新建波形）对话框中选择适当的 Channels（录音声道）、Resolution（分辨率即采样精度）和 Sample rate（采样频率）。如果不知道如何选择，可以分别使用 Ster-eo（立体声）、16-bit 和 44100 Hz，这是用于 CD 音质的设置，如图 7-17 所示。

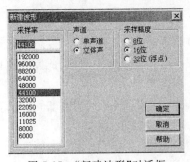

图 7-17 "新建波形"对话框

② 单击 Cool Edit 主界面左下部的红色录音按钮，开始录音；拿起话筒唱歌（或播放 CD 音乐等）；完成录音后，单击 Cool Edit 主界面左下部的 Stop（停止）按钮即可。

Cool Edit 主界面编辑窗口出现刚录制好的文件的波形图。如果要播放它，则单击 Play（播放）按钮。但如果波形图是一条直线（或波形不明显），放音时将没有声音或声音很小，那么就需要检查音源选择是否正确、录音电平是否设置得太低。

2. 编辑声音

使用 Cool Edit 编辑声音，与在文字处理软件中编辑文本相似。一方面，都包括复制、剪切和粘贴等操作；另一方面，都必须事先选择编辑对象或范围，这样操作才有意义。对于音频文件而言，就是在波形图中选择某一片段或整个波形图。一般的选择方法是在波形上按下鼠标左键向右或向左拖曳；如果要往一侧扩大选择范围，则可以在那一侧右击鼠标；如果要选择整个波形，则双击鼠标即可。

此外，Cool Edit 在"编辑"菜单下还提供了一些选择特殊范围的菜单，例如 Zero Crossings(零交叉)，可以将事先选择波段的起点和终点移到最近的零交叉点(波形曲线与水平中线的交点)；Find Beats(查出节拍)，可以以节拍为单位选择编辑范围；对于声音文件，还可以单独选出立体左声道或右声道，进行编辑等。

(1) 选定当前剪贴板

Cool Edit 提供了 5 个内部剪贴板，加上 Windows 剪贴板，共有 6 个剪贴板可以同时使用。Cool Edit 允许同时编辑多个声音文件，如果要在多个声音文件间传输数据，则可以使用 5 个内部剪贴板；如果要与外部程序交换数据，则可以使用 Windows 系统的剪贴板，这就像使用现在的剪贴板增强工具一样，给编辑带来了很大便利，但要注意，当前剪贴板只有一个时，每次进行复制、剪切和粘贴等操作，始终是针对当前剪贴板的。实现方法为先在 Cool Edit 主界面上执行 Edit(编辑)→Set Current Clipboard(设置当前剪贴板)命令，再选择一个剪贴板。

(2) 混合声音

利用 Cool Edit 的编辑功能，可以将当前剪贴板中的声音与窗口中的声音进行混合，实现方法为先在 Cool Edit 主界面上执行菜单"编辑"→Mix Paste(混合粘贴)命令，再选择需要的混合方式，例如 Insert(插入)、Overlap(叠加)、Replace(替换)或 Modulate(调制)等。波形图中黄色竖线所在的位置为混合起点(即插入点)，混合前应该先调整好该位置。

(3) 删除声音

如果一个声音文件听起来断断续续，则可以用 Cool Edit 的"删除静音"功能，将它变为一个连续文件，实现方法为在 Cool Edit 主界面上执行 Edit(编辑)→Delete Silence(删除静音)命令。

(4) 缩放波形

在 Cool Edit 主界面下部有两组波形缩放按钮，6 个带放大镜的图标为一组，是水平缩放按钮，如图 7-18(a)所示；另一组是垂直缩放按钮，只有两个，位于主界面的右下角，同样为放大镜图标，如图 7-18(b)所示。为了便于编辑时观察波形变化，可以单击波形缩放按钮(不影响声音效果)，也可以在水平或垂直标尺上，直接滑动鼠标或右击标尺，通过弹出的快捷菜单，定制显示效果。

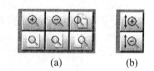

(a)　　　　　　(b)

图 7-18　水平和垂直缩放按钮

7.4.3　Cool Edit 添加音效

通过 Cool Edit 的 Transform(变换)菜单下的 20 个子菜单，可以制作各种迷人的声音效果。例如 Reverb(余音)可以产生音乐大厅环绕效果，Dynamics Processing(动态处理)可以根据录音电平动态调整输出电平，Filters(过滤器)可以产生加重低音、突出高音等效果，Noise Reduction(降噪)可以降低甚至清除文件中噪音，Time/Pitch(时间/音调)

能在不影响声音质量情况下改变乐曲音调或节拍等。最神奇的是 Brainwave Synchronizer（脑波同步器），可以通过立体声耳机产生有助于入睡、放松，甚至思考的音乐。对这些音效，最好的学习方法就是反复试验、反复体会。可以录制或打开一个现成的声音文件，然后打开 Transform（效果）菜单，从中选择一种音效，调整音效的各项设置，或直接选用一种预置效果，单击 OK（确定）按钮，听听看，如果不满意，则用 Undo（撤销）还原重来。

1. 颠倒处理

选择 Invert（颠倒）命令，可以将波形的上半周和下半周互换。此功能可以间接地用来消除原唱人声，只要将两声道中的一个声道颠倒之后，再将两声道合并为一个单声道就行了（相当于两声道信号相减）。当然要想得到好的效果不是那么简单的，因为这样操作后原声道信号中的大部分声音也被消掉了，对原音效果的破坏极大。

2. 动态处理

选择 Dynamics Processing（动态处理）命令，可以根据录音电平动态地调整输出电平。选择该选项后打开对话框，有 4 个选项卡，分别是 Graphic（图形模式）、Traditional（传统模式）、Attack/Release（攻击和释放时间）和 Band Limiting（带宽限制）。其中，图形模式和传统模式达到的效果是一样的，只不过操作方式不同（图形和文字）。动态处理不仅可以进行动态压缩（一般在制作母带时常用），也可以扩展（例如用在动态较小的录音磁带上），而且带有多个厂家预制的设置参数可供选择。

3. 反向处理

选择 Reverse（反向）命令，可以将波形或被选中波形的开头和结尾反向。

4. 振幅处理

选择 Amplitude（振幅）命令，可以将当前波形或被选中波形振幅放大或缩小。选择该选项后弹出如图 7-19 所示的 Amplify（放大）面板。

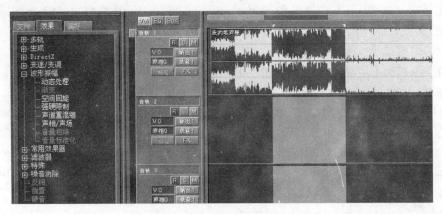

图 7-19　Amplify（放大）面板

在面板中除了有平常 Constant Amplification（改变振幅大小）的功能选项外，还有 Fade（淡入淡出）的效果选项。单击 Fade 选项卡，在右边列表内是一些厂家预制的方案设置，可以选择想要的参数来运用。如果没有那些想要的且经常要用到的参数，则可以将想要的参数设定好后单击"添加"按钮，取名后存入列表中以便以后使用。在 Fade（淡入淡出)选项卡中,参数说明如下。

- Logarithmic Fades(数型变化):对数型变化的选择。
- Linear Fades(线性变化):线性变化的选择。
- Lock Left/Right(锁定左右声道):将左右声道关联。
- View all settings in dB(百分数与分贝数显示):百分数显示与分贝数显示的选项。
- Enable DC Bias Adjust to(自动直流微调):自动直流微调功能。如果发现原波形中有直流偏移(正负),则只要选中该项,输入 0%,就会自动将原波形的直流成分调节到零位置(中心位置)。
- Calculate Now(计算振幅):将根据所选择的波形的最大振幅和在它左边的 Peak Level(峰值电平)里所希望达到的振幅的预设值进行计算,从而自动将音量(振幅)增加到所希望的值。

5. 回声处理

选择 Echo(回声)命令,可以产生的回声效果包括 Decay(衰减度)、Delay(延时时间)和 Initial Echo Volume(初次回声的音量)等基本功能,还有 Echo Bounce(使回声在左右声道之间来回跳动),效果很明显。

6. 三维回声效果室

选择 Echo Chamber(三维回声效果室)命令,显示如图 7-20 所示的 3-D Echo Chamber(回声)对话框。在对话框中可调参数很多。除了房间的 Length(长)、Width(宽)、Height(高)、Intensity(回声强度)和 Echoes(回声数量)外,还有 Damping Factors(衰减因子)、Signal and Microphone Placement(声音来源和话筒的位置)等特殊参数,以便于更真实地再现室内回声的效果。

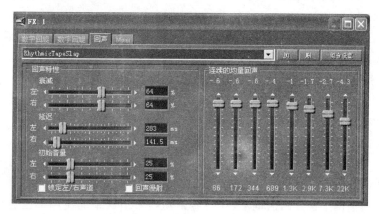

图 7-20　3-D 回声对话框

在这些参数中,衰减因子中的左、右、前、后墙、地板和天花板参数,一般最大值应该为 1。1 代表不衰减,因为一个声源不可能在无外力帮助下产生比自己更强的声压(其实 1 也已经是最理想状态了)。声源(原始音和话筒)位置的设置参数中还可以调节声源离房间左右墙、地板的距离。在下面还有 Mix Left→Right into Single Source(混合双声道为一个单声道信号源)和 Daming Frequency(衰减频率)等参数可选。

7. 脑波同步器

选择 Brainwave Synchronizer(脑波同步器)命令,可以通过立体声耳机产生有助于入睡和放松,甚至有助于思考的音乐,这是一个非常神奇的效果。用于立体声双声道波形文件,处理后会感觉到声音在左右两声道间串动,有种像波浪飘动的感觉。选择该选项后弹出如图 7-21 所示的 Brainwave Synchronizer(脑波同步)对话框。

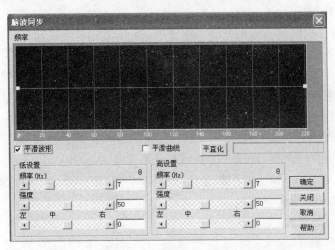

图 7-21 Brainwave Synchronizer(脑波同步)对话框

在对话框上方的视图中显示的黄线是波动频率曲线,X 轴代表所选波形的时间,Y 轴代表波动频率,最小值为 Low Settings(低设置)设置区中 Frequency(频率)的频率值,最大值为 High Settings(高设置)设置区中 Frequency(频率)的频率值。此外,还有一些参数说明如下。

- Smooth Waves(平滑波形):用来平滑波形,如果没有选中,则处理后的音频波形听起来会有破音(断断续续)。
- Spline Curves(平滑曲线):用来使平滑曲线更圆滑一些。
- Flat(平直):用来将平滑曲线复位到平直状态,平直并不代表没有效果,而是将波动频率拉直,不会随时间的变化而变动波动频率。
- Intensity(波动强度):用来调节波动强度的。
- Left 和 Right(设置左右声道波动位置):用来控制波动的中心位置。

8. 创建 MP3 文件

MP3 是目前网上最热门的词汇,在一些常用搜索引擎中的使用率已名列第一,Cool Edit 软件可以将声音文件直接存为 MP3 格式,具体操作步骤如下。

(1) 执行菜单 File(文件)→Sava As(另存为)命令,在弹出的 Save as type(另存为)对话框中的保存类型下拉列表框内选择 MPEG3。

(2) 单击 Options(选项)按钮,设定好各选项,单击 OK(确定)按钮,指定文件名和存取路径,单击 Save(保存)按钮即可。

9. 降低噪音

选择 Noise Reduction(降低噪音)命令,在这个子菜单中有 4 个重要选项,Click/Pop Eliminator(杂音排除器)、Clip Restoration(消波修复)、Hiss Reduction(嘶声消除器)和 Noise Reduction(降低噪音)。

(1) Click/Pop Eliminator(杂音排除器)

选择该选项后显示如图 7-22 所示 Click→Pop→Crackle Eliminator(咔哒声、爆破音、噼啪声排除器,即降噪器)对话框。

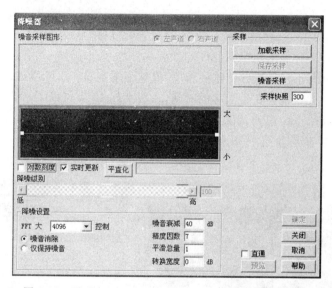

图 7-22 Click→Pop→Crackle Eliminator(降噪器)对话框

这个杂音排除器可以自动为用户寻找当前波形所选区域中的咔哒、噼啪之类的声音,并予以清除。在对话框左上角的图形视图中,绿色曲线代表查找阈值,红色曲线代表排除阈值。当单击 Auto Find All Levels(自动查找所有电平)按钮后,曲线形状就会根据当前波形的情况改变。如果音频中有一个较大的爆破音,则应该试试 Detect Big Pops(检测较大的爆破音)这个参数,选中并填入相应的数值,会得到不错的效果。此外还有一些参数可以设置。

- Pulse Train Verification(脉冲序列验证):用来打开脉冲序列验证。
- Link Channels(关联左、右声道):用来关联左、右声道。
- Smooth Light Crackle(平滑噼啪声):用来平滑所选择区域的噼啪声。
- Multiple Passes(级数):相当于级数的意思,设置在此操作中采用几级处理(杂音越多、越大采用的级数也越大,否则效果不佳)。
- FFT Size(大小):用来调节 FFT 尺寸,当处理效果不佳时,可以适当增大此数值,一般取值在 32 时效果就可以了,如果数值太大(例如 512)则可能会引起低频失真。
- Pop Oversample(设置缓存空间):用来在完成 Click 时提供给它(Click)一点额外的缓存空间,当处理效果不理想时,可以增加此数值。

（2）Clip Restoration（消波修复）

这个功能比较简单，就是修理一下已消波的音频，使它不至于消波得太明显。它会在消波处自动填补一个能够跟原有波形很好接合的波峰。要取得好效果，必须在弹出的Clip Restoration对话框中进行如下参数设置。

- Input Attenuation（输入衰减）：用来输入衰减量，如果不想让消波更严重则应该输入负数。
- Overhead（消波开销）：设置数值不能太大，否则包括消波附近的波形衰减的太厉害，一般在1%～5%之间，但千万不要是0%，否则根本就没效果。
- Minimum Run Size（最小运行数值）：设置数值跟"消波开销"一样从最小开始，能小就小，否则容易出现嘶嘶的声音。
- FFT Size（大小）：设置数值刚好相反，值越小越容易产生嘶嘶的声音，越大消波效果越好，但太大则会花费太多的时间，一般大到40就可以了。

（3）Hiss Reduction（嘶声消除器）

选择该选项后显示如图7-23所示的Hiss Reduction（嘶声消除器）对话框。参数说明如下。

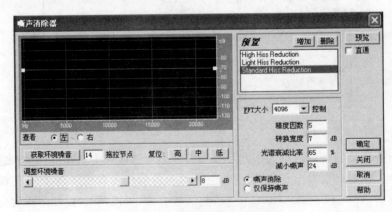

图7-23 "嘶声消除器"对话框

- FFT Size（大小）：输入的数值一般可以在3000～6000之间进行选择。
- Precision Factor（精度因数）：输入的参数决定了去除嘶嘶噪音的精度，较大的值能得到较好的效果，不过处理速度会慢些，通常在7～14之间选择即可。
- Transition Width（转换宽度）：输入的参数决定了在去除嘶嘶声时的快慢程度。数值如果设的太大，可能在处理完后还能听到一些嘶嘶声；但如果太小，则在背景里可能会听到一些人为造成的类似叮当的声音。
- Spectral Decay Rate（光谱衰减比率）：输入的数值若太小，背景可能会听到有一些类似气泡效果的声音；如果设得太大（大于90%），则有可能会在音频波形中增加一些不自然的拖尾和混响。最佳值应在40%～75%之间选择。
- Reduce Hiss by（减小嘶声）：取值一般在6dB到24dB选择。
- Get Noise Floor（获取环境噪音）：单击此按钮，将会在对话框视图中得到当前被选中波形的底噪曲线。该按钮右边文本框内的数字用来设置该曲线在整个频带内的分割点数。再往右的三个按钮 Hi(高)、Med(中)和 Low(低)用来复位曲线，分别复位在高中低三个位置。

- Noise Floor Adjust(调整环境噪音)：用于调节环境噪音的高低，越高去除 Hiss 越明显，太低则没有效果。

这个嘶声消除工具使用时没有一个固定(或相对固定)的值可以套用，需要自己慢慢地通过试验将不同的参数实践出来，只要有耐心一定能得到比较好的声音效果。

（4）Noise Reduction(降低噪音)

这个降噪工具是属于采样降噪法的一种。也就是将噪音信号先提取，再在原信号中将符合该噪音特征的信号删除，这样就能得到一个几乎无噪音的音频信号了。先决条件是纯噪音要保持一定的长度并且稳定。

7.5　习　　题

1. 声音的三要素是什么？
2. 音频信号的频率范围大约是多少？话音信号频率范围大约是多少？
3. 什么叫做模拟信号？什么叫做数字信号？
4. 什么叫做采样？什么叫做量化？什么是量化精度？
5. 采样频率是根据什么原则来确定的？
6. 音频文件的数据量与哪些因素有关系？
7. 什么是 MIDI？它有什么特点？指定 MIDI 标准的意义是什么？
8. MIDI 文件与 WAV 文件有哪些不同？
9. 简述 FM 合成声音和波表合成声音的原理。
10. 如果选择采样频率为 22.05kHz 和量化精度为 16 位的录音参数，不采用压缩技术，计算录制 2min 的立体声音，则需要多少 MB 的存储空间（提示：1MB＝1024×1024B）。

7.6　实　　验

在多媒体作品中，声音是必不可少的元素。要处理声音，首先要对其进行数字化，然后再对其进行各种处理，包括剪辑、合成、降噪和制作特殊效果等。本章将从声音获取方法开始，对声音处理的各个环节进行操作练习。通过本章实验，使用户了解如何在音质与数据量之间寻求平衡，认识声音处理软件的基本功能，掌握声音处理的基本技巧手段。

1. 实验目的

（1）了解声音的基本概念，声音采样和量化的基本原理。

（2）掌握获取数字化声音的方法。

（3）了解音频处理软件 Cool Edit 的主要功能。

（4）掌握音频处理软件 Cool Edit 基本的音频处理手段。

2. 实验内容

（1）从 CD 中获取音频文件。

(2) 使用 Windows 的"录音机"工具录制小于 1min 的声音。包括：

- **转换采样频率**，记录文件数据量，比较原文件及变化后文件的声音效果；
- 录音、播放和保存。

(3) 使用音频处理软件 Cool Edit 录制声音，包括：

- **控制噪音录入**、音量；
- 录音、播放和保存。

(4) 使用音频处理软件 Cool Edit 编辑音频文件，包括：

- **剪辑练习**：删除片段、粘贴片段、连接片段；
- **效果练习**：淡入淡出、增加回声、改变时间长短；
- **降低噪音**：用采样降噪法完成选择噪音样本、设置及调整参数、试听并保存文件。

(5) 比较 WAV 文件与 MIDI 文件的不同。包括：

- 分别寻找文件容量大致相同的一个 MIDI 文件和一个 WAV 的文件；
- 使用播放器播放，试听后比较它们的效果，并填充下列表格。

文件类型	WAV	MIDI	文件类型	WAV	MIDI
文件获得方式			播放效果比较		
文件播放长度			使用的播放器		
音源					

3. 实验要求

(1) 独立完成 5 个实验内容。

(2) 提交使用音频处理软件 Cool Edit 处理声音后的实验结果。包括：

- 录制的声音文件；
- 删除片段、粘贴片段、连接片段后的三个声音文件；
- 添加淡入淡出效果、增加回声效果、改变时间长短后的三个声音文件；
- 降噪处理后的声音文件。

(3) 写出实验报告，包括实验名称、实验目的、实验步骤和实验思考。

第8章 多媒体数据压缩

进入信息时代,人们将越来越依靠计算机获取和利用信息。而数字化后的视频和音频等媒体信息具有数据海量性,而当前硬件技术所能提供的计算机存储资源和网络带宽与此有很大差距。这样,就对多媒体信息存储和传输造成了很大困难,成为阻碍人们有效获取和利用信息的一个瓶颈问题。从目前计算机的软硬件发展水平及发展趋势来看,可以断言,在将来很长一段时期内,数字化的媒体信息数据以压缩形式存储和传输仍将是唯一的选择。

8.1 数据压缩基本概念

信息时代的重要特征是信息的数字化,数字化了的信息带来了信息爆炸。多媒体计算机系统技术是面向三维图形、立体声和彩色全屏幕运动画面的处理技术。数字计算机面临的是数值、文字、语言、音乐、图形、图像、动画和视频等多种媒体承载的、由模拟量转化成数字量信息的吞吐、存储和传输的问题。

8.1.1 数据压缩的必要性

数字化了的音频和视频等媒体信息的数据量是非常惊人的。下面分别以文本、图形、图像、声音、视频等类型的信息为例,计算其数据量。

(1) 文本

一面印在 B5(约 180mm×255mm)纸上的文件,如果以中等分辨率(300dpi,大约每毫米 12 个像素点),且图像深度为 8 位的扫描仪进行采样,则

   每页纸数据量:$(180×12)×(255×12)=6\ 609\ 600$B/页$=6.3$MB/页

   一片 CD-ROM 约存储:$650/6.3=103$ 页/片

(2) 图形

一幅由 500 条直线组成的矢量图形,每条线的信息可以由起点 x、起点 y、终点 x、终点 y、属性等五个项目表示,其中属性一项是指线的颜色和宽度等性质。矢量图形存储的构造图形的线条信息,所需要的存储空间比较小。设屏幕大小为 $768×512$,属性位用 8 位表示,则

    每条线数据量:$10×2+9×2+8=46$ 位/线

    每幅图形数据量:$500×46/8=2875$B/幅$=2.8$KB/幅

    一片 CD-ROM 约存储:$(650×1024)/2.8=237\ 714$ 幅/片

(3) 图像

一张 10 英寸×8 英寸的彩色照片输入计算机,扫描仪的分辨率设定为 300dpi,每个像素的 R、G、B 分量分别为 8 位,则

每幅图像数据量：$(10×300)×(8×300)×3＝21\ 600\ 000$B/张$＝20.6$MB/张

一片 CD-ROM 约存储：$650/20.6＝31$ 张/片

（4）立体声激光唱盘

双声道立体声激光唱盘（CD-DA）的采样率为 44.1kHz，量化位数为 16 位，则

每秒钟数据量：$44100×(16/8)×2＝176\ 400$B/s$＝172.3$KB/s

一片 CD-ROM 约存储：$((650×1024)/172.3)/3600＝1$ 小时/片

（5）数字音频磁带

数字音频磁带（DAT）的采样率为 48kHz，量化位数为 16 位，则

每秒钟数据量：$48000×(16/8)＝96\ 000$B/s$＝93.75$KB/s

一片 CD-ROM 约存储：$((650×1024)/93.75)/3600＝1.97$ 小时/片

（6）数字电视图像

源输入格式（Source Input Format，SIF）的数字电视图像，NTSC 制式的为 $352×240$、30 帧/秒、真彩色、4：4：4 采样格式，则

每帧数据量：$352×240×3＝253\ 440$B/帧$＝247.5$KB/帧

每秒数据量：$247.5×30＝7425$KB/s$＝7.25$MB/s

一片 CD-ROM 约存储：$650/7.25＝1.49$ 分钟/片

国际无线电咨询委员会（Consultative Committee of International Radio ，CCIR）格式的数字电视图像，PAL 制式的为 $720×576$、25 帧/秒、真彩色、4：4：4 采样格式，则

每帧数据量：$720×576×3＝1\ 244\ 160$B/帧$≈1.19$MB/帧

每秒数据量：$1.19×25＝29.75$MB/s

一片 CD-ROM 约存储：$650/29.75＝21.9$ 秒/片

（7）陆地卫星

陆地卫星（LandSat-3）的水平分辨率为 2340、垂直分辨率为 3240、4 波段、采样精度为 7 位，按每天 30 幅计，则

每幅图像数据量：$2340×3240×4×7/8＝26\ 535\ 600B＝25.3$MB

每天数据量：$25.3×30＝759$MB

每年数据量：$759×365＝277\ 035$MB$＝270.5$GB

从以上列举的数据例子可以看出，数字化信息的数据量是何等庞大。这样的数据量给存储器的存储容量、通信干线的信道传输率以及计算机的运算速度都增加了极大的压力。这个问题是多媒体技术发展中一个非常棘手的瓶颈问题。解决这一问题，单纯采用扩大存储器容量、增加通信干线传输率的办法是不现实的。数据压缩是一个行之有效的方法，通过数据压缩技术可以减少信息数据量，以压缩的形式存储，既节约了存储空间，又提高了通信干线的传输效率，同时也使计算机实时处理音频和视频信息，以保证播放出高质量的视频和音频节目成为可能。

8.1.2 数据压缩的可能性

从信息保持的角度讲，只有当信源本身具有冗余数据，可以使原始多媒体数据量极大地减少，从而解决多媒体数据量巨大的问题。数据压缩技术就是研究如何利用多媒体信

息表示中的冗余性来减少数据量的方法。因此,进行数据压缩的起点是研究数据的冗余性。

1. 语言信息中的冗余

根据统计分析结果,语言信号存在着多种冗余,其最主要部分可以分别从时域或频域来考虑。另外由于语音主要是给人听的,所以考虑了人的听觉机理后,也能够对语言信号实行压缩。下面(1)~(6)属于时域信息的冗余;(7)和(8)属于频域信息的冗余;(9)属于从人的听觉感知机理考虑的冗余。

(1) 幅度的非均匀分布

统计表明,语音中的小幅度样本比大幅度样本出现的概率要高。又由于通话中必然会有间隙,更出现了大量的低电平样本。此外,实际讲话信号功率电平也趋于出现在编码范围的较低电平端。因此,语音信号取样值的幅度分布是非均匀的。

(2) 样本间的相关

对语音波形的分析表明,采样数据的大量相关性存在于邻近样本之间。当采样频率为 8 时,相邻取样值间的相关系数大于 0.85;甚至在相距 10 个样本之间,还可能有 0.3 左右的相关系数。如果采样速度提高,样本之间的相关性将更强。因而根据这种较强的一维相关性,利用 N 阶差分编码技术,可以进行有效的数据压缩。

(3) 周期之间的相关

虽然语音信号需要一个电话通路提供整个 200~3400Hz 的带宽,但在特定的瞬间,某一声音却往往只是该频带内的少数频率成分在起作用。当声音中只存在少数几个频率时,就会像某些振荡波形一样,在周期与周期之间,存在着一定的相关性,利用语音周期之间的信息冗余度的编码器,比只利用邻近样本间相关性的编码器效果要好,但要复杂得多。

(4) 基音之间的相关

人的说话声音通常分为两个基本类型。一类称为浊音(Voiced Sound),由声带振动产生,每次振动使一股空气从肺部流进声道,激励声道各股空气之间的间隔称为音调间隔或基音周期。一般而言,浊音产生于发元音及发某些辅音的后面部分。另一类称为清音(Unvoiced Sound),一般分成磨擦音和破裂音两个情况。前者用空气通过声道的狭窄部分而产生的湍流作为音源;后者声道在瞬间闭合,然后在气压压迫下迅速地放开而产生了破裂音源。语音从这些音源产生,传过声道再从口鼻送出,清音比浊音具有更大的随机性。

浊音波形不仅显示出上述周期之间的冗余度,而且还展示了对应于音调间隔的长期重复波形。因此,对语音浊音部分编码最有效的方法之一是对一个音调间隔波形来编码,并以其作为同类中其他基音段的模板。男、女的基音周期分为 5~20ms 和 2.5~10ms,而典型的浊音约持续 100ms,一个单音中可能有 20~40 个音调周期。虽然音调周期音隔编码能大大降低码率,但检测基音有时却十分困难。如果对音调检测不准,便会产生奇怪的"非人音"。

(5) 静止系数

两个人打电话,平均每人的讲话时间为通话总时间的一半,另一半时间听对方讲。听的时候一般不讲话,而即使是在讲话时,也会出现字、词、句之间的停顿。通过分析表明,话音间隙使得全双工话路的典型效率约为通话时间40%(或静止系数为0.6)。显然,话音音隙本身就是一种冗余,如果能正确检测出该静止段,便可插空传输更多的信息。

(6)长时自相关函数

上述样本周期和周期之间的一些相关性,都是在20ms时间间隔内进行统计的所谓短时相关。如果在较长的时间间隔(例如几十秒)进行统计,便得到长时自相关函数。长时统计表明,8kHz的采样语音的相邻样本间,平均相关系数高达0.9。

(7)非均匀的长时功率谱密度

在相当长的时间间隔内进行统计平均,可以得到长时功率谱密度函数,其功率谱呈现强烈的非平坦性。从统计观点看,这意味着没有充分利用给定的频段,或者说有着固有的冗余度。特别地,功率谱的高频能量较低,这恰好对应于时域上相邻样本间的相关性。

(8)语音特有的短时功率谱密度

语音信号的短时功率谱在某些频率上出现峰值,而在另一些频率上出现谷值。这些峰值频率,也就是能量较大的频率,通常称共振峰频率。此频率不止一个,最主要的是第一个和第二个,由它们决定了不同的语音特征。另外,整个谱也是随频率的增加而递减。更重要的是,整个功能谱的细节以基音频率为基础,形成了高次谐波结构。

(9)人的听觉感知机理

语音最终是给人听的,所以要充分利用人的听觉生理,也就是心理特性对于语音感知的影响,以免做即使记录了,人耳也听不见的无用功。首先,人的听觉具有掩蔽效应。当几个强弱不同的声音同时存在时,强声使弱声难以听见的现象称为同时掩蔽,它受掩蔽声音和被掩蔽声音之间的相对频率关系影响很大;声音在不同时间先后发生时,强声使其周围的弱声难以听见的现象称为异时掩蔽。其次,人对低频端声音感觉更敏感。人耳对不同频段声音的敏感程度不同,通常对低频端较之对高频端更敏感。即使是对同样声压级的声音,人耳实际感觉到的音量也是随频率而变化的。最后,人耳对语音信号的相对变化不敏感。人耳听不到或感知极不灵敏的声音分量都不妨视为冗余的。

2. 图像信息中的冗余

图像信号存在着多种冗余,可以分为空间冗余、时间冗余、结构冗余、知识冗余、视觉冗余、相同冗余和统计冗余等。

(1)空间冗余

这是静态图像中存在的最主要的一种数据冗余。一幅图像记录了画面上可见景物的颜色。同一景物表面上各采样点的颜色之间往往存在着空间连贯性,但基于离散像素采样来表示物体颜色的像素存储方式通常没有利用景物表面颜色的这种空间连贯性,从而产生了空间冗余。例如,在静态图像中有一块表面颜色均匀的区域,在此区域中所有点的光强、颜色及饱和度都是相同的,因此数据就存在着很大的空间冗余。一般,可以通过改变物体表面颜色像素的存储方式来利用空间连贯性,以此达到减少数据量的目的。

(2)时间冗余

这是序列图像(电视图像和运动图像)表示中经常包含的冗余。序列图像一般是位于一时间轴区间内的一组连续画面,其中的相邻帧中往往包含相同的背景和移动物体,只不过移动物体所在的空间位置稍有不同,因此后一帧的数据与前一帧的数据有许多共同的地方。这种共同性是由于相邻帧记录了相邻时刻的同一场景画面,从而产生了时间冗余。

（3）结构冗余

有些图像的纹理区域、图像的像素值存在着明显的分布模式,例如方格形状的地板图案等,从而产生了结构冗余。如果已知分布模式,则可以通过某一过程生成图像。

（4）知识冗余

有些图像的理解与某些基础知识有着相当大的相关性。例如,人脸的图像有着固定的结构:嘴的上方是鼻子,鼻子的上方有眼睛,鼻子位于人脸图像的中线上等。这类规律性的结构可以从先验知识和背景知识中得到,从而产生了知识冗余。根据已有知识,对某些图像中包含的物体,可以构造其基本模型,并创建对应各种特征的图像库,进而图像的存储只需要保存一些特性参数,以此达到减少数据量的目的。知识冗余是模型编码主要利用的特征。

（5）视觉冗余

事实表明,人类的视觉系统对图像的敏感区是非均匀和非线性的。然而在记录原始图像数据时,通常假定视觉系统是线性和均匀的,对视觉敏感和不敏感的部分同等对待,因此产生了比理想编码(即把视觉敏感和不敏感的部分区分开来编码)更多的数据,从而产生了视觉冗余。通过对人类视觉进行的大量实验,发现了 4 点视觉非均匀特性。

① 视觉系统对图像的亮度和色彩度的敏感性相差很大。当把 RGB 颜色空间转化成 NTSC 制式的 YIQ 或 PAL 制式的 YUV 颜色空间后,经实验发现,视觉系统对亮度 Y 的敏感度远远高于对色彩度(I 和 Q、U 和 V)的敏感度。因此对色彩度允许的误差可以大于对亮度 Y 所允许的误差。

② 随着亮度的增加,视觉系统对量化误差的敏感度降低。这是由于人眼的辨别能力与物体周围的背景亮度成反比。由此说明,在高亮度区,灰度值的量化可以更粗糙些。

③ 人眼的视觉系统把图像的边缘和非边缘区域分开来处理。这是将图像分成非边缘区域和边缘区域分别进行编码的主要依据。这里的边缘是指在图像中灰度值发生剧烈变化的地方,而非边缘区域是指除边缘之外的图像中的其他任何部分。

④ 人类的视觉系统总是把视网膜上的图像分解成若干个空间有向的频率通道后再进一步处理。在编码时,如果把图像分解成符合这一视觉内在特性的频率通道,则可以获得较大的压缩比。小波编码就是在一定程度上利用了这一特性。

（6）图像区域的相同性冗余

这是指在图像中的两个或多个区域所对应的所有像素值相同或相近,引起数据重复性存储,从而产生了图像区域的相似性冗余。在以上的情况中,记录了一个区域中各像素的颜色值,则与其相同或相近的其他区域就不再需要记录其中各像素的值了。矢量量化方法就是针对这种冗余性的图像压缩编码方法。

（7）纹理的统计冗余

有些图像纹理尽管不严格服从某一分布规律,但它在统计的意义上服从该规律,从而产生了纹理的统计冗余。利用这种性质也可以减少表示图像的数据量。

随着对人类视觉系统和图像模型的进一步研究,人们可能会发现更多的冗余性,使图像数据压缩编码的可能性越来越大,从而推动图像压缩技术的进一步发展。

8.1.3　数据压缩技术指标

数据压缩一般分为两个过程:一是编码过程,即将原始数据进行编码压缩,以便存储与传输;二是解码过程,即将编码数据还原为可以使用的数据。各种不同的压缩编码算法,会产生不同的压缩结果,因此就需要有一个衡量的标准。

对数据压缩的要求,也就是衡量数据压缩技术性能好坏的技术指标,主要有 4 点。

(1) 压缩比要大,即数据压缩前后信息容量之比要大。

(2) 算法要简单,即容易实现。

(3) 压缩及解压速度要快,即尽可能达到实时性。

(4) 失真要小,即解压后尽可能恢复原始数据。

这些指标对不同的应用有不同的要求。例如对于失真的要求,文本数据的压缩是不允许有误差的,特别是数字,其中任何一位数码的错误都会引起数值的变化,这在工程设计及数据管理等领域中是绝对不允许的。文字数据的情况也是如此,一字之差导致语义全非的例子并不少见。而由于人的听觉冗余和视觉冗余,声音和视频数据则可以允许有一定的失真。允许失真的程度主要决定于对信号质量的要求,例如普通话音和调频立体声音乐对音质的要求就有很大的差别。

8.1.4　数据压缩方法分类

多媒体数据压缩方法根据不同的依据可以产生不同的分类。例如,根据质量有无损失可以分为有损编码和无损编码;依据数据压缩算法可以分为脉冲编码调制、预测编码、变换编码、统计编码、混合编码,以及矢量量化编码、子带编码和模型编码。

1. 根据压缩质量分类

(1) 无损编码

无损编码也称可逆编码。压缩时只去掉信号本身的冗余部分,解压后准确地恢复原始信息。但这种方法压缩率较低,压缩比大约在 2∶1～5∶1 之间。一般只用于不允许有误差的文本数据的压缩。无损压缩的典型算法有哈夫曼(Huffman)编码、算术编码和游程编码(Run-Length Coding,RLC)等。

(2) 有损编码

有损编码也称不可逆编码。不仅压缩信号本身的冗余信息,还压缩其他相关性大的数据,以便达到较大的压缩比,但解压后不能准确地恢复原始信息。这种方法主要用于对图像、声音和动态视频等数据的压缩。其中,动态视频压缩比可以达到 100∶1～200∶1,声音信号压缩比可以达到 4∶1～8∶1。有损压缩的典型算法有预测编码、变换编码、模型编码和混合编码等。

2. 根据压缩算法分类

(1) 脉冲编码调制

脉冲编码调制(Pulse Code Modulation,PCM)实际上是连续模拟信号的数字采样表示。通常使用奈奎斯特(Nyquist)采样速率。如果量化器为 M 级,$M=2^n$,则每一个采样

点用 n 位的二进制代码表示。在信号的量化中,每一个色彩分量一般用 8 位表示。PCM 编码器和解码器位于一个图像编码系统的起点和终点。它们实际上分别是模/数(A/D)转换器和数/模(D/A)转换器,下面讨论的编码方法都是多媒体数据模拟信号经过 PCM 编码后再进行的压缩编码方法。

(2) 预测编码

预测编码是根据某一模型利用以往的样本值对新样本值进行预测,然后将样本的实际值与其预测值相减得到一个误差值,并对这一误差值进行编码。编码器记录与传输的不是采样样本的真实值,而是它与预测值的差,这一方法称为差值脉冲编码调制(Differential Pulse Code Modulation,DPCM)方法。如果模型足够好,并且样本序列在时间上相关性较强,那么误差信号的幅度将远远小于原始信号,从而可以得到较大的数据压缩比。因此,建立一个理想的预测器是很关键的。

(3) 变换编码

变换编码的主要思想是利用信号之间的相关性,对信号先进行某种函数变换,从能量分布较均匀的时间域变换到能量相对集中的频率域上,再对变换后的信号进行编码。由于声音和图像大部分信号都是低频信号,如果用频率域来表示,其能量相对集中在靠近原点的局部范围内。编码时可以只考虑幅度较大的元素,而大量幅度较小的元素全部归零处理而不予编码,这样就大大提高了数据压缩比。

(4) 统计编码

统计编码是根据消息出现概率的分布特性而进行的压缩编码,它有别于预测编码和变换编码。根据信息熵原理,让出现概率大的符号用短码字表达,出现概率小的符号用长码字表示,依次来达到数据压缩的目的。也称为信息熵编码,最常见的方法有 Huffman 编码、算术编码及游程编码等。

(5) 混合编码

混合编码是指合并变换和预测技术的编码方法。通常有两种编码形式:一种为在某一方向上进行正交变换(例如 X 方向),而在另一个方向(例如 Y 方向)上用 DPCM 对变换系数进行预测编码;另一种形式是对动态图像而言,二维变换再加上时间方向上的 DPCM 预测。

(6) 矢量量化编码

对模拟信号进行数字化时,要经历一个量化过程。为了使整体量化失真最小,就必须依照统计的概率分布设计最优量化器。最优量化器一般是非线性的。对样本值进行量化时,除了每次仅量化一个点的做法之外,也可以考虑一次量化多个点的做法,这种方法称为矢量量化编码。例如,每次量化相邻的两点,将两个点用一个量化码字表示。矢量量化的数据压缩能力实际上与预测方法相近。

(7) 子带编码

子带编码方法有两种,一种是将数据变换到频域后,首先按频域分带,然后用不同的量化器进行量化,从而达到最优的组合;另一种是分布渐近编码。在初始时,首先对某一频带的信号进行解码,然后逐渐扩展到所有频带。随着解码数据的增加,解码数据也逐渐变得清晰。

（8）模型编码

模型编码也称参数编码。编码时先将图像中的边界、轮廓和纹理等结构特征找出来，然后保存这些参数信息。解码时根据结构和参数信息进行合成，恢复原始图像。具体方法有轮廓编码、域分割编码、分析合成编码、识别合成编码、基于知识的编码和分形编码等。

8.2 音频压缩技术

音频信号数字化后所面临的一个问题是巨大的数据量，这为存储和传输带来了压力。因此，为了降低传输和存储的费用，就必须对音频信号进行编码压缩。通常数据压缩会造成音频质量的下降和计算量的增加。因此，人们在实施数据压缩时，要在音频质量、数据量和计算量复杂度三个方面进行综合考虑。

8.2.1 音频编码技术

对数字音频信息的压缩主要是依据音频信息自身的相关性以及人耳对音频信息的听觉冗余度。音频信息在编码技术中通常分成两类来处理，分别是语音和音乐，各自采用的技术有差异。现代声码器的一个重要的课题是，如何把语音和音乐的编码融合起来。如图 8-1 所示显示了音频编码方法。

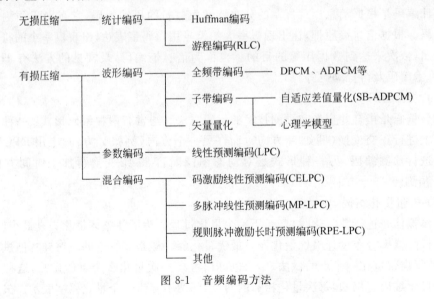

图 8-1 音频编码方法

1. 语音编码技术

语音编码技术分为三类：波形编码、参数编码以及混合编码。

（1）波形编码也称预测编码，是基于声音波形预测的编码技术。波形编码是在时域上进行处理，利用声音波形相邻样值之间的相关性来压缩冗余数据，力图使重建的语音波形保持原始语音信号的形状。它将语音信号作为一般的波形信号来处理，具有适应能力强和语音质量好等优点，缺点是压缩比偏低。该类编码的技术主要有非线性量化技术、时域自适应差分码和自适应量化技术。非线性量化技术是利用语音信号小幅度出现的概率大而大幅度出现的概率小的特点，通过为小信号分配小的量化阶，为大信号分配大的量化阶来减少总量化误差。最常用的标准使用的就是这个技术。自适应差分编码是利用过去的语音来预测当前的语音，只对它们的差进行编码，从而大大减少了编码数据的动态范围、节省了数据率。自适当量化技术是根据量化数据的动态范围来动态调整量化阶，使得量化阶与量化数据相匹配。G.726 标准中应用了这两项技术，G.722 标准把语音分成高低两个子带，然后在每个子带中分别应用这两项技术。

（2）参数编码

参数编码是利用语音信息产生的数学模型，提取语音信号的特征参量，并按照模型参数重构音频信号。它只能收敛到模型约束的最好质量上，力图使重建的语音信号具有尽可能高的可懂性，而重建信号的波形与原始语音信号的波形相比可能会有相当大的差别。这种编码技术的优点是压缩比高，但重建音频信号的质量较差，自然度低，适用于窄带信道的语音通信，例如军事通信和航空通信等。美国的军方标准 LPC-10，就是从语音信号中提取出来反射系数、增益、基音周期和清/浊音标志等参数进行编码的。MPEG-4 标准中的谐波矢量激励编码（Harmonic Vector Excitation Coding，HVEC）用的也是参数编码技术，当它在无声信号片段时，激励信号与码激励线性预测（Code Excited Linear Prediction，CELP）相似，都是通过一个码本索引和通过幅度信息描述；在发声信号片段时则应用了谐波综合，它是将基音和谐音的正弦振荡按传输的基频进行综合。

（3）混合编码

混合编码将上述两种编码方法结合起来，可以在较低的数码率上得到较高的音质。它的基本原理是合成分析法，将综合滤波器引入编码器，与分析器相结合，在编码器中将激励输入综合滤波器产生与译码器端完全一致的合成语音，然后将合成的语音与原始语音相比较（波形编码思想），根据均方误差最小原则，求得最佳的激励信号，然后把激励信号以及分析出来的综合滤波器编码送给解码端。这种得到综合滤波器和最佳激励的过程称为分析（得到语音参数），用激励和综合滤波器合成语音的过程称为综合。由此可以看出CELP 编码把参数编码和波形编码的优点结合在一起，使得用较低数据率产生较好的音质成为可能。通过设计不同的码本和码本搜索技术，产生了很多编码标准，目前通信中用到的大多数语音编码器都采用了混合编码技术。例如，互联网上的 G.723.1 和 G729 标准等。

2. 音乐编码技术

音乐的编码技术主要有自适应变换编码（频域编码）、心理声学模型和熵编码等技术。

（1）自适应变换编码

自适应变换编码是利用正交变换，把时域音频信号变换到另一个域，由于去掉了相关的结果，变换域系数的能量集中在一个较小的范围，所以对变换域系数最佳量化后，可以实现码率的压缩。理论上的最佳量化很难达到，通常采用自适应比特分配和自适应量化技术来对频域数据进行量化。在 MPEG 音频层 3 标准、先进的音频编码（Advanced Audio Coding，AAC）标准以及 Dolby AC-3 标准中都使用了改进的余弦变换（Modified Discrete Cosine Transform，MDCT）；在 ITU G.722.1 标准中则用的是重叠调制变换（Modulated Lapped Transform，MLT）。本质上它们都是余弦变换的改进。

（2）心理声学模型

心理声学模型的基本思想是对信息量加以压缩，同时使得失真尽可能不被察觉出来，利用人耳的掩蔽效应就可以达到此目的，也就是较弱的声音会被同时存在的较强的声音所掩盖，使得人耳无法听到。在音频压缩编码中利用掩蔽效应，就可以通过给不同频率处的信号分量分配以不同的量化比特数的方法来控制量化噪声，使得噪声的能量低于掩蔽阈值，从而使得人耳感觉不到量化过程的存在。在 MPEG 音频层 2 和层 3 标准、AAC 标准以及 AC-3 标准中都采用了心理声学模型，在目前的高质量音频标准中，心理声学模型是一个非常有效的算法模型。

（3）熵编码

熵编码是根据信息论的原理，可以找到最佳数据压缩编码的方法，数据压缩的理论极限是信息熵。如果要求编码过程中不丢失信息量，即要求保存信息熵，这种信息保持编码叫熵编码，它是根据信息出现概率的分布特性而进行的，是一种无损数据压缩编码。常用的有 Huffman 编码和算术编码。在 MPEG 音频层 1、层 2、层 3 标准、AAC 标准以及 ITU G.722.1 标准中都使用了 Huffman 编码；在 MPEG-4 BSAC 工具中则使用了效率更高的算术编码。

8.2.2 音频编码标准

当前编码技术发展的一个重要方向就是综合现有的编码技术，制定全球统一的标准，使信息管理系统具有普遍的互操作性，并确保未来的兼容性，便于编码后的音频信息能够被广泛地使用。如表 8-1 所示列出了音频编码压缩算法、标准、应用及其特性比较。

表 8-1 音频编码压缩算法、标准、应用及其特性

编码	算法	名　称	数据率	标准	应用	质量
波形编码	PCM				公共网 ISDN 配音	4.0～4.5
	μ-low，A-low	μ 律，A 律	64kb/s	G.711		
	APCM	自适应脉冲编码调制				
	DPCM	差值脉冲编码调制	32kb/s	G.721		
	ADPCM	自适应差值脉冲编码调制	64kb/s	G.722		
	SB-ADPCM	子带-自适应差值脉冲编码调制	5.3kb/s 6.3kb/s	G.723		
参数编码	LPC	线性预测编码	2.4kb/s		保密话声	2.5～3.5
混合编码	CELPC	码激励 LPC	4.6kb/s		移动通信	3.7～4.0
	VSELP	矢量和激励 LPC	8kb/s		语言邮件	
	RPE-LTP	规则脉冲激励长时预测	13.2kb/s		ISDN	
	LD-CELP	短延时码激励 LPC	16kb/s	G.728 G.729		
	MPEG	多子带感知编码	128kb/s		CD	5.0
	Dolby AC-3	感知编码			音响	5.0

1. 音频编码标准分类

对于不同类型的音频信号而言,其信号带宽是不同的。例如,电话音频信号的带宽为 200Hz～3.4kHz,调幅广播音频信号的带宽为 50Hz～7kHz,调频广播音频信号的带宽为 20Hz～15kHz,激光唱盘音频信号的带宽为 10Hz～20kHz。因此,压缩编码的标准也不同。

(1) 电话质量的音频压缩编码技术标准

电话质量语音信号频率规定在 200Hz～3.4kHz,采用标准的 PCM,当采样频率为 8kHz,进行 8 位量化时,所获得的数据率为 64kb/s。

1972 年,国际电话与电报顾问委员会(International Telephone and Telegraph Consultative Committee,CCITT),现称国际电信联盟远程通信标准化组(International Telecommunication Union Telecommunication Sector,ITU-T),制定了 PCM 标准 G.711,数据率为 64kb/s,采用非线性量化律或 A 律,其质量相当于 12 位线性量化。

1984 年,CCITT 公布了自适应差值脉冲编码调制(Adaptive Differential PCM,ADPCM)标准 G.721,数据率为 32kb/s。这一技术是对信号和其预测值的差分信号进行量化,同时再根据邻近差分信号的特性自适应改变量化参数,不仅提高了压缩比,而且又能保持一定的信号质量。因此 ADPCM 对中等电话质量要求的信号能进行高效编码,而且可以在调幅广播和交互式激光唱盘音频信号压缩中应用。

为了适应低速率语音通信的要求,必须采用参数编码或混合编码技术,例如线性预测编码(Linear Prediction Code,LPC)、矢量量化,以及其他的综合分析技术。其中较为典型的 CELP 实际上是一个闭环 LPC 系统,由输入语音信号确定最佳参数,再根据某种最小误差准则从码本中找出最佳激励本矢量。CELP 具有较强的抗干扰能力,在 4～16kb/s 传输速率下,即可获得较高质量的语音信号。1992 年,CCITT 制定了短延时码激励线性预测编码(Low-Delay CELP,LD-CELP)的标准 G.728,数据率 16kb/s,其质量与数据率为 32kb/s 的 G.721 标准基本相当。

1988 年,欧洲数字移动通信全球移动通信系统(GSM)制定了泛美数字移动通信网的规则脉冲激励长时预测(Regular Puse Excitation Long-Term Prediction,RPE-LTP)标准,数据率为 13kb/s。1989 年,美国采用矢量和激励线预测技术(Vector Sum Excited Linear Prediction,VSELP),制定了数字移动通信语音标准 CTIA,数据率为 8kb/s。为了适应保密通信的要求,美国国家安全局(National Security Agency,NSA)分别于 1982 年和 1989 年制定了基于 LPC、数据率为 2.4kb/s 和基于 CELP、数据率为 4.6kb/s 的编码方案。

另外,ITU-T 推荐标准 G.723,用于传输数据率在 5.3～6.3kb/s 多媒体通信传输的双速率语音编码器。

(2) 调幅广播质量的音频压缩编码技术标准

调幅广播质量音频信号的频率为 50Hz～7kHz。1988 年,CCITT 制定了 G.722 标准。G.722 标准是采用 16kHz 采样、14 位量化、信号数据速率为 224kb/s、采用子带编码方法,将输入音频信号经滤波器分成高子带和低子带两个部分,分别进行 ADPCM 编码,再混合形成输出码流,224kb/s 可以被压缩成 64kb/s,最后进行数据插入(最高插入数据率达 16kb/s),因此,利用 G. 722 标准可以在窄带综合服务数据网(Narrowband ISDN,N-ISDN)中的一个 B 信道上的传送调幅质量的音频信号。

(3) 高保真立体声音频压缩编码技术标准

高保真立体声音频信号频率范围是 20Hz~20kHz,采用 44.1kHz 采样频率,16 位量化进行数字化转换,其数据率每声道达 705kb/s。

一般语音信号的动态范围和频响比较小,采用 8kHz 采样,样本值用 8 位表示,现在的语音压缩技术可以把数据率从原来的 64kb/s 压缩到 4kb/s 左右。但多媒体通信中的声音要比语音复杂得多,其动态范围可以达到 100dB,频响范围可以达到 20Hz~20kHz。因此,声音数字化后的信号量也非常大,例如把 6 声道环绕立体声数字化,如果按照每声道采样频率 48kHz、样本值 18 位表示,则数字化后数据率为 $6 \times 48kHz \times 18$ 位 $=$ 5.184Mb/s,即使是两声道立体声,数字化后数据率也达到 1.5kb/s 左右,而电视图像信号数字压缩后数据率大约为 1.5~10kb/s,因此,相对而言声音未经数字压缩的数据率就太高了,为了更有效地利用宝贵的信道资源,必须对声音进行数字压缩编码。

由于有必要确定一套通用的视频和声音编码方案,因此 ISO/IEC 标准组织成立了运动图像专家组(MPEG)。该小组负责比较和评估几种低码速率的数字声音编码技术,以产生一套国际标准,用于活动图像、相关声音信息及其结合,以及用数字存储媒体(Digital Storage Media,DSM)存储与重现。MPEG 针对的 DSM 包括光盘存储器(CD-ROM)、数字录音带(Digital Audio Tape,DAT)、磁光盘和计算机磁盘。基于 MPEG 的压缩技术还将用于多种通信信道,例如 ISDN、局域网和广播。

MPEG-1 于 1992 年 11 月完成,命名为“低于 1.5kb/s 的用于数字存储媒体的活动图像和相关声音之国际标准 ISO/IEC”。其中 ISO 11172-3 作为 MPEG 音频标准。成为国际上公认的高保真立体声音频压缩标准,一般称为 MPEG-1 音频。MPEG-1 音频层 1 和层 2 编码是将输入音频信号进行采样频率为 48kHz、44.1kHz 和 32kHz 的采样,经滤波器组将其分为 32 个子带,同时利用人耳屏蔽效应,根据音频信号的性质计算各频率分量的人耳屏蔽阈限,选择各子带的量化参数,获得高的压缩比。MPEG-1 音频层 3 是在上述处理之后再引入辅助子带、非均匀量化和熵编码技术,进一步提高压缩比。MPEG-1 音频压缩技术的数据率为每声道 32~448kb/s,适合于 CD-DA 光盘应用。

MPEG-2 也定义了音频标准,由两部分组成,即 MPEG-2 音频(Audio,ISO/IEC 13818-3)和 MPEG-2 AAC(先进的音频编码,ISO/IEC 13818-3)。MPEG-2 音频编码标准是对 MPEG-1 后向兼容的、支持 2~5 声道的后继版本。主要考虑到高质量的 5+1 声道、低比特率和后向兼容性,以保证现存的两声道解码器能从 5+1 个多声道信号中解出相应的立体声。MPEG-2 AAC 除后向兼容 MPEG-1 音频外,还有非后向兼容的音频标准。

MPEG-4 音频标准(ISO/IEC 14496-3)可以集成从话音到高质量的多通道声音,从自然声音到合成声音,编码方法还包括参数编码(Parametric Coding)、码激励线性预测(CELP)编码、时间/频率(Time/Frequency,T/F)编码、结构化声音(Structured Audio,SA)编码、文语转换(Text-To-Speech,TTS)的合成声音和 MIDI 合成声音等。

2. 音频编码标准简介

(1) G.711

制定：ITU-T

频宽：200Hz～3.4kHz

带宽：64kb/s

特性：算法复杂度小，音质一般。

优点：算法复杂度低，压缩比小(CD音质＞400kb/s)，编解码延时最短。

缺点：占用的带宽较高。

说明：20世纪70年代CCITT公布的G.711 64kb/s脉冲编码调制PCM。该标准建议推荐使用A律和μ律量化。分别给出A律和μ律的定义，即将13位PCM码按A律、14位PCM码按μ律转换8位编码。简单地讲，就是把13(14)PCM码分割成16段，各段长度不等，每段给16个码字，总编码共有256个。这是一种较为简单的非均匀编码量化器。在选用不同译码规律的国家之间，数据通路传送按照A律译码信号。使用μ律的国家应该进行转换，建议给出了μ-A、A-μ编码对应表。建议还规定，在物理介质上连续传送时，符号位在前，最低有效位在后。

(2) G.721

制定：ITU-T

频宽：200Hz～3.4kHz

带宽：32kb/s

特性：相对于PCM A律或μ律，其压缩比较高，可以提供2∶1的压缩比。

优点：压缩比大。

缺点：声音质量一般。

说明：G.721标准是一个代码转换系统。它使用ADPCM转换技术，实现64kb/s A律或μ律PCM速率和32kb/s速率之间的相互转换。

(3) G.722

制定：ITU-T

频宽：50Hz～7kHz

带宽：64kb/s

特性：能提供高保真的语音质量。

优点：音质好。

缺点：带宽要求高。

说明：子带-自适应差分脉冲码调制(Subband ADPCM，SB-ADPCM)技术。信号被分为两个子带，并且采用ADPCM技术对两个子带的样本进行编码。

(4) G.722.1

制定：ITU-T

频宽：50Hz～7kHz

带宽：32kb/s，24kb/s

特性：可以实现比G.722编解码器更低的比特率以及更大的压缩比。目标是以大约一半的比特率实现 G.722 大致相当的质量。

优点：音质好。

缺点：带宽要求高。

说明：目前大多用于电视会议系统。

（5）G.722.1 附录 C

制定：ITU-T

频宽：50Hz～14kHz

带宽：48kb/s,32kb/s,4kb/s

特性：采用 Polycom 公司的 Siren™14 专利算法（音频编解码器），与早先的带宽音频技术相比具有突破性的优势，提供了低时延的 50Hz～14kHz 超宽频带音频，涵盖了人类语音的所有能量，与调频广播大致相当。但码率不到 MPEG-4 AAC（低延迟规格）替代编解码器的一半，同时要求的运算能力仅为其 1/4～1/20。这样 Siren™14 就能在低成本、低功耗处理器中运行，或者在给定的平台上运行更多的 Siren™14 声道，或者留出处理周期进行视频处理及因特网应用程序等其他作业。Siren™14 的音质在所有码率上都高于 MPEG-4 ACC LD，其延时相等甚至更低，而运算复杂度则要低得多。

优点：音质更为清晰，几乎可以与 CD 音质媲美，在视频会议等应用中可以降低听者的疲劳程度。

缺点：是 Polycom 公司的专利技术。

说明：目前大多用于电视会议系统。

（6）G.723（低码率语音编码算法）

制定：ITU-T

频宽：50Hz～3.4kHz

带宽：5.3kb/s,6.3kb/s

特性：传输码率有 5.3kb/s 和 6.3kb/s 两种，在编程过程中可以随时切换。该标准主要包含了编码和解码算法。原理是从采集的语音信号中解析出声道模型参数，构造一个合成滤波器，采用合适的激励源激励，编码传输的参数主要是激励源与合成滤波器的参数。根据传输编码参数，可以重构激励源与合成滤波器进行解码，还原出来的数字语音信号经过数/模（D/A）转换器转换成模拟语音信号。

优点：码率低，带宽要求较小。并达到 ITU-T G.723 要求的语音质量，性能稳定。

缺点：声音质量一般。

说明：G.723 语音编码器是一种用于多媒体通信，编码速率为 5.3kb/s 和 6.3kb/s 的双码率编码方案。G.723 标准是 ITU 制定的多媒体通信标准中的一个组成部分，可以应用于电话语音信源编码或高效语音压缩存储。其中，5.3kb/s 码率的编码器采用代数码激励线性预测（Algebra CELP,ACELP）；6.3kb/s 码率的编码器则采用多脉冲最自然量化（Multi Pulse Maximum Likelihood Quantization,MP-MLQ）激励。

（7）G.723.1（双速率语音编码算法）

制定：ITU-T

频宽：50Hz～3.4kHz

带宽：5.3kb/s

特性：能够对音乐和其他音频信号进行压缩和解压缩，但对语音信号来说是最优的。该标准采用了执行不连续的静音压缩，这就意味着在静音期间的比特流中加入了人为的噪声。除了预留带宽之外，这种技术使用发信机的调制解调器保持连续工作，并且避免了载波信号的时通时断。

优点：码率低，带宽要求较小。并达到 ITU-T G.723 要求的语音质量，性能稳定，避免了载波信号的时通时断。

缺点：语音质量一般。

说明：G.723.1 算法是 ITU-T 建议的应用于低速率多媒体服务中语音或其他音频信号的压缩算法，其目标应用系统包括 H.323、H.324 等多媒体通信系统。目前该算法已成为电话系统中的必选算法之一。

(8) G.728

制定：ITU-T

频宽：50Hz~3.4kHz

带宽：16kb/s,8kb/s

特性：由于其后向自适应特性，因此 G.728 是一种低时延编码器，但比其他的编码器都复杂，这是因为在编码器中必须重复做 50 阶 LPC 分析。G.728 还采用了自适应后置滤波器来提高其性能。

优点：后向自适应，采用自适应后置滤波器来提高其性能。

缺点：比其他的编码器都复杂。

说明：G.728 16kb/s 短延时码本激励线性预测编码(LD-CELP)。1996 年 ITU-T 公布了 G.728 8kb/s 的共扼结构代数码激励线性预测（Conjugate Structure-ACELP，CS-ACELP)算法，可用于 IP 电话、卫星通信、语音存储等多个领域。G.728 是低比特线性预测合成分析编码器(G.729 和 G.723.1)和后向 ADPCM 编码器的混合体。G.728 是 LD-CELP 编码器，它一次只处理 5 个样点。对于低速率(56~128kb/s)的 ISDN 可视电话，G.728 是一种建议采用的语音编码器。

(9) G.729

制定：ITU-T

频宽：50Hz~3.4kHz

带宽：8kb/s

特性：在良好的信道条件下要达到长话质量，在有随机比特误码、发生帧丢失和多次转接等情况下要有很好的稳健性等。这种语音压缩算法可以应用在 IP 电话、无线通信、数字卫星系统和数字专用线路等领域。G.729 算法采用了 CS-ACELP 算法，综合了波形编码和参数编码的优点，以自适应预测编码技术为基础，使用了矢量量化、合成分析和感觉加权等技术。G.729 编码器是为低时延应用设计的，它的帧长只有 10ms，处理时延也是 10ms，再加上 5ms 的前视，这就使得 G.729 产生的点到点的时延为 25ms、比特率为 8kb/s。

优点：语音质量良，占用带宽小，应用领域很广泛，采用了矢量量化、合成分析和感觉加权,提供了对帧丢失和分组丢失的隐藏处理机制。

缺点:在处理随机比特错误方面性能不好。

说明:ITU-T 于 1995 年 11 月正式通过了 G.729。ITU-T 建议 G.729 也称做"共轭结构代数码本激励线性预测编码方案"(CS-ACELP),是当前较新的一种语音压缩标准。G.729 是由美国、法国、日本和加拿大的几家著名国际电信实体联合开发的。

(10) G.729A

制定:ITU-T

频宽:50Hz~3.4kHz

带宽:8kb/s

特性:复杂性较 G.729 低,性能较 G.729 差。

优点:语音质量良,降低了计算的复杂度以便于实时实现,提供了对帧丢失和分组丢失的隐藏处理机制。

缺点:性能较 G.729 差。

说明:1996 年 ITU-T 制定了 G.729 的简化方案 G.729A,主要降低了计算的复杂度以便于实时实现,因此目前使用的都是 G.729A。

(11) MPEG-1 audio layer1

制定:MPEG

频宽:20Hz~20kHz

带宽:384kb/s(压缩为 1/4)

特性:编码简单,用于数字盒式录音磁带;两声道。VCD 中使用的音频压缩方案就是 MPEG-1 audio layer1,或称 MPEG-1 层 Ⅰ,或称 MP1。最小编/解码延时约为 19ms。

优点:压缩方式相对时域压缩技术而言要复杂得多,同时编码效率、声音质量也大幅提高,编码延时相应增加。可以达到"完全透明"的声音质量,即达到欧洲广播联盟(European Broadcasting Union,EBU)音质标准。

缺点:频宽要求较高。

说明:MPEG-1 声音压缩编码是国际上第一个高保真声音数据压缩的国际标准,它分为三个层次,MPEG-1 audio layer1(MPEG-1 层 Ⅰ 或 MP1)、MPEG-1 audio layer2(MPEG-1 层 Ⅱ 或 MP2)和 MPEG-1 audio layer3(MPEG-1 层 Ⅲ 或 MP3)。

(12) MPEG-1 audio layer2

制定:MPEG

频宽:20Hz~20kHz

带宽:256~192kb/s(压缩 6~8 倍)

特性:算法复杂度中等,用于数字音频广播(Digital Audio Broadcasting,DAB)和 VCD 等,两声道。掩蔽型自适应通用子频带综合编码与复用(Masking pattern adapted Universal Subband Integrated Coding And Multiplexing,MUSICAM)编码由于其适当的复杂程度和优盘的声音质量,被广泛应用在数字演播室、DAB、数字视频广播(Digital Video Broadcasting,DVB)等数字节目的制作、交换、存储和传送中。最小编/解码延时约为 35ms。

优点：编码效率、声音质量大幅提高。可以达到"完全透明"的声音质量，即达到EBU 音质标准。

缺点：压缩方式相对时域压缩技术而言要复杂得多，且编码延时较 MP1 相应增加。

说明：同 MPEG-1 audio layer1。

（13）MPEG-1 audio layer3

制定：MPEG

频宽：20Hz～20kHz

带宽：112～128kb/s(压缩 10～12 倍)

特性：编码复杂，用于互联网上高质量声音的传输，例如 MP3 音乐压缩 10 倍，两声道。MP3 是在综合 MUSICAM 编码和自适应频谱感知熵编码（Adaptive Spectral Perceptual Entropy Coding,ASPEC)优点的基础上提出的混合压缩技术。MP3 的复杂度相对较高、编码不利于实时，但由于 MP3 的低码率条件下高水准的声音质量，使得它成为软解压及网络广播的宠儿。最小编/解码延时约为 59ms。

优点：压缩比高，适合用于互联网上的传播。

缺点：MP3 在 128kb/s 及以下时，会出现明显的高频丢失；编码器较 MP1 和 MP2 复杂，且编码延时也相应增加。

说明：同 MPEG-1 audio layer1。

（14）MPEG-2 audio layer

制定：MPEG

频宽：20Hz～20kHz

带宽：与 MPEG-1 层 1、层 2、层 3 相同

特性：MPEG-2 的声音压缩编码采用与 MPEG-1 声音相同的编译码器，层 1、层 2 和层 3 的结构也相同，但它能支持 5.1 声道和 7.1 声道的环绕立体声。

优点：支持 5.1 声道和 7.1 声道的环绕立体声。

（15）AAC-LD

制定：MPEG

频宽：10Hz～22kHz

带宽：96～128kb/s

特性：提高高质量、低延时的音频编码标准，以其 20ms 的算法延时提供更高的比特率和各种声音信号的高质量音频。

说明：超宽带编/解码器技术支持高达 48kHz 采样率的语音传输，与传统的窄带与宽带语音编/解码器相比大幅提高了音质。该技术可以提供接近 CD 音质的音频，数据速率高达 48～64kb/s，不仅提高了 IP 语音与视频应用的清晰度，而且支持电话音乐传输功能。高清语音通道支持更高的采样率，配合音频编/解码器的高保真音效，显著丰富并扩展了频谱两端的音质范围，有效改善了语音回响性能，提高了清晰度。

8.3　图像与视频压缩技术

自从 1984 年 Oliver 提出脉冲编码调制(PCM)理论开始,半个多世纪以来,图像与视频数据压缩技术一直是科技界普通关注的热点。历经多年的发展,现在已经产生了多种图像与视频压缩方法,并形成了一系列图像与视频压缩标准。

8.3.1　图像与视频编码技术

对图像与视频信息进行压缩的目的就是要以尽可能少的比特数表征原始图像数据,同时保持复原图像的质量,使之符合特定应用场合的要求。图像与视频数据的压缩之所以可以实现,主要是由于三个原因。其一,原始图像中存在着很大的冗余度。例如,一幅图像内相邻像素之间存在相关性空间冗余,序列图像帧与帧之间存在着相关性时间冗余,图像编码的符号中存在着冗余符号冗余等;其二,许多应用领域通常允许有一定的失真,这就为提高压缩比提供了有利的条件;其三,由于人眼是图像信息的最终接收者,倘若在图像压缩时能够充分利用人眼的视觉特性,就可以在保证重建图像质量的前提下进一步提高压缩比,即充分利用图像本身固有的统计特性和人的视觉系统特性,来减少图像信息的冗余度并获得满意的主观质量。

图像与视频编码技术可以分为统计编码、预测编码、变换编码、模型编码以及混合编码等。如图 8-2 所示显示了图像与视频编码方法。

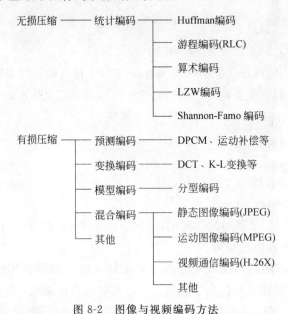

图 8-2　图像与视频编码方法

1. 统计编码技术

数据压缩技术的理论基础是信息论。根据信息论的原理,可以找到最佳数据压缩编码方法,数据压缩的理论极限是信息熵。如果要求在编码过程中不丢失信息量,即要求保存信息熵,这种信息保持编码又叫做熵保存编码,或者叫熵编码。熵编码是无失真压缩,去掉或减少了数据中的冗余,但这些冗余值是可以重新插入到数据中的,因此这种压缩是可逆的,即用这种编码结果经解码后可以无失真再恢复出原图像。统计编码技术就属于熵编码,其方法有 Huffman 编码、算术编码和 RLC 等,由于不会产生失真,因此在多媒体技术中一般用于文本、数据以及应用软件的压缩,它能保证完全地恢复原始数据。

（1）统计编码原理

统计编码是根据消息出现概率的分布特性而进行的压缩编码,它有别于预测编码和变换编码。这种编码的宗旨在于,在消息与码字之间找到明确的一一对应关系,以便在恢复时能够准确无误地再现出来,或者至少是极相似地找到相应的对应关系,并把这种失真或不对应概率限制到可容忍的范围内。但不管是通过什么途径,它们总是要使平均码长或码率压低到最低限度。

数据是信息的载体,用来记录和传送信息。真正有用的不是数据本身,而是数据所携带的信息。信息是由不确定性的度量决定的。一个消息的可能性越小,其信息越多;消息的可能性越大,则信息越少。在数学上,所传输的消息是其出现概率的单调递减函数。信息量是指从 N 个相等可能事件中选出一个事件所需要的信息度量或者含量,也就是在辨识 N 个事件中特定的一个事件的过程中所需要提问"是或否"的最少次数。例如,要从 256 个数中选定某一个数,可以先提问"是否大于 128",不论回答是或否都消去了半数的可能事件,这样继续问下去,只要提问 8 次这类问题,就能够从 256 个数中选定某一个数,这是因为每提问一次都会得到 1 比特或位（b）的信息量。因此,在 256 个数中选定某一个数所需要的信息量是 $\log_2 256 = 8$ 位。

① 信息量。某个事件 x_i 的信息量（又称自信息）定义如式（8-1）所示。

$$I(x_i) = -\log_2 p(x_i) \tag{8-1}$$

其中,$p(x_i)$ 为事件 x_i 的概率,$0 < p(x_i) \leqslant 1$;$I(x_i)$ 为事件 x_i 发生后的信息量（又称自信息）。

当事件 x_i 发生的概率 $p(x_i)$ 大时,其 $I(x_i)$ 小,那么这个事件发生的可能性大,不确定性小,事件一旦发生后提供的信息量也少。必然事件的 $p(x_i)$ 等于 1,其 $I(x_i)$ 等于 0,所以必然事件的消息报导,不含任何信息量;但一件人们都没有估计到的事件（$p(x_i)$ 极小）,一旦发生后,其 $I(x_i)$ 大,包含的信息量很大,即所谓爆炸性新闻。所以事件的概率与事件发生后所产生的信息量有密切关系。

② 熵。假设信源 X 符号集为 $x_i (i = 1, 2, \cdots, N)$,信源 X 发出 x_i 的先验概率为 $p(x_i)$,则 N 个随机事件的自信息统计平均如式（8-2）表示。

$$H(X) = \sum p(x_i) \cdot I(x_i) = -\sum p(x_i) \cdot \log_2 p(x_i) \tag{8-2}$$

其中,$p(x_i)$ 是符号 x_i 在 X 中出现的概率;$I(x_i)$ 表示包含在 x_i 中的信息量,也就是编码 x_i 所需要的位数;$H(X)$ 在信息论中称为信源 X 的熵（Entropy）,其含义是信源 X 发出任意一个随机变量的平均信息量。

当信源 X 发出 x_i 的概率相等时其熵最大,即等概率事件熵最大。例如,如果 $N = 8$,则 $p(x_1) = p(x_2) = p(x_3) = \cdots = p(x_8)$,这时,熵 $H(X) = -\sum p(x_i) \cdot \log_2 p(x_i) = 3$ 位。

当 $p(x_1) = 1$ 时,必然 $p(x_2) = p(x_3) = p(x_4) = p(x_5) = p(x_6) = p(x_7) = p(x_8) = 0$,这

时，熵 $H(X) = - \sum p(x_i) \cdot \log_2 p(x_i) = 0$。

熵的范围为 $0 \leqslant H(X) \leqslant \log_2 N$。

③ 熵在统计编码中的作用。在统计编码中，用熵值可以衡量是否为最佳编码。如果以 N 表示编码器输出码字的平均码长，则，

当 $N \gg H(X)$ 时，有冗余，不是最佳编码；

当 $N < H(X)$ 时，不可能；

当 $N \approx H(X)$ 时，是最佳编码（稍大于 $H(X)$）。

熵值是平均码长的下限。

(2) Huffman 编码

Huffman 编码属于码字长度可变编码，是 Huffman 在 1952 年提出的一种编码方法。生成 Huffman 编码的算法基于一种称为 Huffman 树的技术。

① 编码步骤。

步骤 1：将信源符号按概率递减顺序排列；

步骤 2：把两个最小的概率加起来，作为新符号的概率；

步骤 3：重复步骤 1、步骤 2，直到概率和达到 1 为止；

步骤 4：在每次合并消息时，将被合并的消息赋以 1 和 0 或 0 和 1；

步骤 5：寻找从每个信息源符号到概率为 1 处的路径，记录下路径上的 1 和 0；

步骤 6：对每个符号写出"1"、"0"序列（从码数的根到终结点）。

② 编码举例。

【例 8-1】 假设信源符号为 $\{A, B, C, D, E\}$，这些符号的概率分别为 $\{0.16, 0.51, 0.09, 0.13, 0.11\}$，求 Huffman 编码。

求解步骤如下：

首先，C 和 E 概率最小，作为叶子组合成一棵新的二叉树，其根结点 CE 的概率为 0.20。设从 CE 到 C 的一边被标记为 1，从 CE 到 E 的一边被标记为 0。此时，各结点相应的概率为 $p(A) = 0.16, p(B) = 0.51, p(CE) = 0.20, p(D) = 0.13$。

然后，D 和 A 概率最小，作为叶子组合成一棵新的二叉树，其根结点 AD 的概率为 0.29。设从 AD 到 D 的一边标记为 1，从 AD 到 A 的一边标记为 0。此时，各结点相应的概率为 $p(AD) = 0.29, p(B) = 0.51, p(CE) = 0.20$。

接着，AD 和 CE 概率最小，作为叶子组合成一棵新的二叉树，其根结点 ADCE 的概率为 0.49。设从 ADCE 到 CE 一边标记为 1，从 ADCE 到 AD 一边标记为 0。

最后，ADCE 和 B 概率最小，作为叶子组合成一棵新的二叉树，其根结点 ADCEB 的概率为 1。设从 ADCEB 到 ADCE 一边标记为 1，从 ADCEB 到 B 的一边标记为 0。

如图 8-3 所示为构造的 Huffman 编码。编码结果为 $\omega(A) = 100, \omega(B) = 0, \omega(C) = 111, \omega(D) = 101, \omega(E) = 110$ 被存放在一个表中。

③ 编码特点。

- 构造出来的 Huffman 编码不唯一。原因有二，其一，在给两个分支赋值时，可以是左支（或上支）为 0，也可以是右支（或下支）为 0，因此造成编码不唯一；其二，当两个消息的概率相等时，谁前谁后也是随机的，因此构造出来的码字不是唯一的。

- 硬件实现复杂。因为 Huffman 编码码字的字长参差不齐,所以用硬件实现起来不方便。
- 对于不同的信源,其编码效率不同。当信源概率是 2 的负幂时,编码的效率达到 100％;当信源概率相等时,其编码效率最低;只有在概率分布很不均匀时,Huffman 编码才会收到显著的效果;而在信源分布均匀的情况下,一般不使用 Huffman 编码。
- 对信源进行编码后,形成了一个 Huffman 编码表,解码时,必须参照这一编码表才能正确译码。在信源的存储与传输过程中,必须首先存储或传输这一编码表,在实际计算压缩效果时,必须考虑编码表占用的比特数。

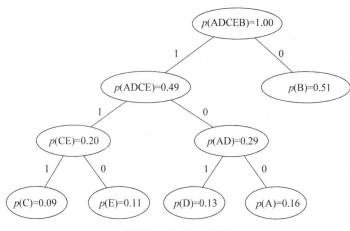

图 8-3　Huffman 编码

　　在某些应用场合下,信源概率服从于某一分布或存在一定规律(这主要由大量的统计得到),这样就可以在发送端和接收端固定 Huffman 编码表,在传输数据时就省去了传输 Huffman 编码表,这种方法称为 Huffman 编码表默认使用。使用默认的 Huffman 编码表有两点好处。其一,降低了编码的时间,改变了编码和解码的时间不对称性;其二,便于用硬件实现,编码和解码电路相对简单。这种方法适用于实时性要求较强的场合。虽然这种方法对某一个特定应用来说不一定最好,但从总体上说,只要 Huffman 编码表是基于大量概率统计的,其编码效果是足够好的。

　　(3) 算术编码

　　算术编码方法比 Huffman 编码、RLC 等熵编码方法都复杂,但它不需要传送像 Huffman 编码中的 Huffman 编码表,同时算术编码还有自适应能力的优点,所以算术编码是实现高效压缩数据中很有前途的编码方法。

　　算术编码的基本原理是将编码的消息表示成实数 0 和 1 之间的一个间隔(Interval),消息越长,编码表示它的间隔就越小,表示这一间隔所需的二进制位就越多。算术编码用到两个基本的参数,符号的概率和它的编码间隔。信源符号的概率决定压缩编码的效率,也决定编码过程中信源符号的间隔,而这些间隔包含在 0 到 1 之间。编码过程中的间隔决定了符号压缩后的输出。

① 编码步骤。

步骤1：编码器在开始时将当前间隔$[L,H)$设置为$[0,1)$。

步骤2：对每一事件，编码器按步骤(a)和(b)进行处理。

(a) 编码器将当前间隔分为子间隔，每一个事件一个。

(b) 一个子间隔的大小与下一个将出现的事件的概率成比例，编码器选择子间隔对应于下一个确切发生的事件，并使它成为新的当前间隔。

步骤3：最后输出的当前间隔的下边界就是该给定事件序列的算术编码。

② 编码举例。

【例8-2】 假设信源符号为$\{A,B,C,D\}$，这些符号的概率分别为$\{0.1,0.4,0.2,0.3\}$，根据这些概率可以把间隔$[0,1]$分成4个子间隔：$[0,0.1),[0.1,0.5),[0.5,0.7),[0.7,1.0)$，其中$[x,y)$表示半开放间隔，即包含$x$不包含$y$。这4个子间隔即为初始编码间隔。

如果二进制消息序列的输入为CADACDB，则求解步骤如下。

首先，输入第1个符号C，找到它的编码范围是$[0.5,0.7)$。

然后，由于消息中第2个符号A的编码范围是$[0,0.1)$，因此它的间隔就取$[0.5,0.7)$的第一个十分之一作为新间隔$[0.5,0.52)$。

类推，编码第3个符号D时取新间隔为$[0.514,0.52)$；编码第4个符号A时，取新间隔为$[0.514,0.5146)$……

最后，消息的编码输出可以是最后一个间隔中的任意数。整个编码间隔划分过程如图8-4所示。编码和解码的全过程分别如表8-2和表8-3所示。

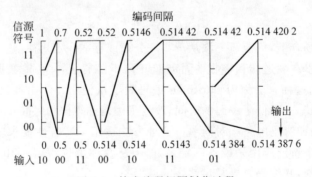

图8-4 算术编码间隔划分过程

表8-2 算术编码过程

步骤	输入符号	编 码 间 隔	编 码 判 决
1	C	$[0.5,0.7)$	符号的间隔范围$[0.5,0.7)$
2	A	$[0.5,0.52)$	$[0.5,0.7)$间隔的第一个1/10
3	D	$[0.514,0.52)$	$[0.5,0.52)$间隔的最后一个1/10
4	A	$[0.514,0.5146)$	$[0.514,0.52)$间隔的第一个1/10
5	C	$[0.5143,0.51442)$	$[0.514,0.5146)$间隔的第五个1/10开始，两个1/10

步骤	输入符号	编码间隔	编码判决
6	D	$[0.514\,384,0.514\,42)$	$[0.5143,0.514\,42)$间隔的最后 3 个 1/10
7	B	$[0.514\,383\,6,0.514\,402)$	$[0.514\,384,0.514\,42)$间隔的 4 个 1/10,从第 1 个 1/10 开始
8	从$[0.514\,387\,6,0.514\,402)$中选择一个数作为输出:0.514 387 6		

表 8-3　算术解码过程

步骤	间　隔	译码符号	译码判决
1	$[0.5,0.7)$	C	0.514 39 在间隔$[0.5,0.7)$
2	$[0.5,0.52)$	A	0.514 39 在间隔$[0.5,0.7)$的第 1 个 1/10
3	$[0.514,0.52)$	D	0.514 39 在间隔$[0.5,0.52)$的第 7 个 1/10
4	$[0.514,0.5146)$	A	0.514 39 在间隔$[0.514,0.52)$的第 1 个 1/10
5	$[0.5143,0.514\,42)$	C	0.514 39 在间隔$[0.514,0.514\,6)$的第 5 个 1/10
6	$[0.514\,384,0.514\,42)$	D	0.514 39 在间隔$[0.514\,3,0.514\,42)$的第 7 个 1/10
7	$[0.514\,39,0.514\,394\,8)$	B	0.514 39 在间隔$[0.514\,39,0.514\,394\,8)$的第 1 个 1/10
8	译码的消息:CADACDB		

在该例子中,假定编码器中译码器都知道消息的长度,因此译码器的译码过程不会无限制地运行下去。实际上在译码器中需要添加一个专门的终止符,当译码器看到终止符时就停止译码。

③ 编码特点。

- 当信息源符号概率接近时,建议使用算术编码,因为在这种情况下算术编码的效率高于 Huffman 编码。

- 算术编码器对整个消息只产生一个码字,而这个码字是在间隔$[0,1)$中的一个实数,因此译码器在接收到表示这个实数的所有位之前不能进行译码。

- 算术编码也是一种对错误很敏感的编码方法,如果有一位发生错误,那么就会导致整个消息译错。

- 算术编码的实现方法复杂一些,但 JPEG 成员对多幅图像的测试结果表明,算术编码比 Huffman 编码提高了 5%左右的效率,因此在 JPEG 扩展系统中采用算术编码来取代 Huffman 编码。

算术编码可以是静态的或者自适应的。在静态算术编码中,信源符号概率是固定的。在自适应算术编码中,信源符号概率根据编码时符号出现的频繁程度动态地进行修改,在编码期间估算信源符号概率的过程叫做建模。需要开发动态算术编码的原因是因为事先知道精确的信源概率是很难的,而且是不切实际的。当压缩消息时,不能期待一个算术编码器获得最大的效率,所能做的最有效的方法是在编码过程中估算概率。因此动态建模就成为确定编码器压缩效率的关键。

2. 预测编码技术

预测编码的理论基础是现代统计学和控制论。由于数字技术的飞速发展,数字信号处理技术不时渗透到这些领域,在这些理论与技术的基础上形成一个专门用作压缩冗余数据的预测编码技术。预测编码主要是减少了数据在时间和空间上的相关性,因而对于时间序列数据有着广泛的应用价值。在数字通信系统中,例如语音分析与合成,图像编码与解码,预测编码已得到了广泛的实际应用。

(1) 预测编码原理

模拟量经过 A/D 变换得到二进制码的过程,就是 PCM 编码过程,也称 PCM 编码。对于图像信号,经过 A/D 变换后,为避免假轮廓出现,黑白单色图像灰度(亮度)量化级是256 级分层,8 位 PCM 编码。R、G、B 或者 Y、U、V 彩色图像信号也分别以 8 位 PCM 编码。因为 PCM 编码是 8 位等长的二进制码,其编码率(即每个像素所需要的比特数)不够小,例如,对于 256 级灰度的黑白图像,每个像素需要 8 位;对于彩色图像,每个像素需要 24 位。所以直接以 PCM 编码、存储或者传送数字图像,其总数据量非常庞大、无法实现。因此,需要采用更高压缩比的压缩编码方法。预测编码方法是一种较为实用被广泛采用的压缩编码方法。

预测编码原理是从相邻像素之间具有强相关性的特点考虑的。例如当前像素的灰度或颜色信号,数值上与其相邻像素总是比较接近,除非处于边界状态。那么,当前像素的灰度或颜色信号的数值就可以用前面已经出现的像素值进行预测(估计),得到一个预测值(估计值),将实际值与预测值求差,再对这个差值信号进行编码和传送。通常采用线性预测,比例系数由其统计特性估计得到。预测不仅可以在相邻像素值之间进行,且还可以在行与行之间进行。由于空间相关性,真实值与预测值的差值变化范围远远小于真实值的变化范围,因而可以采用较少的位数来表示。另外,如果利用人的视觉特性对差值进行非均匀量化,则会获得更高的压缩比。

由于图像信号具有空间相关性,相邻像素之间的差值往往比像素本身属性值小得多,因此只对差值编码可以减少数据量。在视频信号中,相邻两幅画面之间图像差别也很小,当前画面上的图像,就可以看成是前面某时刻画面图像在运动部分的位移。利用前面的图像与运动部分的位移信息,就可以预测当前的图像;同样也可以根据某时刻的图像及反映位移的信息,预测出某时刻的图像。这样根据前向预测和后向预测,即可得出某一画面的前、后帧画面,存储时只需要考虑其差值的编码,重现时则可以从一帧画面的信息,恢复出多帧画面,从而压缩了运动画面的数据量。

预测编码中典型的压缩方法有脉冲编码调制(PCM)、差值脉冲编码调制(Differential PCM,DPCM)、自适应差值脉冲编码调制(Adaptive DPCM,ADPCM)等。

(2) PCM

PCM 是概念上最简单、理论上最完善的编码系统。它是最早研制成功、使用最为广泛的编码系统,但也是数据量最大的编码系统。其编码原理如图 8-5 所示。

PCM 工作时,首先用一组脉冲采样时钟信号与输入的模拟音频信号相乘,相乘的结果即输入信号在时间轴上的数字化;然后对采样以后的信号幅值进行量化,这个量化的过程由量化器完成;最后对经量化器变换后的信号进行编码,作为数字信号的输出,即离散

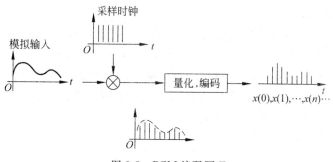

图 8-5 PCM 编码原理

的二进制 PCM 样本序列 $x(0), x(1), \cdots, x(n)$。图中的 n 表示量化的时间序列,"量化,编码"可以理解为"量化阶大小"生成器,或者称为"量化间隔"生成器。

量化有多种方法。最简单的是只应用于数值,称为标量量化,另一种是对矢量(又称为向量)量化。标量量化可以归纳成两类,一类称为均匀量化,另一类称为非均匀量化。理论上,标量量化是矢量量化的一种特殊形式。采用的量化方法不同,量化后的数据量也就不同。因此,可以说量化也是一种压缩数据的方法。

- 均匀量化。如果采用相等的量化间隔处理采样得到的信号值,那么这种量化称为均匀量化。均匀量化就是采用相同的等分尺来度量采样得到的幅度,也称为线性量化,如图 8-6 所示。量化后的样本值 Y 和原始值 X 的差 $E = Y - X$ 称为量化误差或量化噪声。

- 非均匀量化。用均匀量化方法量化输入信号时,无论对大的输入信号还是小的输入信号一律都采用相同的量化间隔。为了适应幅度大的输入信号,同时又要满足精确要求,就需要增加量化的间隔,这将导致增加样本的位数。但有些信号,大信号出现的机会并不多,增加的样本位数就没有充分利用。为了克服这个不足,出现了非均匀量化的方法,也叫做非线性量化。其基本想法是对输入信号进行量化时,大的输入信号采用大的量化间隔,小的输入信号采用小的量化间隔,如图 8-7 所示,这样就可以在满足精度要求的情况下用较少的位数来表示。量化数据还原时,采用相同的规则。

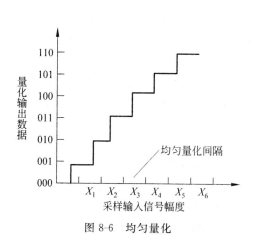

图 8-6 均匀量化

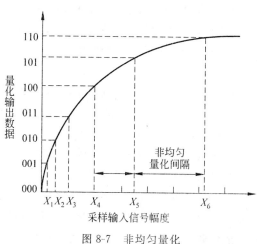

图 8-7 非均匀量化

(3) DPCM

在 PCM 系统中,原始的模拟信号经过采样之后得到的每一个样值都被量化成数字信号。为了压缩数据,可以不对每一个样值都进行量化,而是预测下一个样值,并量化实际值与预测值之间的差值,这就是 DPCM。其编解码原理如图 8-8 所示。发送端由编码器、量化器、预测器和加/减法器组成;接收端包括解码器和预测器等,信道传送以虚线表示,DPCM 系统具有结构简单,容易用硬件实现(接收端和发送端的预测器完全相同)的优点。

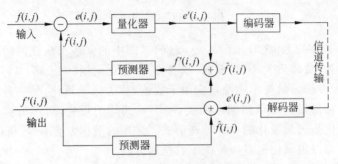

图 8-8　DPCM 编解码原理

图中输入信号 $f(i,j)$ 是坐标为 (i,j) 像素点的实际灰度值,$f'(i,j)$ 是由已出现的先前相邻像素点的灰度值对该像素点的预测灰度值。$e(i,j)$ 是预测误差,为 $f(i,j)-f'(i,j)$。如果发送端不带量化器,直接对预测误差进行编码、传送,则接收端可以无误差地恢复 $f(i,j)$。这是可逆的无失真的 DPCM 编码,是信息保持编码;但是,如果包含量化器,这时编码器对 $e'(i,j)$ 编码,量化器导致了不可逆的信息损失,这时接收端经解码恢复出的灰度信号,不是真正的 $f(i,j)$,以 $f'(i,j)$ 表示这时的输出。可见引入量化器会引起一定程度的信息损失,使图像质量受损。但为了压缩比特数,利用人眼的视觉特性,有图像信息丢失不易觉察的特点,带有量化器有失真的 DPCM 编码系统还是普遍被采用。

在 DPCM 中,"1 位量化"的特殊情况称为增量调制(Delta Modulation,DM)及自适应增量调制(Adaptive DM,ADM)。

- DM。DM 是对实际像素值与预测像素值之差的极性进行编码,将极性变成"0"和"1"这两种可能的取值之一,如果实际像素值与预测像素值之差的极性为正,则用"1"表示;相反则用"0"表示。由于 DM 编码只需要一位对信号进行编码,所以 DM 编码系统又称为"1 位量化"。

- ADM。为了使增量调制器的量化阶也能自适应,也就是根据输入信号斜率的变化自动调整量化阶的大小,以使斜率过载和粒状噪声都减到最小。几乎所有的方法基本上都是检测到斜率过载时就开始增大量化阶,而在输入信号的斜率减小时降低量化阶,这就是 ADM 原理。

(4) ADPCM

进一步地改善量化性能或者压缩数据率的方法是采用自适应量化或自适应预测技术,即 ADPCM。它的原理是:其一,利用自适应的思想改变量化阶的大小,即使用小的量化阶去编码小的差值,使用大的量化阶去编码大的差值;其二,使用过去的样本值估算下一个输入样本的预测值,使实际样本值和预测值之间的差值总是最小。其编码原理如图 8-9 所示。

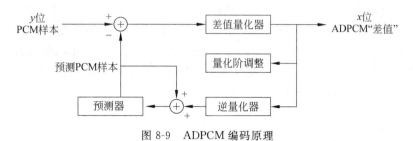

图 8-9　ADPCM 编码原理

自适应量化。在一定量化级数下减少量化误差,或者在同样的误差条件下压缩数据,根据信号分布不均匀的特点,希望系统具有随输入信号的变化区间,足以保持输入量化器的信号基本均匀的能力,这种能力叫自适应量化。

自适应量化必须有对输入信号的幅值进行估值的能力,有了估值才能确定相应的改变量。如果估值在信号的输入端进行,则称前馈自适应;如果在量化输出端进行,则称反馈自适应。信号的估值必须简单、占用时间短,才能达到实时处理的目的。

自适应预测。预测参数的最佳化依赖信源的特征,要得到最佳预测参数显然是一件繁琐的工作。而采用固定的预测参数往往又得不到较好的性能。为了能够使性能较佳,而又不至于有太大的工作量,可以采用自适应预测。

为了减少计算工作量,预测参数仍采用固定的,但此时有多组预测参数可供选择,这些预测参数根据常见的信源特征求得。编码时,具体采用哪组预测参数需根据特征来自适应地确定。为了自适应地选择最佳参数,通常将信源数据分区间编码,编码时自动地选择一组预测参数,使该实际值与预测值的均方误差最小。随着编码区间的不同,预测参数自适应地变化,以达到准最佳预测。

(5) 帧间预测编码

帧间预测编码是利用视频图像帧间的相关性,即时间相关性,达到图像压缩的目的,广泛用于普通电视、会议电视、视频电话及高清晰度电视的压缩编码。

在图像传输技术中,活动图像特别是电视图像是关注的主要对象。活动图像是由时间上以帧周期为间隔的连续图像帧组成的时间图像序列,它在时间上比在空间上具有更大的相关性。大多数电视图像相邻帧间细节变化是很小的,即视频图像帧间具有很强的相关性,利用帧所具有的相关性的特点进行帧间编码,可以获得比帧内编码高得多的压缩比。对于静止图像或活动很慢的图像,可以少传一些帧(例如隔帧传输),未传输的帧,利用接收端的帧存储器中前一帧的数据作为该帧数据,对视觉没有什么影响。因为人眼对图像中静止或活动慢的部分,要求有较高的空间分辨率,而对时间分辨率的要求可以减低一些。这种方法叫帧重复方法,广泛应用于视频电话、视频会议系统中,其图像帧速率一般为 1～15 帧/秒。

采用预测编码的方法消除序列图像在时间上的相关性,即不直接传送当前帧的像素值,而是传送 x 和其前一帧和后一帧的对应像素 x' 之间的差值,这称为帧间预测。当图像中存在着运动物体时,简单的预测不能收到好的效果,例如在图 8-10 中当前帧与前一帧的背景完全一样,只是小球平移了一个位置,如果简单地以第 $k-1$ 帧像素值作为第 k 帧的预测值,则在实线和虚线所示的圆内的预测误差都不为零。如果已经知道了小球运动的方向和速度,则可以从小球在第 $k-1$ 帧的位置推算出它的第 k 帧的位置来,而背景图像(不考虑被遮挡的部分)仍以前一帧的背景代替,将这种考虑了小球位移的第 $k-1$ 帧图像作为第 k 帧的预测值就比简单的预测准确得多,从而可以达到更高的数据压缩比。这种预测方法称为具有运动补偿的帧间预测。

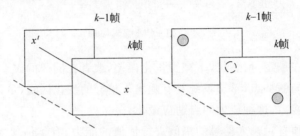

图 8-10　帧间预测与具有运动补偿的帧间预测

具有运动补偿的帧间预测编码是视频压缩的关键技术之一,具有运动补偿的帧间预测器原理如图 8-11 所示。首先,将图像分解成相对静止的背景和若干运动的物体,各个物体可能有不同的位移,但构成每个物体的所有像素的位移相同,通过运动估值得到每个物体的位移矢量;然后,利用位移矢量计算经运动补偿后的预测值;最后对预测误差进行量化、编码和传输,同时将位移矢量和图像分解方式等信息送到接收端。

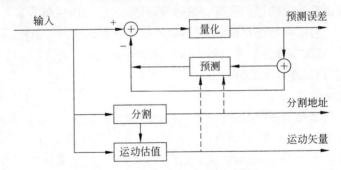

图 8-11　具有运动补偿的帧间预测原理

在具有运动补偿的帧间预测编码系统中,对图像静止区和不同运动区的实时完善分解和运动矢量计算是较为复杂和困难的。在实际实现时经常采用的是像素递归法和块匹配法两种简化的办法。

3. 变换编码技术

预测编码的压缩能力是有限的。以 DPCM 为例,一般只能压缩到每个样值 2～4b。20 世纪70 年代后,科学家们开始探索比预测编码效率更高的编码方法。人们首先讨论了卡亨南-洛维变换(Karhunen-Loeve Transform,KLT)、傅里叶变换(Fourier Transform,FT)等正交变换,得到了比预测编码效率高得多的结果,但是苦于算法的计算复杂性太高,进行科学研究可以,实际使用起来很困难。直到 20 世纪 70 年代后期,研究者们发现了离散余弦变换(Discrete Cosine Transform,DCT)与 KLT 在某一特定相关函数条件下具有相似的基向量,而用 DCT 的变换矩阵来做正交变换就可以节省大量的求解特征向量的计算,因而大大简化了算法的计算复杂性。DCT 的使用使变换编码压缩进入了实用阶段。小波变换是继 DCT 之后科学家们找到的又一个可以实用的正交变换,它与 DCT 各有千秋,因而分别被不同的研究群体所推崇。

(1) 变换编码原理

变换编码的主要思想是利用信号之间的相关性,把信号变换到一组新的基上,使得能量集中到少数几个变换系数上,通过存储这些系数达到压缩的目的。例如对于图像编码,利用信号图像块内像素值之间的相关性,把图像光强矩阵(时域空间信号)变换到频域空间上进行处理。在时域空间上具有强相关的信号,反映在频域空间上则是某些特定的区域能量常常被集中在一起,只需要将主要注意力放在相对小的区域上,再进行采样、量化和编码,从而实现压缩。在变换编码中,由于对整幅图像进行变换的计算量太大,所以通常把原始图像分成许多矩形区域子图像独立进行变换。其原理如图 8-12 所示。

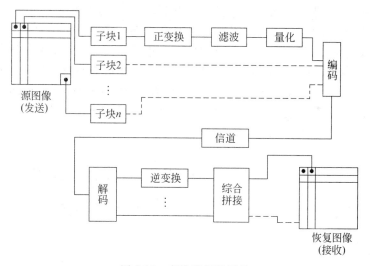

图 8-12　变换编解码原理

变换编码是一种间接编码方法。它是将原始信号经过数学上的正交变换后,得到一系列的变换系数后,再对这些系数进行量化、编码和传输。变换本身并不进行数据压缩,它只是把信号映射到另一个域,使信号在变换域里容易进行压缩,变换后的样值更独立和有序。这样,量化操作通过比特分配可以有效地压缩数据。在变换编码系统中,用于量化一组变换样值的比特总数是固定的,它总是小于对所有变换样值用固定长度均匀量化进行编码所需的总数,所以量化使数据得到压缩,是变换编码中不可缺少的一步。在对量化后的变换量值进行比特分配时,要考虑使整个量化失真最小。

如果经过正交变换后的协方差矩阵为一对角矩阵,且具有最小均方误差时,则该变换称为最佳变换,也称 KLT。如果变换后的协方差矩阵接近对角矩阵,则该类变换称为准最佳变换,典型的有 DCT、DFT 和 WHT(Walsh Transform)等。变换运算的计算复杂性较高。

（2）正交变换的几何意思

数字图像信号经过正交变换为什么能够压缩数据量呢？例如，一个时域三角函数，当 t 从 $-\infty$ 到 $+\infty$ 改变时，是一个正弦波。如果将其变换到频域表示，则只需要幅值 A 和频率 f 两个参数就足够了。由此可见，在时域描述，数据之间的相关性大，数据冗余度大；而转换到频域描述，数据相关性大大减少，数据冗余量减少，参数独立，数据量减少。

设有两个相邻的数据样本 x_1 与 x_2，如果每个样本采用 3 位编码，则各有 $2^3 = 8$ 个幅度等级。而两个样本的联合事件，共有 $8 \times 8 = 64$ 种可能性，可以使用二维平面坐标表示。其中 x_1 轴与 x_2 轴分别表示相邻两样本可能的幅度等级。对于慢变信号，相邻两样本 x_1 与 x_2 同时出现相近幅度等级的可能性较大。因此，如图 8-13（a）所示阴影区内 45° 斜线附近的联合事件出现的概率也就较大，不妨将阴影区的边界称为相关圈。如果信源的相关性愈强，则相关圈愈加扁长。为了要对圈内各点的位置进行编码，就要对两个差不多大的坐标值分别进行编码。当相关性愈弱时，此相关圈就愈显示方圆形状，说明 x_1 处于某一幅度等级时，x_2 可能出现在不相同的任意幅度等级上。

现在如果对该数据对进行正交变换，从几何上相当于坐标系旋转 45°，变成 y_1 和 y_2 坐标系，如图 8-13（b）所示，那么此时该相关圈正好处在 y_1 坐标轴上下，且该圈越扁长，其在 y_1 上的投影就愈大，而在 y_2 上的投影就愈小。因而从 y_1 和 y_2 坐标来看，任凭 y_1 在较大范围内变化，而 y_2 却岿然不动或只有微动。这就意味着变量 y_1 和 y_2 之间在统计更加相互独立。因此，通过这种坐标系旋转变换，就能得到一组去掉大部分甚至全部统计相关性的另一种输出样本。

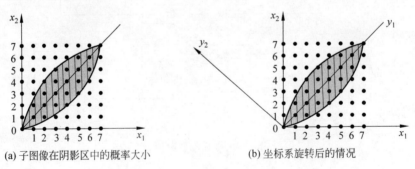

(a) 子图像在阴影区中的概率大小　　　　　　(b) 坐标系旋转后的情况

图 8-13　正交变换的几何意义

8.3.2　静态图像压缩编码标准

1986 年由国际电报电视咨询委员会（CCITT）和国际标准化组织（ISO）联合组织成立了一个联合图像专家小组（JPEG），专门从事彩色静止图像压缩标准的研究。经过多年的努力，该组织于 1991 年 3 月提出标准草案，1992 年正式成为国际标准，即 JPEG 标准，它是国际上彩色、灰度和静止图像的第一个国际标准。JPEG 标准是一个适用范围广泛的通用标准。它不仅适用于静态图像的压缩，电视图像序列的帧内图像的压缩编码，也常采用 JPEG 压缩标准。

1. JPEG 算法主要概要

（1）算法内容

JPEG 是适用于彩色和单色多灰度或连续色彩静止数字图像的压缩标准。它包括两个部分：无损压缩；基于 DCT 和 Huffman 编码的有损压缩。JPEG 定义了两种相互独立的基本压缩算法，一个是基于 DCT 的有失真压缩算法；另一个是基于空间线性预测技术（DPCM）的无失真压缩算法。

JPEG 主要存储颜色变化，尤其是亮度变化，因为人眼对亮度变化要比对颜色变化更为敏感。只要压缩后重建的图像与原来图像在亮度变化、颜色变化上相似，在人眼看来就是同样的图像。其原理是不重建原始画面，而生成与原始画面类似的图像，丢掉那些未被注意到的颜色。

JPEG 与颜色空间无关，因此 RGB 到 YUV 变换和 YUV 到 RGB 变换不包含在 JPEG 算法中。JPEG 算法处理的彩色图像是单独的彩色分量图像，因此，它可以压缩来自不同颜色空间的数据，例如 RGB，YC_bC_r 和 CMYK。

（2）JPEG 算法原理

JPEG 压缩编码原理如图 8-14 所示。把原始图像顺序地分割成一系列 8×8 的子块后，首先，使用正向离散余弦变换（Forward DCT，FDCT）把空间域表示的图变换成频率域表示的图。然后，使用加权函数对 DCT 系数进行量化，这个加权函数对于人的视觉系统是最佳的。最后，使用 Huffman 可变字长编码器对量化系数进行编码。

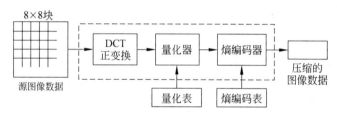

图 8-14　基于 DCT 编码器

解压缩的过程与压缩编码过程正好相反，最后使用逆离散余弦变换（Inverse DCT，IDCT）把频率域表示的图变换成空间域表示的图。其原理如图 8-15 所示。

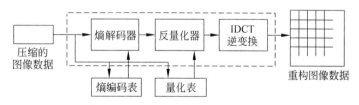

图 8-15　基于 DCT 解码器

2. JPEG 算法的编码步骤

JPEG 压缩编码算法的主要计算步骤如下。

（1）正向离散余弦变换（FDCT）。首先按序分块，将图像分成图像子块。然后对每一个子块，进行 DCT 变换，得到 DCT 系数矩阵。$DCT(x, y) = f(像素(x, y))$。为了压缩

RGB 彩色图像,这项工作必须进行三遍,因为 JPEG 分别处理每个颜色成分。

(2) 量化(Quantization)。为了达到压缩数据的目的,对 DCT 系数需要作量化处理。量化处理是一个多对一的映射,它是造成 DCT 编解码信息损失的根源。在标准中采用线性均匀量化器,量化定义为对 64 个 DCT 系数除以量化步长,四舍五入取整。量化器步长是量化表的元素,量化表元素随 DCT 变换系数的位置和颜色分量的不同有不同值。量化表的尺寸为 8×8 与 64 个变换系数一一对应。这个量化表应该由用户规定(在 JPEG 标准中给出参考值),并作为编码器的一个输入。量化表中的每个元素值为 $1 \sim 255$ 之间的任意整数,其值规定了它所对应的 DCT 系数的量化器步长。量化处理的作用是在一定的主观保真度图像质量的前提下,丢掉那些对视觉效果影响不大的信息。量化后的 DCT 系数矩阵称为量子矩阵。量子矩阵可以控制量化的精度。量子矩阵中的值越大,则量化后的系数越接近于 0。一般来说,量子矩阵中右下角的值较大。

(3) Z 扫描(Zigzag Scan)。量化后的 DCT 系数要重新编排,其目的是为了增加连续 0 的个数,右下角的部分接近 0,把这个矩阵中的值重新排列游程,可以使游程中 0 值的长度增加,以此进一步提高压缩率。JPEG 提出用如图 8-16 所示的 Z 字形序列的方法为量化后的 DCT 系数排序。

(4) 使用 DPCM 对直流(DC)系数编码。64 个变换系数经量化后,坐标(0,0)的 DC 系数为 64 个空域图像采样值的平均值。相邻 8×8 块之间的 DC 系数有强相关性,JPEG 中对 DC 系数采用 DPCM 编码,即对相邻块之间的 DC 系数差值 $\text{Delta} = \text{DC}(0,0)_k - \text{DC}(0,0)_{k-1}$ 编码,如图 8-17 所示。

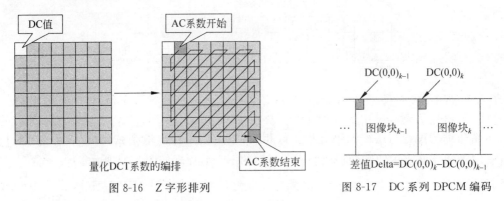

图 8-16   Z 字形排列   图 8-17   DC 系列 DPCM 编码

(5) 使用游程编码对交流(AC)系数编码。其余 63 个 AC 系数采用 RLC 编码。从左上方 AC(0,1)开始,沿箭头方向,以 Z 字形行程扫描,直到 AC(7,7)扫描结束。量化后待编码的 AC 系数通常有许多 0 值,沿 Z 字形路径进行游程编码,可以增加行程中连续 0 的个数。63 个 AC 系数游程编码的码字,使用两个字节表示。其中,一个字节的高 4 位用来表示连续 0 的个数,而使用它的低 4 位来表示编码下一个非 0 系数所需的位置;跟在它后面的一个字节是量化 AC 系数的数值,如图 8-18 所示。

(6) 熵编码(Entropy Coding)。为了进一步达到压缩数据的目的,需要对量化后的 DC 编码和 AC 游程编码的码字再作基于统计特性的熵编码。JPEG 建议使用两种熵编码方法:Huffman 编码和自适应二进制算术编码。熵编码可以分成两步进行,首先把 DC

编码和游程编码转换成一个中间格式的符号序列,第二步是给这些符号赋以变长码字。

(7)组成位数据流。JEPG 最后一个步骤是把各种标记代码和编码后的图像数据组成一帧一帧的数据。这样做的目的是为了便于传输、存储和译码器进行译码,这样组织的数据通常称为 JPEG 位数据流(JPEG Bitstream)。

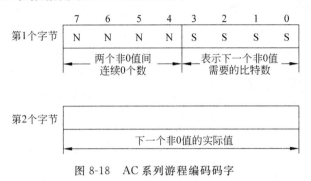

图 8-18　AC 系列游程编码码字

8.3.3　动态图像压缩编码标准

动态图像的传输与存储对数据压缩的要求更高更迫切。为了推进动态图像压缩的标准化工作,国际标准化组织(ISO)于 1988 年组织成立了运动图像专家小组(MPEG),1990 年提出了标准草案,1992 年成为动态图像压缩的国际标准,即 MPEG 标准。MPEG压缩的显著特点是压缩比大、重构图像质量高。数字图像经 MPEG 压缩后,每个编码像素可以平均只占 0.5～1 位,而且解压还原后的电视图像相当于 VHS 的质量。到目前为止,已开发和正在开发的 MPEG 标准有 MPEG-1、MPEG-2、MPEG-4、MPEG-7 和MPEG-21 等。本节以 MPEG-1 为例,揭示动态图像压缩编码技术。

1．MPEG-1 标准概述

MPEG-1 是"用于数字存储媒体运动图像及伴音率为 1.5Mb/s 的压缩编码"。MPEG 视频压缩算法采用了三个基本技术,运动补偿(预测编码和插补编码)、DCT 编码技术和熵编码技术。在 MPEG 中,DCT 不仅用于帧内压缩,对于帧间预测再作 DCT,可以减少空域冗余,以达到进一步压缩的目的。由于视频和音频需要同步,所以 MPEG 压缩算法对二者联合考虑,最后产生一个电视质量的视频和音频压缩形式的位速率为1.5Mb/s的MPEG 单一位流。

2．MPEG-1 视频数据流结构

(1)运动序列。运动序列包括一个表头,一组或多组图像和序列结束标志码。

(2)图像组。图像组由一系列图像组成,可以从运动序列中随机存取。

(3)图像。图像信号分为三个部分,一个亮度信号 Y 和两个色度信号 U、V。亮度信号 Y 由偶数个行和偶数个列组成,色度信号 U、V 分别取 Y 信号在水平和垂直方向的1/2。如图 8-19 所示,黑点代表色度 U、V 的位置,亮度 Y 位置用白圈表示。

(4)块。一个块由一个 8×8 的亮度信息或色度信息组成。

(5)宏块。一个宏块由一个 16×16 的亮度信息和两个 8×8 色度信息构成,如图 8-20所示。图像切片由一个或多个连续的宏块构成。

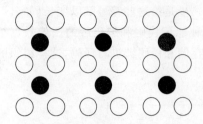
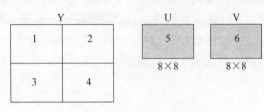

图 8-19　亮度与色度关系　　　　　　　　图 8-20　宏块的组成

3. MPEG-1 视频编码技术

MPEG 数据压缩过程中存在着的主要问题是：一方面仅仅使用帧内编码方法无法达到很高的压缩比；另一方面用单一的静止帧内编码方法能最好地满足随机存取的要求。在具体实现中，对这两个方面做了折中考虑。在 MPEG 编码算法中采用两种基本技术，即为了减少时间上冗余性的基于块的运动补偿技术和基于 DCT 的减少空间上冗余性的 ADCT 技术。

(1) 图像类型

在 MPEG 中将视频看成是一系列的图片，这些图像分为三种类型：I 图像，即帧内图(Intra Picture)，利用图像自身的相关性压缩，提供压缩数据流中的随机存取的点，采用基于 ADCT 的编码技术，压缩后每个像素为 $1\sim2b$；P 图像，即预测图(Predicted Picture)，用最近的前一个 I 图像(或 P 图像)预测编码得到(称为前向预测)，也可以作为下一次预测的参照图像；B 图像，即双向图(Bidirectional Picture)。这种也叫双向预测。这三种类型的图像及其预测方法如图 8-21 所示。

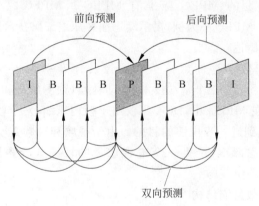

图 8-21　图像类型及其预测方法

(2) 运动序列流的组成

MPEG 算法允许编码选择 I 图像的频率和位置，这一选择是基于随机存取和场景位置切换的需要。一般 1 秒钟使用两次 I 图像，内部是两帧 B 图像一帧 P 图像。典型的 P 图像和 B 图像安排次序如图 8-22 所示。

由于 I 图像、P 图像、B 图像三者之间存在因果关系。例如第 4 帧的 P 图像是由第 1 帧的 I 图像预测；第 1 帧 I 图像和第 4 帧 P 图像共同预测出它们之间的双向预测 B 图

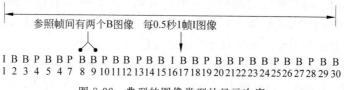

图 8-22　典型的图像类型的显示次序

像,所以接收端解码器的输入(发送端编码器的输出),不能按照图 8-22 的顺序,需要对上述图像重新排序。图 8-22 中 1～7 帧图像重新排后图像组的次序如图 8-23 所示。

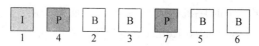

图 8-23　典型的图像类型重排后的显示次序

(3) 运动补偿技术

运动补偿技术主要用于消除 P 图像和 B 图像在时间上的冗余,提高压缩率。运动补偿技术在宏块一级工作,当由运动补偿法压缩一个宏块时,压缩文件包含信息有参考图像和被编码的宏块之间的空间差(运动矢量);参考图像和被编码的宏块之间的内容差别(称为误差项组成)。假设每帧当前画面都可以以前面某一帧为原型经过变换得到,这一变换是局部的,即画面上各点位移的方向和大小不必相同。运动信息由一个前向预测和两个双向预测微块向量构成。每个 16×16 块的运动信息都与邻块有所不同,通过对比可以确定运动向量变化范围,并使之与时间分辨率、空间分辨率及画面内容相匹配。

对于 B 图像,每 16×16 宏块有 4 种类型:帧内宏块(Intra Macroblock),简称 I 块;前向预测宏块(Forward Predicted Macroblock),简称 F 块;后向预测宏块(Backward Predicted Macroblock),简称 B 块;平均宏块(Average Macroblock),简称 A 块。

对于 P 图像,其宏块只有 I 块和 F 块两种。I 块:无论 B 图像还是 P 图像,I 块处理技术都与 I 图像中所采用的技术一致,即 ADCT 技术。P 块、B 块和 A 块:MPEG 都采用基于块的运动补偿技术。F 块预测时,其参照为前一个 I 图像或 P 图像;B 块预测时,其参照为后一个 I 图像或 P 图像;A 块预测时,其参照为前后两个 I 图像或 P 图像。

基于块的运动补偿技术就是在其参照帧中寻找符合一定条件限制、当前被预测块的最佳匹配块。找到匹配块后有两种处理方法:一是在恢复被预测块时,用匹配块代替;二是对预测的误差采用 ADCT 技术编码,在恢复被预测块时,用匹配块加上预测误差。每个包含运动信息的 16×16 宏块,相对前面相邻块的运动信息作差值编码,得到运动差值,运动差值信号除了物体的边缘处外,其他部分都很小。对于运动差值信息,再使用变长码的编码方法,可以达到进一步压缩数据的目的。

MPEG 标准只说明了怎样表示运动信息,例如根据运动补偿类型,前向预测、后向预测和双向预测等,每个 16×16 宏块可以包含有一个或两个运动矢量。MPEG 并没有说明运动矢量如何计算,但它采用基于块的表示方法,使用块匹配技术是可行的。搜索当前图像宏块与参照图像之间的最小误差可获得运动向量。

4. 同步技术和时序机构

多媒体通信系统必须考虑三个问题,即不同虚信道和物理信道中传送的信息流间的时延极限、信道间的同步和信道间的传输时延补偿。多媒体信道通常由三部分(例如语音、图像和文本等)组成,尽管各个部分产生的地点和时间可能各不相同,但它们的显现往往需要同步,这是区分多媒体系统与多功能系统的一个重要准则。

多媒体信息的同步大致分为两类:一类是连续同步,指的是两个或多个实时连续媒体流之间的同步,例如音频与视频之间的同步;另一类是事件驱动同步,指的是一个或一组相关事件发生,因此引起的相应动作之间的同步。在多媒体通信中,对于单媒体同步可以采用缓冲和反馈法,对于媒体间同步可以采用时间戳法,通过这两种方法实现信息同步。

(1) 时序与控制

MPEG 标准提出了一个时序机构以确保音频和视频的同步。这个标准包括两个参数,系统时钟参考(System Clock Reference,SCR)和演播时间戳(Presentation Time Stamp,PTS)。

(2) 系统时钟参考

系统时钟参考是编码器时钟的基准。音频和视频所使用的系统时钟参考值必须近似于一个值。为了保证它们的值相同,MPEG 编码器至少要每 0.7s 将系统时钟参考值插入 MPEG 数据流一次,且由系统解码器抽取系统时钟参考值并送到视频和音频解码器,如图 8-24 所示。视频和音频解码器用系统解码器送来的系统时钟参考值更新其内部时钟。

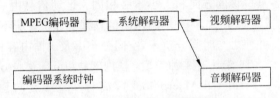

图 8-24 MPEG 的 SCR 数据流

(3) 演播时间戳

演播时间戳是与视频或者音频显示单元有联系的编码器系统时钟的采样,一个显示单元是一个解码的视频图像或者一个解码的音频时序序列。编码器至少每 0.7s 向 MPEG 流中插入一次多路演播时间戳,演播时间戳表明了视频将被显示的时间或者音频时间序列重放的开始时刻。

8.4 习   题

1. 语音和图像信息中分别存在哪些类型的冗余?
2. 数据压缩方法可以分为几类?每类的特点是什么?
3. 音频编码分为哪几类?常见的声音压缩标准是什么?分别采用什么压缩方法?
4. 图像与视频编码技术可以分为几类?每类的特点是什么?
5. DPCM、ADPCM 编码的基本原理是什么?
6. 视频压缩的关键技术之一是运动补偿的帧间预测,其原理是什么?
7. 信源 $X=\{x_1=0.25,x_2=0.25,x_3=0.2,x_4=0.15,x_5=0.10,x_6=0.05\}$,进行

Huffman 编码。

8. 信源 $X = \{x_1 = 1/4, x_2 = 3/4\}$，如果 $x_1 = 1, x_2 = 0$，对 1011 进行算术编码。

9. 用自己的语言说明 JPEG 的压缩原理。

10. 用自己的语言说明 MPEG-1 的压缩原理。

8.5 实　　验

信息时代的重要特征是信息的数字化，数字化的信息带来了信息爆炸。多媒体数字信息的海量性，与当前硬件技术所能够提供的计算机存储资源和网络带宽之间有很大差距，对其存储和传输造成了很大困难，解决方法之一就是进行数据压缩，而多媒体信息表示中存在着大量的冗余，为数据压缩提供了可能。通过本章实验，使读者了解数据压缩的基本概念，掌握数据压缩的两种基本方法，即 Huffman 编码和算术编码。

1. 实验目的

(1) 了解数据压缩的基本概念。

(2) 掌握 Huffman 编码思想，实现 Huffman 编码方法。

(3) 掌握算术编码思想，实现算术编码方法。

2. 实验内容

(1) 假设信源符号为{(空格), a, e, I, m, t, c, h, r}，这些符号的概率分别为{0.22, 0.22, 0.14, 0.07, 0.07, 0.07, 0.07, 0.07, 0.07}；

- 给出该信源的 Huffman 编码方案。
- 实现该信源的 Huffman 编码方案。
- 如果传送字符串"I am a teacher"，则比较分别使用 ASCII 编码、等编码、Huffman 编码所需要的二进制位数。

(2) 假设信源符号为{a, e, i, o, u, l}，这些符号的概率分别为{0.2, 0.3, 0.1, 0.2, 0.1, 0.1}，根据这些概率把间隔[0,1]分成 6 个子间隔：[0, 0.2)，[0.2, 0.5)，[0.5, 0.6)，[0.6, 0.8)，[0.8, 0.9)，[0.9, 1.0)。如果传送字符串"eaiil"，则：

- 给出该信源的算术编码方案。
- 实现该信源的算术编码方案。

3. 实验要求

(1) 独立完成两个实验内容。

(2) 写出实验报告，包括：实验名称、实验目的、编码方案、解码方案、实验步骤和实验思考。

第9章　多媒体应用系统

多媒体应用系统泛指应用或包含多种媒体信息的软件系统,或称为多媒体应用软件。多媒体应用系统与一般的应用系统不同的是,它是由人机交互方式控制的,综合处理图、文、声和像等多种媒体信息的集成系统。多媒体应用系统的开发具有十分广阔的驰骋空间,吸引着越来越多的开发人员投入其中。

9.1　多媒体应用系统基本概念

多媒体应用系统可以把图像、声音、文字、视频和动画混合起来,提供不受限制的用户交互功能。不具备交互功能的系统被称为线性的,线性的多媒体应用系统在设计时只需要将多媒体信息按照一定的目的有效组织和表现。而当用户被赋予了控制能力,可以在内容范围之内随意漫游时,系统就变成了非线性的或交互式的,而交互式多媒体应用系统要考虑用户使用的实际情形,设置点或者表单帮助用户激活交互;超文本技术在交互式多媒体应用系统中得到了广泛的应用。

9.1.1　系统开发特点

与一般的应用系统相比,多媒体应用系统开发有许多特点,例如设计人员的全面性、设计工具的多样性、设计方法的特殊性以及设计创意的新颖性等。

1. 设计人员的全面性

对于一般的应用系统,可能只需要具有系统分析和程序设计能力的程序设计者就可以全面完成,因为完成这些工作所需要的知识大部分还是属于计算机程序开发和设计领域。在多媒体应用系统的开发中,由于媒体的多样性,要求系统的设计者不仅是普通的计算机程序设计员,还必须具有设计策划、美工创作、音乐设计、动画制作、摄影摄像以及文字写作等多方面的知识与能力。即在设计者的队伍中,必须包括上述多种专业类的人才,通过各类人员的有机结合与通力合作,才能开发出高质量的多媒体应用系统。

2. 设计工具的多样性

多媒体应用系统所需要的开发工具比开发普通的应用系统多得多。除了一般的应用工具之外,还涉及各种媒体素材的采集和预加工工具,例如各种图形的绘制与生成、照片的拍摄与扫描、声音的录制与编辑、动画的制作与处理、视频的获取与剪辑,以及图像特殊效果及视频特辑效果的产生等,都需要用到能够对音频、图像、动画和视频等非文本类媒体进行输入输出及编辑处理的专用设备和工具软件。

3. 设计方法的特殊性

多媒体应用系统开发是一种综合性的应用系统,所涉及的媒体类型众多,无论是从技术上,还是从管理上都具有其特殊性,因此应该采用标准化及工程化的方法开发多媒体应用系统。开发时可以综合传统软件开发所采用的生命周期法或快速原型法,以面向对象的思想为指导,考虑多媒体信息的处理和表现及创意的新特点去实现。

4. 设计创意的新颖性

由于所设计的多媒体应用系统具有表演的特性,因此其开发过程在很多方面更类似于电影及电视片的拍摄与制作,并且特别强调系统的创意新颖性。对于多媒体应用系统来说,程序的流程基本上没有具体的限制,设计者可以尽量发挥自己的想象力,考虑如何突出系统所要表现的主题,如何逻辑地组织素材与版面布局,如何吸引用户的注意力等。从一定意义上说,多媒体应用系统的创意决定了多媒体产品的生命力。

由此可见,设计与开发一个多媒体应用系统,要比一般的应用系统复杂得多,当然也有趣得多。

9.1.2 系统开发过程

多媒体应用系统的开发是指多媒体应用系统开发人员在多媒体软件的基础上,借助多媒体软件开发工具制作、编写多媒体应用系统的过程。由于多媒体技术的综合性和集成性、交互性和双向性、同步性和实时性,使多媒体应用系统不仅要涉及计算机专业人员和应用领域的专家,还需要脚本编写、文字编辑、声音效果、图形绘制、图像艺术、动画制作、视频特技以及媒体集成等方面的专业人才参与。如图 9-1 所示给出了多媒体应用系统开发过程。

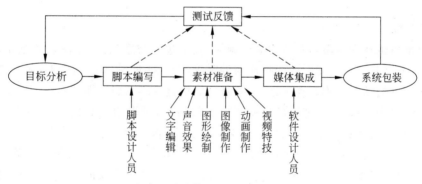

图 9-1　多媒体应用系统开发过程

1. 目标分析

目标分析也就是用户需求分析。多媒体应用系统的最终目标是让用户获得所需要的信息,而成功地让用户获得信息的前提就是要了解用户需求,这是系统开发的第一个阶段。从分析用户需求开始,确定项目对象、信息种类、表现手法以及要达到的目标。例如,在计算机辅助教学(Computer Assisted Instruction,CAI)系统开发中,首先需要明确课件的使用对象,学生的文化层次与知识背景,课件是用于教师课堂教学还是学生课后自学等。这些因素都将直接制约着课件的总体结构与设计风格。如果是为某项目的鉴定会设计一个技术报告系统,对象都是该领域的行家,则系统的目的就是向专家们讲清项目的设计思想、实现技术及成果的先进性,与应用于教学的课件设计便是截然不同。只有明确了目标,才能选择合适的表现方式、选用最佳的表现媒体,才能开发出适应市场需求、受欢迎的多媒体产品。

2. 脚本编写

如同一部优秀的电视剧必须有一个好剧本一样,软件脚本(Script)是多媒体应用系统开发中从设计到制作的重要环节,是软件制作成败的关键。软件脚本通常分为文字脚本和制作脚本两部分。确切地说,它们分别是形成软件脚本的两个阶段。

(1) 文字脚本

以多媒体教学课件为例,这是描述教学过程每一环节的教学内容及其表现方式的一种形式。完整的文字脚本还应该包含学生特征的分析、教学目标的描述、知识单元的构成以及各类问题的编写等。文字脚本的撰写通常需要由具有渊博知识和丰富经验的高水平教师来主持。

(2) 制作脚本

这是在文字脚本基础上设计的、能够用多媒体信息表现的创作脚本,是系统开发的直接依据。制作脚本应该首先勾画出系统的结构流程图,划定层次与模块;然后就每一个模块的具体内容,选择使用多媒体的最佳时机,给出各种媒体信息的表现形式和控制方法,包括正文、图片、图像、动画、视频影像及必要的配音,以及对背景画面与背景音乐的要求等;最后以帧为单位制作成脚本卡片。在每一帧的画面中,都应该包含屏幕布局的设计、链接关系的描述、各种按钮的激活方式及排放位置等。制作脚本的编写需要对所使用创作工具的功能有一定的了解,一般除了专业人员,还需要编程与美工人员一起参加讨论确定。

3. 素材准备

素材准备也称为多媒体系统的前期制作,其中包括文字的录入、图表的绘制、照片的拍摄、声音的录制以及活动影像的拍摄与编辑等,也包括对现有图片的扫描及从光盘中获取素材。素材的制作要依据脚本进行,素材的好坏直接影响到后期的制作与系统的效果。

在一般多媒体系统中,文字的准备工作比较简单,所占的存储量也很小,即便是100万个汉字,也不过只占2MB的空间。但对于声音、图像、动画和视频等媒体信息,数字化处理后占用的存储空间较大,并需要利用各种工具软件进行编辑,准备工作就要复杂得多,工作量也大得多。对图像来说,扫描处理过程十分关键,不仅需要进行剪辑处理,而且还要在这个过程中修饰图像,拼接合并,以便能够得到更好的效果。对声音来说,音乐的选择及配音的录制也要事先做好,必要时也可以通过合适的编辑进行特殊处理,例如回声、放大和混声等。其他的媒体准备也十分类似。最后,这些媒体都必须转换为应用系统开发环境下要求的存储和表达形式。

4. 媒体集成

媒体集成是多媒体应用系统的生成阶段,也称为程序设计阶段。这一阶段的主要任务是使用合适的多媒体创作工具,按照制作脚本的具体要求,把准备好的各种素材有机地组织到相应的信息单元中,形成一个具有特定功能的完整系统。

在生成多媒体应用系统时,如果采用程序编码设计,那么首先要选择功能强、可灵活进行多媒体应用设计的编程语言和编程环境,例如 Visual Basic、Visual C++ 和 Java 等。由于在制作多媒体应用系统时,要很好地解决多媒体压缩、集成、交互及同步等问题,编程设计不仅复杂,而且工作量大,因此多媒体创作工具应运而生。各种创作工具虽然功能和操作方法不同,但都有操作多媒体信息进行全屏幕动态综合处理的能力。根据现有的多媒体硬件环境和应用系统设计要求,选择适宜的创作工具,可以高效、方便地进行多媒体编辑集成和系统生成工作。

媒体集成与素材准备两个阶段,分别完成各自不同的任务,顺序上必须先准备好素材才能进行集成。但在实际制作中,这两个过程往往不可能截然分开。有时在媒体集成阶段会发现事先准备的素材并不十分理想,需要进行修改,或是重新选择;有时为了取得更好的听觉与视觉效果,还需要对素材作进一步的艺术加工。因此通常在有了软件脚本以后,素材的准备和媒体的集成大体上可以同步进行。

5. 系统包装

多媒体应用系统的发行是通过压缩制成一张完整的光盘进行的,因此制作完成之后必须打包才能发行。所谓打包就是制作发行包,形成一个可以脱离具体制作环境而在操作系统下直接运行的系统。这一点对系统的推广应用非常重要,因为不可能要求用户在使用系统时都具有同样的制作环境。在软件打包之前,应该首先对硬盘上的文件组织结构进行优化,并做好源程序的备份;然后根据发行介质是光盘或网络的不同,选择不同的打包发行方式。此外,在系统发行的同时,还需要向用户提供详细的文档资料,内容应该包括该软件的基本功能、使用方法及出现异常情况时的处理等。

6. 测试反馈

测试反馈是从使用者的角度测试与检验系统运行的正确性及系统功能的完整性,看其是否实现了多媒体应用系统开发的预定目标。在这一过程中,一般是将被测试的软件交给部分用户使用,将使用中发现的问题反馈回来,再由系统设计和研制者返回到前面的步骤重复进行,直到完成一个用户满意的多媒体产品。

通常在系统研制的每一个阶段,研制者需要及时进行局部的运行与功能测试,一旦整个系统研制完成,基本上不会再有大的问题,用户意见多数会集中在使用是否方便、界面是否友好、文档是否通俗明了等方面。对于一个优秀软件,这些也都是衡量其性能的重要指标,必须予以充分重视。软件发行之后,测试还应该继续进行。这些测试包括可靠性,即程序所执行的和所预期的结果一样,而且前一次执行与后一次执行的结果相同;可维护性,即如果其中某一部分有错误发生时,可以容易地将之更改过来;可修改性,即系统可以适应新的环境,随时增减改变其中的功能;高效率,即程序执行时不会使用过多的资源或时间;可用性,即一项产品可以完成用户想要完成的工作。

9.1.3 系统开发模型

从程序设计的角度看,多媒体应用系统设计仍然属于计算机应用软件设计的范畴,因此可以使用软件工程开发方法进行系统开发。软件工程开发模型是软件开发全部过程、活动和任务的结构框架。它能直观表达软件开发的全过程,明确规定要完成的主要活动、任务和开发策略。软件工程开发模型也常被称为软件工程生存周期模型。所谓生存周期即是一个软件从提出开发要求开始,到该软件报废为止的整个时期。目前有多种软件工程开发模型,例如瀑布模型、原型模型、螺旋模型和喷泉模型等。

1. 瀑布模型

瀑布模型由 W. Royce 于 1970 年首先提出。根据软件工程生存周期各个阶段的任务,瀑布模型从可行性研究开始,逐步进行阶段性变换,直至通过确认测试并得到用户确认的软件产品为止。瀑布模型上一个阶段的变换结果是下一个阶段的变换输入,相邻两个阶段具有因果关系、紧密联系。一个阶段的失误将蔓延到以后的各个阶段。为了保障软件开发的正确性,每一个阶段任务完成后,都必须对它的阶段性产品进行评审,确认之后再转入下一个阶段工作。评审过程发现错误和疏漏后,应该及时反馈到前面的有关阶段修正错误或弥补疏漏,然后再重复前面的工作,直至某一个阶段通过评审后再进入下一个阶段。瀑布模型如图 9-2 所示。

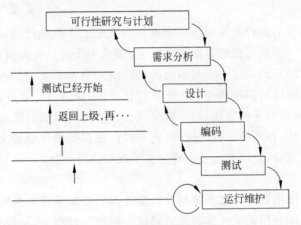

图 9-2　瀑布模型

瀑布模型有许多优点,例如可以强迫开发人员采用规范的方法、严格规定了每个阶段必须提交的文档、要求每个阶段交出的所有产品都必须经过质量保证小组的仔细验证等。但瀑布模型也存在缺点,其主要表现在两个方面:其一,在软件开发的初始阶段指明软件系统的全部需求是困难的,有时甚至是不现实的,而瀑布模型在需求分析阶段要求客户和系统分析员必须做到这一点才能开展后续阶段的工作;其二,确定需求后,用户和软件项目负责人要等相当长的时间才能得到一份软件的最初版本。如果用户对这个软件提出比较大的修改意见,那么整个软件项目将会蒙受巨大的人力、财力和时间方面的损失。

2. 原型模型

原型模型又称演化模型,主要是针对事先不能完整定义需求的软件开发项目而言的。许多软件开发项目由于人们对软件需求的认识模糊,很难一次开发成功,返工后再开发难以避免。因此,人们对需要开发的软件给出基本需求,作第一次试验开发,其目标仅在于探索可行性和弄清需求,取得有效的反馈信息,以支持软件的最终设计和实现。通常把第一次试验性开发出的软件称为原型(Prototype)。这种开发模型可以减少由于需求不明给开发工作带来的风险,有较好的效果。相对瀑布模型来说,原型模型更符合人类认识真理的过程和思维,是目前较流行的一种实用的软件开发方法。原型模型如图 9-3 所示。

原型化模型有丢弃型、样品型和渐增式演化型三种形式。其中,丢弃型是指原型开发之后,已经获得了更为清晰的需求反馈信息,原型不需要保留而丢弃,开发的原型仅以演示为目的,这往往用在软件的用户界面的开发上。样品型是指原型规模与最终产品相似,制式原型仅供研究用。渐增式演化型是指原型作为最终产品的一部分,它可以满足用户的一部分需求,经用户试用后提出精炼系统、增强系统能力的需求,开发人员根据反馈信息,实施开发的迭代过程。如果在一次迭代过程中,有些需求还不能满足用户的需求,可以在下一迭代过程中予以修正,整个实现后软件才可最终交付使用。

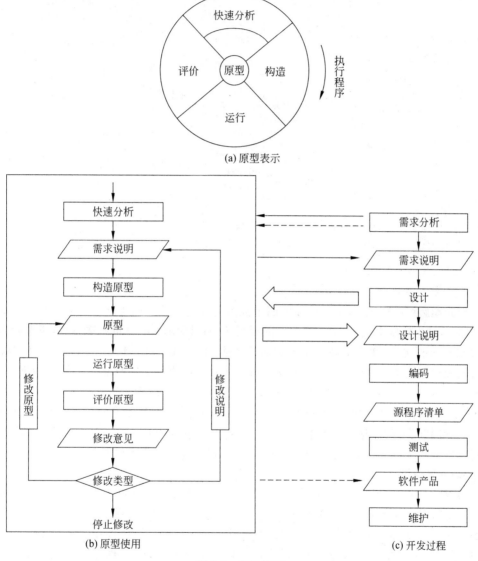

图 9-3　原型模型

3. 螺旋模型

螺旋模型由 TRW 公司的 B. Boehm 于 1988 年提出,是瀑布模型与原型模型的结合,并增加两者所忽略的风险分析而产生的一种模型。该模型通常用来指导大型应用软件项目的开发,它将开发划分为制定计划、风险计划、实施开发和客户评估 4 类活动。沿着螺旋线每旋转一圈,表示开发出一个更完整的新软件版本。如果开发风险过大,开发机构和客户无法接受,则项目有可能就此中止;但在多数情况下,会沿着螺旋线继续下去,自内向外逐步延伸,最终得到满意的软件产品。螺旋模型如图 9-4 所示。

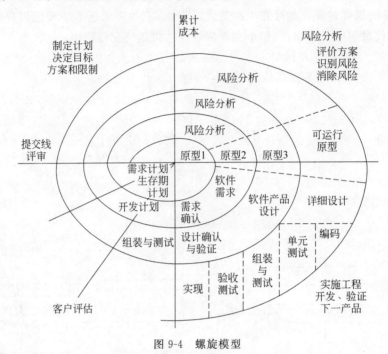

图 9-4　螺旋模型

沿着螺旋线旋转,在笛卡儿坐标的四个象限上分别表达了四类活动。制定计划:确定软件目标,选定实施方案,弄清项目开发的限制条件;风险分析:分析所选方案,考虑如何识别和消除风险;实施工程:实施软件开发;客户评估:评价软件的功能和性能,提出修正建议。

螺旋模型有许多优点,主要表现在对可选方案的约束强调有利于已有软件的重用,有助于把软件质量作为软件开发的一种重要目标,减少了过多测试或者测试不足所带来的风险。但是要许多客户接受和相信并不容易,使用该模型需要具有相当丰富的风险评估经验和专门知识,如果项目风险较大,又未能及时发现,则势必造成重大损失。目前国内许多软件公司还未能及时掌握和运用这种模型,有待进一步积累经验。

4. 喷泉模型

喷泉模型对软件复用和生存周期中多项开发活动的集成提供了支持,以面向对象的软件开发方法为基础,它适合面向对象的开发方法。它克服了瀑布模型不支持软件重用和多项开发活动集成的局限性。喷泉模型使开发过程具有迭代性和无间隔性。系统某个部分常常重复工作多次,相关功能在每次迭代中随之加入演化的系统。无间隔是指在分析、设计和实现等开发活动之间不存在明显的边界。喷泉模型如图 9-5 所示。

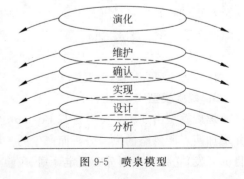

图 9-5　喷泉模型

9.1.4 系统开发关键

多媒体应用系统的基本要素是生动逼真的音响效果、高度清晰的动态视频、灵活方便的交互手段、和谐友善的人机界面。为了尽可能地体现这些要素,在开发中应该注意如下5个关键问题。

(1) 充分发挥多媒体优势。尽量采用多种直观的媒体形式,并以空间上的并置和时间上的同步等多种技术,使其成为集成的多媒体应用系统。

(2) 充分利用多媒体创作工具提供的多种交互功能,突出系统的交互性。例如,在多媒体教学应用系统中,使学生能够完成自主地介入到学习过程中,变被动学习为主动学习。这是多媒体应用系统与图、文、声、像同样齐全的电视或录像节目的根本不同之处。

(3) 使用非线性的超文本结构,以符合人们在获取知识时的思维方式。从物理的角度上看,可以把知识分成零星的知识点;而从逻辑的角度上看,则需要按知识的内部联系划分为不同层次、不同关系的知识单元,组成一个具有超文本结构的系统整体,使用者可以按某种逻辑关系把所需要的知识点提取出来,并能够方便地从一个知识单元跳转到另一个知识单元,从而摆脱传统的线性约束。

(4) 界面友好,使用方便,导向灵活。要使开发的多媒体应用系统具有更多的"傻瓜"功能,让更多的使用者能够亲近它。为此,屏幕设计应该做到均衡、简洁及整体一致。用户对屏幕的布局有特定的期望,在菜单设计中,应该注意把最常用和最重要的选项放在最方便的位置上。

(5) 软件风格尽量符合使用者的要求。对于主要用于自学的应用系统,图文并茂、声像俱全的外部特性可以激发使用者的兴趣和注意力。但对于课堂支持的多媒体应用系统,则应该更多侧重于提供足够的有用信息,突出主要内容,背景画面主要用于陪衬,宜平实不宜花哨,尤其不可画蛇添足分散学生注意力。背景音乐也要恰当,不可滥用。

9.2 多媒体应用系统界面设计

在应用软件系统设计中,人机界面设计已经变得越来越重要,以致评价一个系统更多地取决于其人机界面而不是它的功能。多年来,人机通信一直局限于文本方式,这严重地限制了人本来所具有的通信技能,大大降低了通信效率。而多媒体技术的出现从技术上为人机交互中全面采用人本身具有的通信技能提供了可能性,为建造高效友好的人机界面带来了希望。但多媒体信息、多媒体通信的复杂性也对人机交互、人机界面设计提出了许多新的挑战性课题。人机界面设计涉及了包括计算机科学在内的很多学科领域,不仅需要借助计算机技术,还要依托于心理学、语言学、认知科学、通信技术,以及戏剧、音乐和美术等方面的理论和方法。

9.2.1 界面设计原则

根据用户心理学和现阶段计算机的特点,界面交互的设计原则可以归纳为面向用户原则、一致性原则、简洁性原则、适当性原则、顺序性原则、结构性原则、文本和图像选择原则、输出显示原则、颜色使用原则。

(1) 面向用户原则

反馈信息的屏幕输出应该面向用户、指导用户,以满足用户使用需求为目标。屏幕输出的信息是为了使用户获取运行结果,或者是获取系统当前状态,以及指导用户如何进一步操作计算机系统。所以,在满足用户需要的情况下应该做到四点:其一,尽量使显示的信息量减到最小,绝不显示与用户需要无关的信息,以免增加用户的记忆负担;其二,反馈信息应该能够被用户正确阅读、理解和使用;其三,尽量使用用户熟悉的术语来解释程序,帮助用户尽快适应和熟悉系统的环境;其四,系统内部在处理工作时要有提示信息,尽量把主动权让给用户。

(2) 一致性原则

一致性原则是指任务和信息的表达、界面的控制操作等应该与用户理解熟悉的模式尽量保持一致。如果显示相同类型信息时,那么在系统运行的不同阶段应该保持一致的相似方式显示,包括显示风格、界面布局、排列位置以及所用颜色等。一个界面与用户预想的表现和操作方式越一致,就越容易学习、记忆和使用。一致性不仅能够减少人的学习负担,还可以通过提供熟悉的模式增强认识能力,界面设计者的责任就是使界面尽可能地与用户原来的模式一致,如果原来没有模型,就应该给出一个新系统的清晰结构,并尽可能使用户容易适应。

(3) 简洁性原则

界面的信息内容应该准确、简洁,并能够给出强调的信息显示。其中,准确就是要求表达意思明确,不使用意义含混、有二义性的词汇或句子。简洁就是词汇是用户习惯的,并用尽可能少的文字表达必需的信息。必要时可以使用意义明确的缩写形式,需要强调的信息可以在显示中使用黑体字、加下划线、加大亮度、闪烁、反白及不同颜色来引起用户的注意。

(4) 适当性原则

屏幕显示和布局应该美观、清楚、合理,改善反馈信息的可阅读性、可理解性,并且使用户能够快速查找到有用信息,为此应该满足四点要求:其一,显示逻辑顺序尽量合理;其二,显示内容尽量恰当,不应该过多、过快或使屏幕过分拥挤;其三,提供必要的空白,因为空行及空格会使结构合理,阅读和查找方便,并使用户的注意力集中在有用的信息上;其四,一般使用小写或混合大小写形式显示文本,避免用纯大写字方式,因为小写方式的文本容易阅读。

(5) 顺序性原则

合理安排信息在屏幕上的显示顺序。一般有这样几个因素决定信息显示的顺序:按照使用顺序显示信息、按照习惯用法顺序、按照信息重要性顺序、按照信息的使用频率、按照信息的一般性和专用性、按照字母顺序或时间顺序显示。

(6) 结构性原则

多媒体应用系统的界面设计应该是结构化的,以减少复杂度。结构化应该与用户知识结构相兼容。

（7）文本和图像选择原则

对于多媒体应用系统运行结果的输出信息而言，如果重点是要对其值作详细分析或获取准确数据，那么应该使用字符、数字式显示；如果重点是要了解数据总特性或变化趋势，那么使用图形方式更有效。

（8）输出显示原则

充分利用计算机系统的软硬件资源，采用图形和多窗口显示，可以在交互输出中改善人机界面的输出显示能力。

（9）颜色使用原则

合理使用色彩显示，可以美化人机界面外观，改善人的视觉印象，同时加快有用信息的寻找速度，并减少错误。

9.2.2 界面设计内容

人机界面设计内容主要包括界面对话设计、数据输入界面设计、屏幕显示设计、控制界面设计等。

1. 界面对话设计

界面对话设计是以任务顺序为基础的，但需要考虑以下信息项的设计原则。

反馈：随时将正在做什么的信息告诉用户，尤其是在响应时间长的情况下。

状态：提示用户正处在系统的位置，避免用户在错误环境下发出语法正确的命令。

脱离：允许用户终止一种操作，并且能够脱离该选择，避免用户发生死锁。

默认：只要能够预知答案，尽可能设置默认值，以节省用户工作时间。

简化：尽量使用缩略语或代码来减少用户击键的次数，尽可能简化操作步骤。

求助：尽可能提供联机在线帮助，若能提供细节操作的灵敏帮助，则更受用户欢迎。

复原：在用户操作出错时，可以返回并重新开始。

2. 数据输入界面设计

数据输入界面设计的目标是简化用户的工作，降低输入出错率，还要容忍用户错误。常采用以下多种设计方法。

采用列表选择：采用列表选择等方式，尽可能减轻用户记忆。例如，对共同输入内容设置默认值等；使用代码和缩写；系统自动填入用户输入过的内容，例如姓名和学号等。

具有预见性和一致性：用户应该能够控制数据输入顺序并使操作明确。例如，采用合乎逻辑的布局和格式的表格设计；采用与系统环境（例如 Windows 操作系统）一致风格的数据输入界面等。

防止用户出错：尽量防止用户在操作过程中出错。例如，在设计中可以采取确认输入（只有用户按下确认键后才确认）、明确的移动和取消等措施；对删除操作，应该进行再一次确认；对致命性错误，应该进行警告并退出；对不可信的数据输入，应该给出建议信息，处理不必停止。

设置反馈：使用户能够看到自己已经输入的内容，并提示有效的输入回答或数值范围。

控制操作：用户应该能够控制数据输入速度，并能够进行自动格式化。例如，避免用户输入多余数字、输入的空格能够被接受等。

3. 屏幕显示设计

计算机屏幕显示的空间有限,如何设计才能够使其发挥最大效用,并使用户感到赏心悦目。常用设计方法如下。

(1) 屏幕布局

屏幕布局因功能不同,所考虑的侧重点也不同。如果要保证各功能区域重点突出、功能明显,则应该遵循以下原则。

平衡性:要求屏幕上下左右平衡,不要堆挤数据,以免产生视觉疲劳和接受数据错误。

预期性:屏幕上的所有对象,例如窗口、按钮和菜单等,处理应该一致化,使对象的动作可预期。

经济性:在提供足够信息量的同时,还要注意简明、清晰。特别是要运用好多媒体选择原则,切勿干扰主题,成为有害资源。

顺序性:对象显示的顺序应依需要排列,通常应该最先出现对话,然后通过对话将系统分段实现。

规则性:画面应该对称,显示命令、对话及提示行在一个应用系统的设计中尽量统一规范;显示命令应该按照重要性进行排列;为提高效率,应该采用结构化。

在屏幕布局中,还应该注意到一些基本数据的设置,例如屏幕标题、页码标号、文件显示、热键及功能键提示等。

(2) 文字用语

文字用语除了作为正文显示媒体出现外,还在设计标题、提示信息、控制命令以及会话用语等功能时展现。对文字用语设计格式和内容应该注意以下原则。

用语简洁:避免使用专业术语;尽量使用肯定句而不使用否定句;尽量使用主动语态而不使用被动语态;尽量使用礼貌而不过分的强调语句进行文字会话;在按钮和功能键标识中,尽量使用描述操作的动词;在有关键字的数据输入对话和命令语言对话中,尽量采用缩码作为省略语形式。

格式安排:在屏幕显示设计中,一屏中的文字尽量不要太多,在关键词处进行加粗、改变字体等处理,但同行文字尽量字型统一;对英文词,除标题外尽量使用小写字母和易认的字体。

信息内容:显示的信息内容尽量要简洁、清楚,采用用户熟悉的简单句子,尽量不用左右滚屏;当信息内容较多时,尽量采用空白分段或以小窗口分块,以便记忆和理解;对重要的字段,不仅可以使用粗体和闪烁来吸引注意力,而且还可以使用移动、加亮、变色、改变字形及字体大小、改变环境背景来强化效果,但要注意酌情选择,避免产生负面影响。

(3) 颜色使用

颜色调配对屏幕显示也是重要的一项设计。使用颜色时应该注意如下原则。

同时显示的颜色数要少:一般同一画面不宜超过 4、5 种颜色,可以采用不同层次以及形状来配合颜色,增加变化;文字中除了特殊字词外,尽量使用同一种颜色。

不同对象颜色对比鲜明:画面中的活动对象颜色应该鲜明,而非活动的对象应该暗淡。对象应该尽量使用不同的颜色,前景色适宜鲜艳一些,而背景色则应该暗淡一些。

颜色表示与含义要一致:如果使用颜色表示某种信息或对象属性,则要让用户懂得这种表示。尽量使用常规准则表示,例如用红色表示警告以引起注意,用绿色表示正常、通行及生态等。对于字符和一些细节描述,当需要强烈的视觉敏感度时,应该以黄色或白色显示,背景色使用蓝色。

总之,屏幕显示设计的最终目的是达到令人愉悦的显示效果,适合的颜色显示比黑白显示更令人赏心悦目,且不易引起人的审视疲劳。但是,单色对细节的视觉分辨力较好,所以还需要在舒适感觉和细节分辨二者之间折中。设计者要提示用户注意到最重要的信息,但是又不要包含过多矛盾的刺激。

4. 控制界面设计

人机交互控制界面遵循的原则是为用户提供尽可能大的控制权,使其易于访问系统的设备、易于进行人机对话。控制界面设计的主要任务如下。

(1) 会话

在设计时,要注意每次只有一个问题,以免增加用户短期记忆负担。当需要几个相关联的回答时,应该重新显示前一个回答,以免记忆出现错误,要尽量保持提问序列的一致性。

(2) 菜单

对各级菜单中的选项,既可以使用数字或字母应答键选择,又可以使用鼠标按键定位选择,还可以使用空格键及 Tab 键轮转选择。在多级菜单结构中,除了将功能项与可选项正确分组外,还要对用户导航作出安排,例如菜单级别及正在访问的子系统状态应该在屏幕顶部显示出来、利用回溯工具改进菜单路径跟踪、利用单键能够回到上页菜单选择等。另外,在多级菜单的深度和宽度设置方面要进行权衡,例如应该设置多少级菜单,每级菜单有多少选择项等。如果每级菜单项少,则查询速度快,但是各级路径搜索的时间长;反之,在选项查询时间上花费多,但搜索路径时间上花费少。因此要考虑最优折中方案。

(3) 图标和按钮

图标和按钮越来越多地被用来表示对象和命令。图标的优点是逼真,但是随着概念的抽象,图标的表达能力会减弱,并存在含义不明确的问题。因此,一个好的图标设计应尽量做到让用户测试图标含义;设计的图标尽量逼真;图标应该有清晰的轮廓,以便于辨别;对操作命令,在图标下面给出操作动作说明;图标尽量避免使用符号;对图标尺寸的选择,尽量以小为宜。

(4) 窗口

窗口把屏幕分成几个部分,在屏幕上可以同时进行不同的操作。窗口有不重叠和重叠两类,窗口可以动态地创建和删除。窗口有多种用途,在会话中间可以根据需要动态呈现需要的窗口,并可以在不同窗口中运行多个程序。这种多窗口、多任务可以为用户提供许多方便,用户还可以利用窗口自由地进行任务切换,但是要注意窗口不宜开得太多,以免使屏幕杂乱无章,分散用户的注意力,特别要注意的是查询时间将随着窗口复杂程度而增加。

(5) 直接操作界面

直接操作界面设计的主要思想是使用户能看到并直接操作对象代表,并通过在屏幕上绘制逼真的虚拟世界来支持用户的任务。这种界面的优点是使计算机系统能够比其他形式的界面更直接地模拟日常操作。用户只需要使用鼠标直接指定操作对象并单击,其动作结果就能够立即在显示器屏幕上明显可见,而不必记住格式控制命令。这就是"所见即所得"的设计风格,即 What You See Is What You Get (WYSIWYG)。

(6) 命令语言界面

命令语言界面是潜在的最强有力的控制界面,是最终的人机会话方式,其突出的优点是直接对目标和功能存取,但命令语言分析与设计较难掌握,无论是关键词和参数设计,还是基于语法语言的设计,都非常复杂,特别是自然语言设计。自然语言理解是计算机科学人工智能领域的重点研究课题,目前实际的自然语言界面尚处于起步阶段。

界面设计是多媒体应用系统设计的一个重要过程,在设计中应该采用软件工程技术。目前界面设计研究中面临的共同课题是让用户关心和介入,即以用户为中心的设计。这种设计方法要求用户参与界面设计,与设计人员共同决策,并成为设计小组成员。多媒体创作工具和多媒体开发环境,包括 Windows 这样的通用操作系统环境为界面各种对象的设计提供了工程化设计的平台和工具箱,从而使得界面设计实现更加容易。

9.3　多媒体创作工具及使用

多媒体创作工具是集成处理和统一管理文本、图形、图像、视频、动画和声音等多媒体信息的一个或者一套编辑及制作工具,也称为多媒体开发平台。在集成多媒体信息的基础上,多媒体创作工具提供了自动生成超文本组织结构的功能(即超级链接的功能),因此也称为超媒体创作工具。在多媒体应用系统开发过程中的目标分析、脚本设计、素材准备、媒体集成、测试反馈、系统包装以及作品发行的各个阶段中,多媒体创作工具实际上是指媒体集成阶段所使用的工具。

9.3.1　多媒体创作工具概述

多媒体创作工具的实质是程序命令的集合。它不仅提供各种媒体组合功能,还提供媒体对象显示顺序和导航结构,从而简化程序设计过程。其目标是为多媒体/超媒体应用系统设计者提供一个自动生成程序编码的综合环境。因此,多媒体创作工具应该包括制作、编辑、输入输出各种媒体数据的基本功能,并将其组合成所需要的呈现序列的基本工作环境。

1. 主要功能

多媒体创作工具应该具备如下 6 个主要功能。

- 提供良好的编程环境及各种媒体数据流的控制能力。
- 处理各种媒体数据的能力。
- 构造或生成应用系统的能力。
- 应用程序链接能力。
- 用户界面处理和人机交互能力。
- 预演与独立播放能力。

超媒体创作工具在多媒体应用系统开发功能的基础上,还应该提供超级链接功能,超媒体创作包括多媒体时空描述和超文本形成两大部分。超级链接是实现超文本/超媒体结构的关键。超级链接是指从一个静态对象(例如按钮、图标或屏幕上的一个区域等)激活一个动作或者跳转到另一个相关数据对象的能力。

2. 基本特点

多媒体创作工具一般具有如下 3 个基本特点。

- 具有对各种媒体的集成和控制能力,能实现随机性交互式会话。
- 支持各种音频和视频等数字信号输入设备,能自动实现各种不同文件格式的转换。
- 易于实现标准化设计,从而实现应用系统标准化,例如对话框、菜单和图标等。

不同的多媒体/超媒体应用系统,因其用途、使用对象和应用环境各异,所需要的多媒体创作工具功能也不相同。例如,如果设计者的目标是多媒体教育或者培训系统,则多媒体创作工具除了提供上述基本功能之外,还需要提供对学生进行测试和评价的功能。特别是为了突出交互性,多媒体创作工具应该提供很强的流程控制、逻辑判断及超级链接等功能。如果设计者的目标是实施远距离教育,则多媒体创作工具还应该提供网络交互通信及同步、协同编辑等功能。

9.3.2 多媒体创作工具类型

以 Windows 为平台的多媒体创作工具根据创作方法和特点的不同,可以划分成三类,卡片或页面模式、时基模式和图标模式。

1. 卡片或页面模式

在以卡片或页面为基础的多媒体创作工具中,多媒体数据是以卡片或页面的形式来组织的,将多媒体素材根据需要编辑在一幅画面中,称为一张卡片或一个页面。不同的卡片或页面根据需要交互性地呈现,形成多媒体应用系统。其结构如图 9-6 所示。

这类创作工具的优点是便于组织与管理多媒体素材,就像阅览一本图书,比较形象和直观,简单且容易理解。缺点是当要处理的内容非常多时,卡片或页面的数量将非常大,不利于维护与修改。这种类型的多媒体创作工具主要有 Powerpoint、Hypercard 和 ToolBook 等。

2. 时基模式

在以时间线为基础的多媒体创作工具中,多媒体数据是按照时间的顺序来组织的,用时间线的方式表示各种媒体之间的相对关系。其结构如图 9-7 所示。

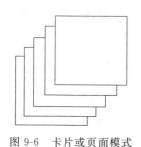

图 9-6　卡片或页面模式

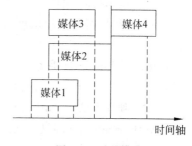

图 9-7　时基模式

这类创作工具的优点是操作简便、形象直观,在一个时间段内,可以任意调整多媒体素材的属性,例如位置、转向、是否有配音、出图与消失方式的特技类型等。缺点是需要对每一素材的呈现时间做出精确的安排,而具体实现时可能还要做出很多调整,增加了调试的工作量。这种类型的多媒体创作工具主要有 Director 和 Action 等。

3. 图标模式

在以图标为基础的多媒体创作工具中,多媒体数据是以对象或时间的顺序来组织的,并且以流程图为主干,将各种文字、图形、图像、声音、视频、动画、控制按钮连接在流程图中,形成完整的系统。其结构如图 9-8 所示。

这类创作工具的优点是具有良好的结构性。但这类创作工具一般只完成多媒体素材的集成与组织,所用素材要利用其他工具软件制作,然后在此系统中建立流程图,运用系统提供的各种图标完成创作。这种类型的多媒体创作工具主要有 Authorware和 IconAuthor 等。

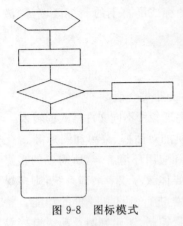

图 9-8　图标模式

9.3.3　Authorware 编辑环境

Authorware 是 Macromedia 公司开发的一套多媒体创作工具。用 Authorware 创作多媒体应用系统十分简便,它直接采用面向对象的流程图设计,程序的具体流向可以清晰地通过流程图反映出来。对于不具备高级语言编程经验的用户来说,这无疑是极为便捷的。Authorware 共提供了十多种系统图标和多种不同的交互方式,被认为是目前交互功能最强的多媒体创作工具之一。

1. Authorware 主要特点

面向对象的流程图设计方式。Authorware 提供了大量的图标,而流程图就是由这些图标构成的。图标的内容直接面向用户,每个图标都代表了一个基本的演示内容,例如文本、图形、图像、动画、声音和视频等。对于外部素材的载入,只需要在对应图标中载入,并完成相应的对话框设置即可。

灵活的交互方式。Authorware 准备了 11 种交互方式,具有按钮、按键、热区域和热对象等多种交互控制方式,可以根据需要灵活选用。

简便直观的程序调试及修改方式。Authorware 可以逐步地跟踪程序运行和程序的流向。在程序调试运行时,如果想修改某个对象,则只需要双击该对象,系统立即暂停程序运行,自动打开编辑窗口并给出该对象的设置和编辑工具,修改完毕后编辑窗口还可以继续运行。

与其他编辑软件的结合使用方式。Authorware 可以通过交互方式引用其他编程软件的成果,这对于 Authorware 的高级用户来说,有利于丰富自身的作品。

强大的文件独立方式。Authorware 可以将设计后的程序编译为 EXE 格式的可执行文件,脱离 Authorware 平台而独立运行。打包后的应用程序安装在局域网服务器中,可以同时被网络用户使用。

2. Authorware 编辑环境

Authorware 的主界面如图 9-9 所示。其中包括了菜单栏、工具栏、工具箱以及流程设计窗口等。

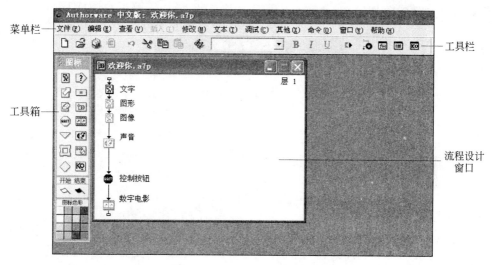

图 9-9　Authorware 的主界面

（1）菜单栏

共有 11 个下拉菜单，Authorware 的全部功能都可以在这里实现，是 Authorware 最重要的组成之一。其中：

"文件"菜单。提供处理文件的存储、打开、模板转换、属性设置、引入、输出媒体、文件压缩、打印和打包等功能。

"编辑"菜单。提供对流程线上编辑图标或者画面上编辑对象的编辑控制功能，包括复制、剪切、粘贴、嵌入和查找等。

"查看"菜单。提供对当前图标、控制面板以及工具条等的查看控制功能。

"插入"菜单。可以插入知识对象、图形、OLE 对象及 Xtras 控件。

"修改"菜单。提供对图形、图标、文件及各种编辑对象的修改控制操作。

"文本"菜单。提供对文本的各种控制，包括字体、大小、颜色、样式和反锯齿等。

"调试"菜单。提供对控制程序的运行、跟踪与调试。

"其他"菜单。提供一些高级控制，例如连接检查、拼写检查、图标大小报告以及声音文件的格式转换等，也表示成 Xtras 菜单。

"命令"菜单。包含 RTF 对象编辑器，SCO 元数据编辑器和 Macromedia 在线资源等菜单，特别有用的是，用户可以将自己的程序添加到该菜单中。

"窗口"菜单。提供对编辑界面中所有窗口的显示控制。

"帮助"菜单。提供对 Authorware 联机帮助和上下文相关帮助，以及其他各种教学帮助功能。

（2）工具栏

为用户提供常用操作按钮，例如复制、粘贴以及波形的转换等，比用编辑菜单便捷、方便。

(3) 流程设计窗口

流程设计窗口是主界面中最重要的内容,所有创作设计在流程设计窗口中进行。流程设计窗口如图 9-10 所示。

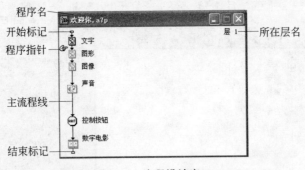

图 9-10 流程设计窗口

流程设计窗口的顶部的标题栏显示程序名;左侧的竖直线是程序主流程线,程序主流程线上方的手形标志为程序指针,它的位置随着操作位置的改变而改变;流程线的上下两端各有一个标记,分别代表流程的开始和结束;粘贴指针表明当前操作的位置,改变该指针的位置,即可改变操作的地点。

流程线自上而下代表了事件发生的前后顺序,在设计流程时,流程线条数可以很多。流程线是程序执行的依据,它将不同功能的图标串接在一起,形成多媒体程序。在运行多媒体程序时,按照流程上图标的排列顺序逐个执行对应的功能。

在设计图标和流程线时,还可以采用稍微复杂的结构形式,该形式叫做层。层是用来设计和安排各自相对独立的程序动作的。在每一层中,都有属于该层的流程线和图标。在设计时,某一层的模块图标或命令可以调用另外一层的程序内容,调用完毕后仍然会返回到调用位置。

(4) 工具箱

Authorware 提供了 17 个图标,是 Authorware 的核心,也称为媒体创作按钮,如图 9-11 所示。各自的功能顺序说明如下。

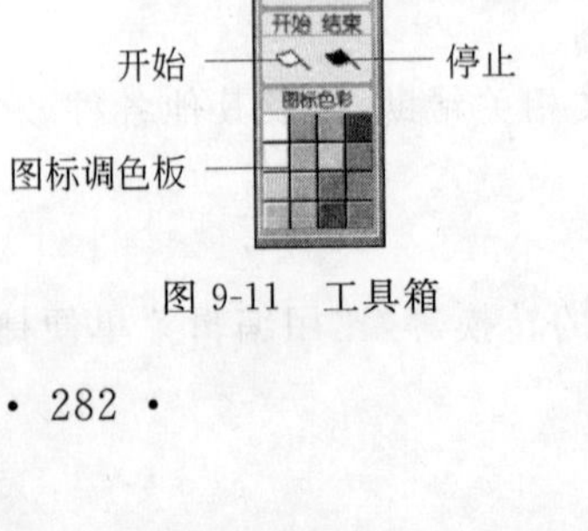

"显示"按钮:主要用于显示文字和图片。它是 Authorware 中使用最频繁的按钮,不仅能够展示文本和图像,而且有十分丰富的过渡效果。

"移动"按钮:主要用于设置文字或图片等对象的移动模式,形成动画效果。被设置的对象必须事先用"显示"按钮定义。动画效果共有 5 种模式:两点之间的移动、到达计算点的直线移动、到达终点的移动、沿线性轨迹的移动、从某点(X、Y 坐标)到达计算点的移动。

"擦除"按钮:主要用于清除前面显示过的屏幕对象。"擦除"按钮只能用来擦除图标对象,它可以将显示

图 9-11 工具箱

图标、交互图标、框架图标及数字电影图标等显示的对象从屏幕上擦除。

"等待"按钮：主要用于设置程序运行中产生等待时间的间隔。

"导航"按钮：也称"定向"按钮，与"框架"按钮配合使用，控制程序流程的跳转。"导航"按钮在流程线上生成航行图标，程序遇到该图标后，跳转到指定的目标页中。

"框架"按钮：主要用于设计跳转链接的逻辑框架结构。它生成的结构图标提供一个导航工具，设计者利用该工具实现结构内页面内容的跳转。

"决策"按钮：也称判断按钮。主要用于逻辑分支的条件判别，控制程序流程的跳转。

"交互"按钮：主要用于设计人机交互功能。交互的类型有按钮响应、热区域响应、热对象响应、目标区响应、下拉菜单响应、条件判别响应、文本输入响应、按键响应、重试限制响应、时间响应、事件响应等 11 种交互方式。

"计算"按钮：主要用于进行算术运算、控制函数运算、指定的代码运算。通过运算，可以提高人机交互的灵活性。如果单击"计算"按钮，则在流程线上生成计算图标；如果双击"计算"按钮，则打开一个运算窗口，在窗口内可以输入运算表达式。

"群组"按钮：主要用于将一组已经创作好的按钮组合在一起，构成逻辑上的整体，从而简化流程结构、提高流程的可读性。

"数字电影"按钮：主要用于将动画和视频等数字电影信号导入多媒体创作程序中。该按钮生成的动画图标具有导入动画文件、播放动画、设置动画播放速度、设置动画播放次数等功能。"动画"图标在播放动画时，采用两种方式，即全屏幕播放和局部播放。

"声音"按钮：主要用于将数字化声音导入多媒体创作程序中。在程序中任何需要声音的地方，通过"声音"按钮设置声音图标，从而实现导入音频文件、调整播放参数等功能。

DVD 按钮：主要用于在多媒体应用程序中控制视频设备的播放，同时还支持 DVD 的播放。

"知识对象"按钮：它是 Authorware 中一组具有特殊功能的模块图标。用户使用它可以完成一系列特定的功能。

"开始"标志：主要用于设定用户程序运行起始的位置。

"停止"标志：主要用于设定用户程序运行结束的位置。

图标调色板：主要用于更改流程线上图标的显示颜色。给图标上色是为了区分逻辑功能、流程层次划分和明确隶属关系。为某个图标上色时，选中该图标，然后单击图标调色板中某个颜色即可。

9.3.4　Authorware 基本操作

Authorware 的基本操作包括添加文字、绘制图形、设置声音、设置视频、设置按钮的交互作用、制作移动到固定点的动画、制作沿规定路径移动的动画等。

1. 添加文字

Authorware 添加文字的方法有三种：其一，输入文字；其二，编辑修饰文字；其三，调入文本文件。

（1）输入文字

具体操作步骤如下。

① 将工具箱内的"显示"按钮拖曳至窗口中流程线上,该位置出现"显示"图标;双击该图标,打开演示窗口和作图工具箱;作图工具箱内有 8 个工具按钮,分别用于文字和图形编辑,如图 9-12 所示。

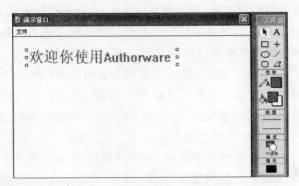

图 9-12　演示窗口和作图工具箱

② 选择文本输入方式。单击作图工具箱中的"文本工具"按钮,再单击演示窗口内的空白位置,显示一条线,两端带有三角形标记,还有一个闪烁光标,如图 9-13 所示;三角形标记表示文字输入区域的宽度,可以拖动三角形标记外侧的小方块,通过移动改变文字输入区域的宽度。

图 9-13　选择文本输入方式

③ 输入文字内容。单击作图工具箱右上角的"关闭"按钮,关闭作图工具箱和演示窗口。

(2) 编辑修饰文字

具体操作步骤如下。

① 双击设计窗口流程线上的"显示"按钮,演示窗口中显示文字内容。仔细观察,文字内容的四周有 6 个小方块,表示文字对象被选中。

② 选择菜单"文本"→"字体"→"其他"命令,在显示的字体设置对话框中选择所需要的字体,然后单击"确定"按钮。

③ 选择菜单"文本"→"大小"命令,在菜单中选择数字,数字越大,字号越大。如果希望选择任意尺寸,则选择"其他"选项。

④ 选择菜单"文本"→"风格"命令,从中选择粗体、斜体、下划线、上标和下标等需要的风格。

⑤ 选择菜单"文本"→"对齐"命令,从中选择对齐方式。

⑥ 如果遇到显示范围受到限制而文字内容又很多的情况,则可以选择菜单"文本"→"卷帘文件"命令,自动生成文字浏览框,浏览框的右侧有滑块。

⑦ 双击作图工具箱中的"椭圆"按钮,在颜色定义画面中,单击文本颜色框,选择调色盘中的某颜色。

（3）调入文本文件

文本文件包括 TXT 格式和 RTF 格式。TXT 格式是纯文本、没有排版格式。RTF格式带有排版格式,Word 文本可以保存成该格式。具体操作步骤如下。

① 将"显示"按钮拖曳至流程线上,形成"显示"图标,再双击"显示"按钮。

② 选择菜单"文件"→"导入"命令,在显示的导入文件对话框中指定文件夹、文件类型及文件名,然后单击"导入"按钮。

③ 显示 RTF 导入对话框。根据实际情况,在对话框中的"忽略图标"、"标准图标"、"滚动图标"及"创建新的显示图标"4 个选项中选择,单击"确定"按钮,导入指定的内容。

2. 绘制图形

绘制图形包括绘制直线、矩形及其他简单图形,加工图形,调入图片等。图形的编辑主要由作图工具箱中的按钮实现,键盘有时也用于编辑。

（1）绘制图形

首先进入作图状态。将工具箱内的"显示"按钮拖曳至流程线上,然后双击"显示"图标,打开演示窗口和作图工具箱。在作图工具箱中,直接用于绘图的工具有 6 个。

直线工具:用于绘制水平、垂直和倾斜 45°的直线。

斜线工具:用于绘制任意角度的直线。

画圆工具:用于绘制圆。直接使用该工具绘制的是椭圆,但如果在按住 Shift 键的同时使用该工具就可以绘制正圆。

矩形工具:用于绘制矩形。但如果在按住 Shift 键同时使用该工具就可以得到正方形。

圆角矩形工具:用于绘制圆角矩形。但如果在按住 Shift 键的同时使用该工具就可以得到圆角正方形。

折线工具:用于绘制多边形。首先单击鼠标左键,确定多边形的原点,然后移动一段距离,再次单击鼠标左键,得到多边形的一条边。继续移动鼠标和单击鼠标左键,可以绘制出多条边,最后双击鼠标左键,结束多边形的绘制。

（2）加工图形

加工图形包括改变图形轮廓线的线型、粗细、颜色以及填充图形。在加工图形之前,单击作图工具箱中的"指针工具"按钮,然后单击图形,图形四周显示小方块,选中该图形。具体操作步骤如下。

① 改变轮廓线的线型和粗细:双击作图工具箱中"直线工具"或"斜线工具",显示一组线型选择工具,在其中选择线条粗细和线型。然后单击"关闭"按钮,关闭选择工具。

② 改变轮廓线颜色与填充颜色：双击作图工具箱中"画圆工具"，显示调色板，在调色板底部单击轮廓线颜色框，然后在调色板中选择需要的颜色。如果要改变图形内部的颜色，单击填充颜色框，然后在调色板中选择需要的颜色。

③ 改变填充图案：图形内部不仅可以填充颜色，而且还可以填充带有不同条纹的图案。双击作图工具箱中"矩形工具"、"圆角矩形工具"或"折线工具"，显示一组图案，单击需要的图案，即可用该图案填充图形，操作完毕，单击右上角"关闭"按钮，关闭图案。

④ 删除图形：用作图工具箱中的"指针工具"选中图形，按 Delete 键，即可删除选中的图形。

（3）调入图片

Authorware 可调入的图像格式有 BMP 格式、WMF 格式、PIC 格式、GIF 格式和 JPG 格式等。选择菜单"文件"→"导入"命令，在随后显示的对话框中指定文件夹、文件类型和图像文件名，最后单击"导入"按钮，即可把需要的图像调入窗口界面。

3. 设置声音

Authorware 能够使用的文件格式有 WAV 格式、FCM 格式，以及高音质、低带宽的 VOX 压缩格式。具体操作步骤如下。

① 用鼠标左键将"声音"按钮拖曳到流程线需要播放声音的位置上，形成"声音"图标，双击"声音"图标，显示如图 9-14 所示的声音属性对话框。

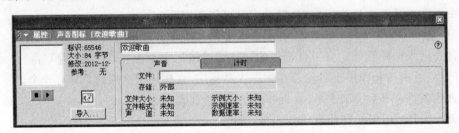

图 9-14　声音属性对话框

② 单击声音属性对话框中的"导入"按钮，再在显示的导入文件对话框中依次指定文件夹、文件类型和声音文件名，单击"导入"按钮，最后单击"确定"按钮。

③ 声音调入界面后，需要对播放声音进行控制时，双击流程线上"声音"图标，在显示的声音属性对话框中选择"计时"选项卡。

④ 在"计时"选项卡中，根据需要选择执行方式、播放和速率等，设置完毕，单击"确定"按钮。

4. 设置视频

Authorware 把视频分为"数字电影"和"视频"两类，分别使用各自的创作工具。用于数字电影的工具是"数字电影"按钮，用于视频的工具是"视频"按钮。

（1）数字电影

数字电影包括 FLI 格式、FLC 格式、CEL 格式和 AVI 格式等。设置数字电影的具体操作步骤如下。

① 把工具箱中"数字电影"按钮拖曳至流程线上，形成"数字电影"图标。

② 双击"数字电影"图标，显示如图 9-15 所示的动画属性对话框。

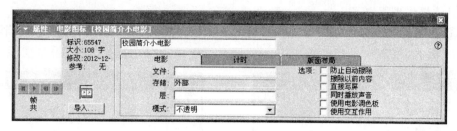

图 9-15　动画属性对话框

③ 单击位于左下角的"导入"按钮，导入数字电影文件，输入的内容显示在演示窗口中。

④ 单击"播放"按钮，在演示窗口观察动画效果，设定完成后，单击"确定"按钮。

（2）视频

视频是指从计算机的视频端口引入的视频信号。要实现此功能，需要先把视频播放设备与计算机相连，然后再制定使用哪个视频端口和相应的控制参数。设置视频的具体操作步骤如下。

① 把工具箱中的"视频"按钮拖曳到流程线上，形成"视频"图标。

② 双击"视频"图标，在显示的参数选择对话框中指定与视频设备连接的视频端口。

③ 单击"确定"按钮后，显示视频属性设置对话框和播放控制器，在视频属性设置对话框中单击"预览"按钮，观看视频效果。如果认为有必要，则设置视频控制参数，单击"确定"按钮，结束设置。

5. 设置按钮的交互作用

交互作用是多媒体产品的显著标志。Authorware 提供的交互类型如图 9-16 所示。通过这些响应，能有效地控制程序走向、效果和最终结果。为了便于说明，以如图 9-17 所示为例，创建两个按钮和一个信息显示区。其中，"帮助"按钮用于显示帮助信息，"退出"按钮用于退出窗口状态。最终该例子的设计窗口如图 9-18 所示。

图 9-16　"交互类型"对话框

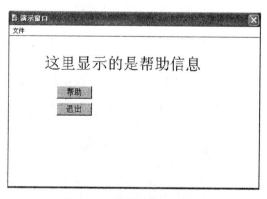

图 9-17　设计完毕后的结果

（1）创建流程

具体操作步骤如下。

① 把工具箱中的"计算"和"显示"按钮依次拖曳到流程线上，创建窗口。其形式如图 9-19 所示。

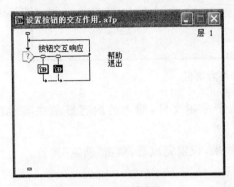

图 9-18　设计窗口

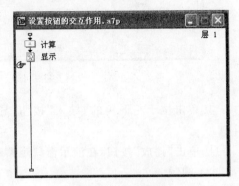

图 9-19　创建窗口

② 将工具箱中的"交互"按钮拖曳至流程线上，命名为"按钮交互响应"。

③ 把工具箱中的"群组"按钮拖曳至流程线上，显示如图 9-16 所示的交互类型选择对话框，在对话框中选择"按钮"类型后，单击"确定"按钮，形成分支流程，把该流程命名为"帮助"，其形式如图 9-20 所示。截取分支流程以进行后续设置，如图 9-21 所示。

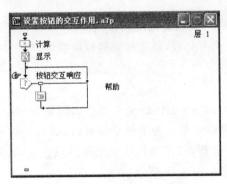

图 9-20　交互响应分支流程

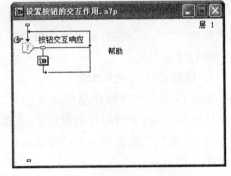

图 9-21　截取后分支流程图

④ 双击图中的"响应分支"图标，显示如图 9-22 所示的交互属性对话框，演示窗口中显示一个按钮。交互属性对话框有两个选项卡，分别是"按钮"选项卡和"响应"选项卡，在"按钮"选项卡的第 1 栏中，输入按钮的名称"帮助"。

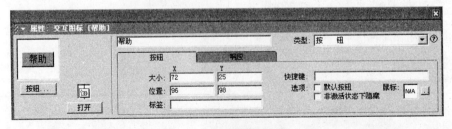

图 9-22　交互属性对话框

⑤ 在"按钮"选项卡的底部,单击"鼠标指针"输入框右侧的按钮,打开光标图形库,从中选择小手形状的光标,如图 9-23 所示,单击"确定"按钮。

⑥ 单击交互属性对话框"响应"选项卡,根据需要设置参数,单击"确定"按钮。

（2）设置"帮助"按钮功能

单击"帮助"按钮时,应该显示帮助信息,这就是该按钮所具有的功能。具体操作步骤如下。

① 双击流程图中的"帮助"群组图标,显示第 2 层设计窗口,将工具箱中的"显示"按钮拖曳至窗口的流程线上,命名为"帮助信息"。

② 双击"帮助信息"显示图标,显示演示窗口和作图工具箱,单击作图工具箱中的"文本工具"按钮,再单击演示窗口内的空白位置,输入帮助信息。

（3）设置"退出"按钮功能

具体操作步骤如下。

① 双击流程图中的"退出"群组图标,显示第 2 层设计窗口,然后将工具箱中的"计算"按钮拖曳至窗口的流程线上,并命名为"退出"。

② 双击第 2 层设计窗口中的"退出"计算图标,在随之显示出来的命令编辑窗口中输入命令 Quit(0),如图 9-24 所示。

图 9-23 "鼠标指针"对话框

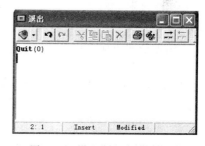

图 9-24 设置"退出"按钮界面

③ 命令输入完毕后,单击窗口右上角的"关闭"按钮,关闭命令编辑窗口。最后询问是否保存,选择"是"按钮,保存命令内容。

6. 制作移动到固定点的动画

Authorware 提供了 5 种移动动画模式,常见的有移动到固定点、按照指定的路径移动等。被移动的对象通常是图片,通过连续移动图片的位置,可以产生简单的动画效果。其中移动到固定点的动画效果是当对象移动到指定的固定点时停止。

（1）导入对象

具体操作步骤如下。

① 把工具箱中的"显示"按钮拖曳到流程线上,双击"显示"图标,显示演示窗口。

② 选择菜单"文件"→"导入"命令,输入图片,该图片将是移动的对象。

（2）设置移动模式

具体操作步骤如下。

① 把工具箱中的"移动"按钮拖曳到流程线上"显示"图标的下面，双击形成的图标，

显示如图 9-25 所示的移动属性设置对话框。

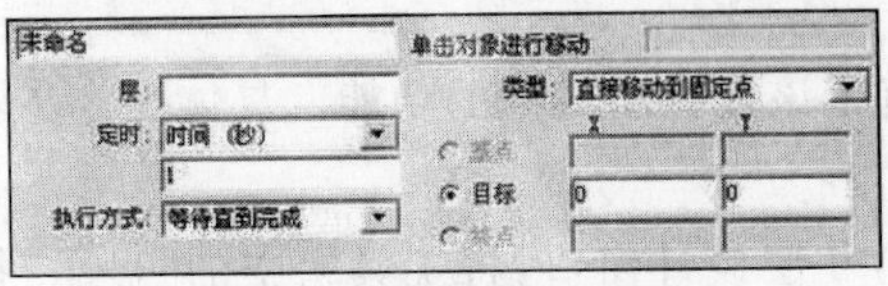

② 在"类型"下拉列表框中，选择"指向固定点"选项；在"计时"下拉列表框中，如果选择"时间（秒）"，则应该在"计时"下拉列表框下面的输入框中输入时间值，例如 1（表示对象从原点移动到终点用 1 秒钟）；如果选择"速率（秒/英寸）"，表示每移动 1 英寸所需要的时间，单位是秒，则应该在"计时"选项框下面的输入框中输入时间值，例如 2（表示对象以 1 英寸/2s，即 0.5 英寸/s 的速度向终点移动）。

图 9-25　移动属性设置对话框

（3）设置终点位置

具体操作步骤如下。

① 在移动属性设置对话框中，选择"版面布局"选项卡。

② 在该窗口中，单击图片对象，版面布局选项卡窗口中的"对象"栏显示对象名，用鼠标把窗口中对象拖曳到终点位置。单击"预览"按钮观察移动效果，满足后单击"确定"按钮。

7. 制作沿规定路径移动的动画

规定的路径可以是直线，也可以是任意形状的曲线。

（1）导入对象

其具体操作步骤同"移动到固定点的动画"。

（2）设置移动路径

具体操作步骤如下。

① 把工具箱中的"移动"按钮拖曳到流程线上"显示"图标的下面，双击形成的图标，显示移动属性设置对话框。

② 在"类型"下拉列表框中，选择"指向固定路径的终点"选项；将"层"选项设置为 20；在"计时"下拉列表框中，选择"时间（秒）"选项，并在"计时"下面的输入框中输入 3。

（3）确定自由移动的路径

具体操作步骤如下。

① 在移动属性设置对话框中，选择"版面布局"选项卡。

② 在该窗口中，单击图片对象，版面布局选项卡窗口中的"对象"栏显示出对象名，把图形拖曳至终点位置，在原点和终点之间显示一条线段，该线段就代表移动的路径。

（4）加工移动路径

具体操作步骤如下。

① 用鼠标左键按照移动路径的顺序单击画面，移动路径上相继显示"▲"标记。

② 用鼠标移动标记，线段也随之改变形状，调整好位置的标记变成"△"形状，细心地调整"△"的位置，使路径尽可能圆滑。用鼠标逐个双击路径线上的"△"标记，使其变成"O"标记，路径则变得非常圆滑。

③ 当希望删除某个标记时,单击"△"标记,然后单击"版面布局"选项卡中"删除"按钮。单击"预览"按钮可以观察对象沿自由路径移动的效果,满意后单击"确定"按钮。

9.4　习　　题

1. 什么是多媒体应用系统?
2. 多媒体应用系统的开发特点是什么?
3. 多媒体应用系统的开发过程是什么?
4. 常用的软件工程的开发模型有哪些? 它们各自的特点是什么?
5. 多媒体应用系统界面设计原则是什么? 界面设计内容是什么?
6. 多媒体创作工具的功能及特点是什么?
7. 多媒体创作工具的类型有哪些? 各自适用于什么场合?
8. 如何在 Authorware 中添加文字、绘制图形、引入声音和视频信息?
9. Authorware 提供了多少种的交互方式? 如何设置按钮的交互作用?
10. Authorware 提供了多少种的移动动画模式? 如何设置制作沿指定路径移动动画?

9.5　实　　验

处理各种多媒体对象的最终目的,就是把它们组合起来,再加上交互控制功能,从而完成一个多媒体应用系统。组合各种多媒体对象,并添加控制功能,需要借助多媒体平台软件来完成。通过本章实验,使读者了解多媒体应用系统的开发过程,建立正确的设计理念,认识多媒体平台软件的基本功能,掌握多媒体应用系统的基本制作手段和技巧。

1. 实验目的

(1) 了解多媒体应用系统的开发过程,建立正确的设计理念。

(2) 了解多媒体创作工具 Authorware 的基本功能,熟悉其编辑环境。

(3) 掌握多媒体创作工具 Authorware 提供的图标按钮功能及使用方法。

(4) 掌握多媒体应用系统的基本制作手段和技巧,重点学会设置生成交互功能。

2. 实验内容

(1) 基本练习。包括:

• 添加文字;

• 绘制、加工、调入图形;

• 设置音频、视频;

• 设置 Authorware 提供的 11 种交互作用;

• 制作 Authorware 提供的 5 种移动模式。

(2) 作品一。Authorware 把复杂的多媒体应用系统的开发过程简化为流程图操作模式。在设计多媒体作品时,把图标拖曳到流程图上,再进行适当的设置,即可完成多媒体作品。利用 Authorware 设计制作一个演示作品。

界面上的媒体对象包括图片、文字、动画和控制按钮,在演示时还要求播放音乐,制作一个多媒体作品的所有要素都已经具备。媒体对象的出现顺序要求如图 9-26 所示。

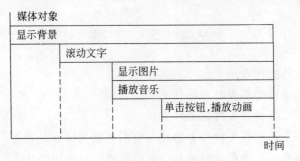

图 9-26　对象素材的出现顺序

演示作品运行效果。

- 背景采用过渡颜色显示。
- 文字自下而上移动至图示位置。
- 图片在显示的同时,播放音乐。
- 单击"播放动画"控制按钮,播放动画。

(3) 作品二。设计并制作一个学生介绍学习生活情况的多媒体应用软件。

主要内容:我的小学、我的中学、我的大学、我的理想、我最尊敬的老师、我最喜欢的同学等。

制作要求:界面美观舒适,配图协调合理,能够把已知项目做成按钮或菜单,方便文件跳转。

3. 实验要求

(1) 独立完成三个实验内容。

(2) 提交使用多媒体创作工具 Authorware 制作的演示作品。

(3) 提交使用多媒体创作工具 Authorware 制作的介绍学习生活情况的多媒体应用软件。

(4) 写出实验报告,包括实验名称、实验目的、实验步骤和实验思考。

参 考 文 献

[1]　林福宗.多媒体技术基础[M].3版.北京：清华大学出版社,2009.

[2]　彭波,孙一林.多媒体技术及应用[M].北京：机械工业出版社,2006.

[3]　彭波,孙一林.多媒体技术实验教程[M].北京：机械工业出版社,2006.

[4]　钟玉琢.多媒体技术基础及应用[M].北京：清华大学出版社,2006.

[5]　冯博琴,赵英良,崔舒宁.多媒体技术应用[M].北京：清华大学出版社,2005.

[6]　赵子江,王一珉,张红,等.多媒体技术基础[M].北京：机械工业出版社,2004.

[7]　刘干娜.多媒体应用基础[M].3版.北京：高等教育出版社,2003.

[8]　吕辉,李伯成.多媒体技术基础及其应用[M].西安：西安电子科技大学出版社,2004.

[9]　马华东.多媒体技术原理及应用[M].北京：清华大学出版社,2002.

[10]　胡晓峰.多媒体技术教程[M].北京：人民邮电出版社,2002.